周 期 表

10	11	12	13	14	15	16	17	18
								₂He ヘリウム 4.003
			₅B ホウ素 10.81	₆C 炭素 12.01	₇N 窒素 14.01	₈O 酸素 16.00	₉F フッ素 19.00	₁₀Ne ネオン 20.18
			₁₃Al アルミニウム 26.98	₁₄Si ケイ素 28.09	₁₅P リン 30.97	₁₆S 硫黄 32.07	₁₇Cl 塩素 35.45	₁₈Ar アルゴン 39.95
₂₈Ni ニッケル 58.69	₂₉Cu 銅 63.55	₃₀Zn 亜鉛 65.38	₃₁Ga ガリウム 69.72	₃₂Ge ゲルマニウム 72.64	₃₃As ヒ素 74.92	₃₄Se セレン 78.96	₃₅Br 臭素 79.90	₃₆Kr クリプトン 83.80
₄₆Pd パラジウム 106.4	₄₇Ag 銀 107.9	₄₈Cd カドミウム 112.4	₄₉In インジウム 114.8	₅₀Sn スズ 118.7	₅₁Sb アンチモン 121.8	₅₂Te テルル 127.6	₅₃I ヨウ素 126.9	₅₄Xe キセノン 131.3
₇₈Pt 白金 195.1	₇₉Au 金 197.0	₈₀Hg 水銀 200.6	₈₁Tl タリウム 204.4	₈₂Pb 鉛 207.2	₈₃Bi ビスマス 209.0	₈₄Po ポロニウム 〔210〕	₈₅At アスタチン 〔210〕	₈₆Rn ラドン 〔222〕
₁₁₀Ds ダームスタチウム 〔281〕	₁₁₁Rg レントゲニウム 〔280〕	₁₁₂Cn コペルニシウム 〔285〕	₁₁₃Nh ニホニウム 〔278〕	₁₁₄Fl フレロビウム 〔289〕	₁₁₅Mc モスコビウム 〔289〕	₁₁₆Lv リバモリウム 〔293〕	₁₁₇Ts テネシン 〔293〕	₁₁₈Og オガネソン 〔294〕

₆₄Gd ガドリニウム 157.3	₆₅Tb テルビウム 158.9	₆₆Dy ジスプロシウム 162.5	₆₇Ho ホルミウム 164.9	₆₈Er エルビウム 167.3	₆₉Tm ツリウム 168.9	₇₀Yb イッテルビウム 173.1	₇₁Lu ルテチウム 175.0
₉₆Cm キュリウム 〔247〕	₉₇Bk バークリウム 〔247〕	₉₈Cf カリホルニウム 〔252〕	₉₉Es アインスタイニウム 〔252〕	₁₀₀Fm フェルミウム 〔257〕	₁₀₁Md メンデレビウム 〔258〕	₁₀₂No ノーベリウム 〔259〕	₁₀₃Lr ローレンシウム 〔262〕

演習でクリア
フレッシュマン有機化学

小林啓二 著

裳華房

Freshman Organic Chemistry
－Understanding through Problems－

by

Keiji KOBAYASHI　DR. SCI.

SHOKABO
TOKYO

まえがき

　本書は、大学初年度に初めて有機化学を学ぶ学生のための教科書または自習書として書かれたものである。

　講義では、その日の講義内容を確実に理解させるため、毎回、小テストあるいは演習を行うというシラバスが広く見受けられる。著者自身もこのスタイルを取り入れ、それなりの手ごたえを感じてきた。本書はこのような講義形式を取り入れた形で書かれている。一定の説明のあと、そのつど問題を解かせ、より確実に理解させることが狙いである。問題自体はごくやさしい反復、確認テスト風のものである。これらを解いて納得したうえで先に読み進んでほしい。知識をひとつひとつ確実にすることができるはずである。時には若干むずかしいと思われる問題も挿入したが、それには * 印を付し、解答で詳しい説明を加えている。

　高校と大学との接続に配慮した初歩の有機化学とは、分子構造論の基礎に他ならないと著者は考える。高校課程の化学では有機分子は暗記の対象であり、分子が示す生き生きとした姿は伝わってこない。まず、第1章から第5章までを完璧に読みこなし、分子がもつ様々な側面を確実に理解してもらいたい。ここをクリアしてしまえば、第6章以降はさほどむずかしくはないだろう。できるだけやさしく丁寧に、そしてちょっとしたヒントや勘所を押さえた説明を心がけたつもりである。構造式の一部や電子につけた色の意味も考えながら見るとよいだろう。

　「有機化学はわかれば面白いし、何もむずかしいことはない。」あたりまえのことであるが、学生からときどき耳にする言葉である。わかるためには、そして有機化学が面白くなるためには、最初が肝心である。本書は大学フレッシュマンだけでなく、高校生でも意欲があれば無理なく読み通すことができるはずである。本書が有機化学のみならず化学好きの学生を増やすきっかけになれば望外の喜びである。

　本書の出版にあたり、裳華房の小島敏照氏には多大な御助力をいただいた。厚くお礼を申しあげる。

2012年9月

小 林　啓 二

目 次

第1章 有機化合物の体系と種類

1-1 有機化合物 …………………………………… 1
1-2 構造式 …………………………………………… 2
1-3 炭化水素 ………………………………………… 3
1-4 有機化合物の骨格による分類 …………… 4
1-5 官能基 …………………………………………… 5
1-6 異性体 …………………………………………… 7
1-7 命名法における炭素の基本骨格 ………… 8
1-8 命名法における官能基 …………………… 11
（問題23題　p.2-11）

第2章 価電子と共有結合

2-1 価電子と電子対 …………………………… 12
2-2 共有結合 ……………………………………… 13
2-3 陰イオンと価電子 ………………………… 15
2-4 陽イオンと価電子 ………………………… 16
2-5 炭素原子がつくる結合 …………………… 17
（問題17題　p.13-17）

第3章 混成軌道

3-1 原子の電子配置 …………………………… 19
3-2 sp^3混成軌道と結合の方向 …………… 21
3-3 二重結合の炭素 …………………………… 23
3-4 三重結合の炭素 …………………………… 26
3-5 混成軌道のまとめ ………………………… 27
（問題22題　p.21-28）

第4章 立体配座と立体配置

4-1 立体配座 ……………………………………… 29
4-2 立体配置 ……………………………………… 32
4-3 シス-トランス異性 ……………………… 33
（問題12題　p.30-34）

第5章 結合の極性と共鳴

5-1 極性分子と無極性分子 …………………… 35
5-2 ファンデルワールス力 …………………… 37
5-3 水素結合 ……………………………………… 38
5-4 結合のイオン解離 ………………………… 41
5-5 共鳴 …………………………………………… 42
5-6 π共役と共鳴 ……………………………… 43
（問題24題　p.35-46）

第6章 アルカンとシクロアルカン

6-1 アルカン ……………………………………… 47
6-2 命名法 ………………………………………… 47
6-3 シクロアルカン …………………………… 49
6-4 シクロヘキサンの立体構造 ……………… 51

| 6-5 シクロヘキサンの置換体の立体異性体 ……… 53
| 6-6 アルカンとシクロアルカンの反応 ………… 55
| 6-7 ラジカル中間体の安定性と反応性 ………… 57
| 6-8 炭素の結合の開裂 ……………………………… 59
| （問題 30 題　p.47-60）

第7章　アルケンとアルキン

| 7-1 アルケン ……………………………………… 61
| 7-2 アルケンの生成 ……………………………… 63
| 7-3 アルケンへの求電子付加反応 ……………… 64
| 7-4 アルケンの酸化 ……………………………… 69
| 7-5 共役ジエンの1,4-付加 ……………………… 70
| 7-6 アルキン …………………………………… 73
| 7-7 アルキンの生成と反応 ……………………… 74
| （問題 30 題　p.61-75）

第8章　ベンゼンの構造と芳香族炭化水素

| 8-1 ベンゼン …………………………………… 76
| 8-2 ベンゼンの軌道モデルと安定性 ………… 77
| 8-3 芳香族炭化水素 …………………………… 78
| 8-4 ヒュッケル則 ……………………………… 80
| 8-5 芳香族炭化水素の命名 …………………… 81
| 8-6 ベンゼン環への反応 ……………………… 82
| 8-7 芳香族化合物の酸化と還元 ……………… 85
| （問題 19 題　p.76-86）

第9章　鏡像異性体

| 9-1 キラルな形 ………………………………… 87
| 9-2 フィッシャー投影式 ……………………… 88
| 9-3 光学活性 …………………………………… 90
| 9-4 立体配置の RS 表示 ……………………… 91
| 9-5 DL 表示 …………………………………… 94
| 9-6 ジアステレオマー ………………………… 95
| 9-7 メソ形 ……………………………………… 96
| 9-8 光学分割 …………………………………… 97
| 9-9 不斉合成 …………………………………… 98
| （問題 20 題　p.88-99）

第10章　ハロゲン化合物

| 10-1 命名法と性質 …………………………… 100
| 10-2 ハロゲン化合物の合成と反応 ………… 100
| 10-3 置換反応の機構 ………………………… 102
| 10-4 カルボカチオンと反応機構 …………… 105
| （問題 15 題　p.100-108）

第11章　アルコールとエーテル

| 11-1 命名法と性質 …………………………… 109
| 11-2 アルコールの合成 ……………………… 111
| 11-3 アルコールの反応 ……………………… 114
| 11-4 エーテル ………………………………… 116
| 11-5 エーテルの製法と反応 ………………… 117
| （問題 14 題　p.109-118）

第12章　芳香環に置換した官能基

- 12-1　芳香族ハロゲン化合物……………119
- 12-2　フェノール……………………………120
- 12-3　ベンゼン環への置換基効果—共鳴効果……121
- 12-4　フェノールの酸性度…………………124
- 12-5　求電子置換反応における置換基効果……125

（問題 19 題　p.119-128）

第13章　カルボニル化合物

- 13-1　アルデヒドとケトンの命名法………129
- 13-2　カルボニル基の性質…………………130
- 13-3　カルボニル化合物の合成……………131
- 13-4　アルデヒドとケトンの酸化還元反応……133
- 13-5　求核付加………………………………135
- 13-6　窒素化合物による求核付加と脱水……138
- 13-7　カルボニル基に隣接するメチレン……138
- 13-8　活性メチレンの反応…………………140

（問題 15 題　p.129-142）

第14章　カルボン酸とその誘導体

- 14-1　カルボン酸の命名……………………143
- 14-2　カルボン酸の性質と酸性度…………144
- 14-3　酸の強弱と誘起効果…………………145
- 14-4　酸の強弱と共鳴効果…………………147
- 14-5　カルボン酸の合成……………………148
- 14-6　カルボン酸の反応……………………150
- 14-7　エステル………………………………151
- 14-8　カルボン酸塩化物と無水物…………154
- 14-9　アミドとニトリル……………………155

（問題 20 題　p.144-157）

第15章　アミンと窒素化合物

- 15-1　アミン…………………………………158
- 15-2　アミンの塩基性度……………………160
- 15-3　アミンの合成…………………………162
- 15-4　アミンの反応…………………………163
- 15-5　Nを含む複素環式化合物……………166

（問題 20 題　p.159-168）

問題解答……………169

索　引……………202

第1章

有機化合物の体系と種類

　これまでに知られている有機化合物の種類は、3000万種を超えている。これだけ数が多くても、有機化合物は体系化されて分類されているので混乱がない。本章では、有機化合物の体系の基本となる母体炭化水素骨格の成り立ちと、有機化合物の性質を決める最も重要な因子である官能基を分類整理しておこう。炭化水素骨格の多様性は異性体の存在という特徴を生み、官能基の体系は有機化合物の命名法の基礎となる。

1-1　有機化合物

　有機化合物は、19世紀の前半頃までは、生命をもつものが生みだす物質、すなわち動植物の**器官**がつくりだす化合物を意味していた。これらはいずれも炭素を構成元素として含み、生命力の作用でしか生みだされないものと考えられていた。鉱物のような無機化合物とは厳然と区別されていたのである。ところが、1828年にドイツの化学者ウェーラーは、無機化合物であるシアン酸アンモニウム NH_4OCN を加熱すると、尿に含まれている有機化合物である尿素 $(NH_2)_2CO$ が得られることを発見した[*1]。

　有機化合物も無機化合物から人工的に合成することができることがわかり、有機化合物という言葉のもつ本来の意味は失われたものの、天然物か合成物質かによらず、炭素化合物はすべて有機化合物と呼ばれるようになったのである[*2]。

　有機化合物には炭素のほか、たいていは水素が含まれ、酸素、窒素、硫黄などが含まれるものもごく普通に存在する。その他の非金属元素はいうまでもなく、アルミニウム、スズなどの金属元素を構成元素とする有機化合物もあり、有機化学が取り扱う物質の種類は多様に広がっている[*3]。

　有機化合物の種類は現在ゆうに3000万種を超える[*4]。炭素という一つの元素がこれほど多くの化合物をつくるのは、炭素原子同士が互いにいくつも結合し、炭素原子の鎖をのばしたり、枝分れしたり、環状につながったり、あるいは炭素以外の元素を取り入れたり…と、様々なつながり方ができるからである。このような炭素の特徴的性質は、炭素化合物の化学を体系化するうえでも好都合である。少数の化合物の性質や反応を理解すれば、基本的に、炭素数の大小、あるいは炭素鎖の複雑さなどに関わりなく、それらを当てはめて考えることができるからである。

有機化合物
organic compound

器官 organ

[*1] シアン酸アンモニウムも尿素も、どちらも CH_4ON_2 の分子式で表される。すなわち、互いに異性体（詳しくは1-6節を参照）の関係にある化合物である。

[*2] CO、CO_2、H_2CO_3 とその塩、HCN とその塩などは、炭素の化合物であるが、無機化合物として扱われる。

[*3] 金属元素を含む有機化合物は有機金属化合物と呼ばれ（10-2節）、無機化学の対象であると同時に、有機化学にとっても重要な化合物である。

[*4] アメリカ化学会のケミカルアブストラクツサービス（Chemical Abstracts Service；CAS）に登録された化合物の数から知ることができる。CASは、世界中の化学関係の学術雑誌の論文から化合物のデータを集め、データベース化している。CASを検索して既知の化合物であれば、それらの性質を知ることができる。

第1章 有機化合物の体系と種類

> **問題 1-1** 次の記述は、多くの有機化合物にみられる一般的な特徴を表している。このうち有機化合物として最も共通性の高い特徴はどれか。
> (a) 融点が低い (b) 沸点が低い (c) 密度が $1\,\mathrm{g\,cm^{-3}}$ に満たない
> (d) 空気中で燃やすと二酸化炭素と水を生じる (e) 水に溶けにくい

1-2 構造式

分子を構成する原子の元素記号と、それぞれの原子数を書いた、H_2O や CO_2 のような表記を**分子式**という。分子式で示された分子の中で、各原子がどのような順序で結合しているかを示すため、原子間の結合を線で示す。この線を**価標**といい、価標で表示した化学式を**構造式**という[*5,6]。構造式は結合の順序を示すだけであるから、同じ化合物でも構造式はいくつもの書き方がある。下の構造式はすべて同じ化合物を表している。

分子式 molecular formula

構造式 structural formula

[*5] 元素記号を組み合わせて物質を表示する式を化学式という。分子式や構造式をはじめ、示性式 (1-5節)、イオン式など、いずれも化学式である。

[*6] 価標の詳しい説明は 2-1 節で行う。ここでは、ともかく炭素原子は 4 本の結合をつくり、それを 4 本の線で表すということを頭にたたきこんでおこう。

構造式を書くとき、すべての価標を示す必要はない。特に C–H 結合は省略されることが多い。このとき、C に結合した H や原子団は、CH、CH_2 のように C 原子の右に束ねて記す、つまり右になびく書き方が普通である。

$CH_3-CH_2-CH_2-CH_3$ $CH_3-CH\overset{\displaystyle CH_3}{\underset{\displaystyle CH_3}{|}}$ $CH_2=C\overset{\displaystyle CH_3}{\underset{\displaystyle CH_2}{|}}CH=CH_2$ $CH_3-CH_2-CH_2-C\overset{\displaystyle CH_3}{\underset{\displaystyle CH_3}{|}}CH_3$

さらに C–C 結合も省略すると、鎖状分子の構造は 1 行で表すことができる[*7]。ただし、炭素と炭素の二重結合と三重結合は略さない。

$CH_3CH(CH_3)CH_2CH_3$ $CH_2=C(CH_3)CH=CH_2$

$CH_3CH_2C(CH_3)_3$ $C_6H_5CH=CH_2$

[*7] このように構造式を簡略化して 1 行で示したものは示性式と呼ばれる。1-5 節で示すように、官能基をもつ化合物では炭素の骨格とともに、含まれる官能基も含めて 1 行で示すことができる。ベンゼンに置換基が一つつく場合、このベンゼン環を示性式で C_6H_5 と書くことがある (8-5 節)。分子式、構造式、示性式の関係の一例を以下に示す。

C_3H_8O $CH_3CH_2CH_2OH$
分子式   示性式

H H H
H–C–C–C–OH
H H H
構造式

炭素の鎖が長い場合や環状化合物では線表示の構造式も用いられる。C–H 結合が省略され、炭素骨格だけが示されているが、炭素原子の価標は 4 であることを考えて、水素原子を補えばよい。1 本の線 (単結合) の末端は $-CH_3$ であり、2 本線 (二重結合) の末端は $=CH_2$ である。

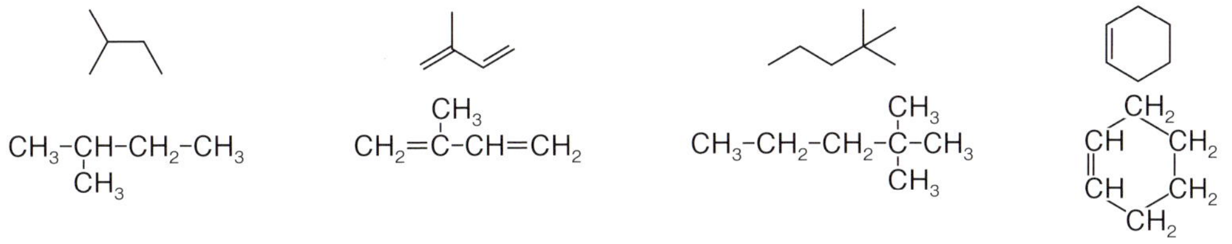

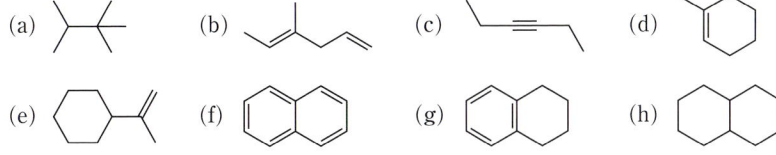

■ 問題 1-2　次の線表示の構造式を、省略のない完全な構造式で書け。

(a)　　　　(b)　　　　(c)　　　　(d)

(e)　　　　(f)　　　　(g)　　　　(h)

■ 問題 1-3　次の構造式を線表示の構造式で書け。

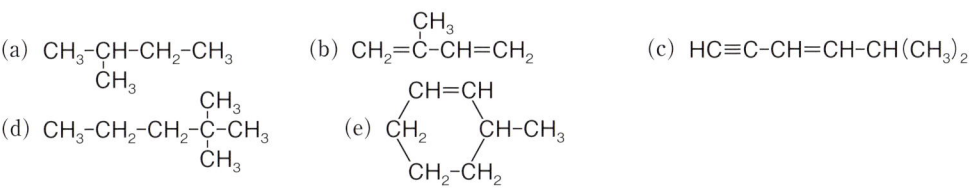

■ 問題 1-4　次の化学式を省略のない完全な構造式で書け。

(a)　$(CH_3)_2CHCH_2CH_2CH(CH_3)_2$　　(b)　$(CH_3)_3CCH_2CH_2C_6H_5$

(c)　$CH_3CH_2CH_2CH(CH_2CH_3)CH_2CH(CH_3)CH_2CH_3$　　(d)　$C_6H_5C(CH_3)_3$

1-3　炭化水素

炭素と水素のみからなる化合物を**炭化水素**という。

多重結合のない炭化水素を**飽和炭化水素**という。鎖状の飽和炭化水素は**アルカン**と呼ばれる。アルカンの炭素鎖は $-CH_2-$ の単位で増加し、その分子式は C_nH_{2n+2} の一般式で表される。このような炭素数の長さだけが違う一連の化合物を**同族列**といい、同族列の中の化合物を互いに**同族体**と呼ぶ[*8]。飽和炭化水素には環状のものもあり、一つの環 (単環) だけからなれば、その分子式は C_nH_{2n} の一般式で表される。

■ 問題 1-5　単環状の飽和炭化水素について、$n=3$ から $n=6$ までの同族体の構造式を書け。

多重結合をもつ炭化水素を**不飽和炭化水素**と呼ぶ。鎖状の不飽和炭化水素のうち、二重結合を1個もつものを**アルケン**、三重結合を1個もつ

炭化水素　hydrocarbon
飽和炭化水素
saturated hydrocarbon
アルカン　alkane
同族列　homologous series
同族体　homolog

[*8]　たとえば
CH_3-OH,
CH_3CH_2-OH,
$CH_3CH_2CH_2-OH$,
$CH_3CH_2CH_2CH_2-OH$, …
という一連の化合物は同族列をなし、互いに同族体である。

不飽和炭化水素
unsaturated hydrocarbon
アルケン　alkene

アルキン alkyne

ものを**アルキン**と呼ぶ。

問題 1-6 炭素数が n のアルケンとアルキンの分子式は、一般式でどのように表されるか。

環状の炭化水素でも、多重結合がなければ飽和炭化水素、多重結合があれば不飽和炭化水素である。これら、環状の炭化水素を**脂環式炭化水素**という。

脂環式炭化水素 alicyclic hydrocarbon

問題 1-7 二重結合を1個含む単環状の不飽和炭化水素の分子式はどのように表されるか。そのうち、炭素数が6の同族体について構造式を書け。

環状の不飽和炭化水素のうち、ベンゼン C_6H_6 の環状構造、すなわち**ベンゼン環**からなる炭化水素は特徴的な性質をもつ。そこで、ベンゼン環の性質を示す環状炭化水素を、その他の炭化水素と区別して、**芳香族炭化水素**という（第8章）。

芳香族炭化水素 aromatic hydrocarbon

問題 1-8 ベンゼン C_6H_6 の構造式を省略なしの完全な構造式で書け。また、水素原子を省略した構造式でも書け。

1-4 有機化合物の骨格による分類

有機化合物の分類は、有機化合物を体系的に理解する基礎となる。有機化合物を炭素原子の結びつき方、すなわち炭素骨格の構造によって区別すると以下のように分類される。

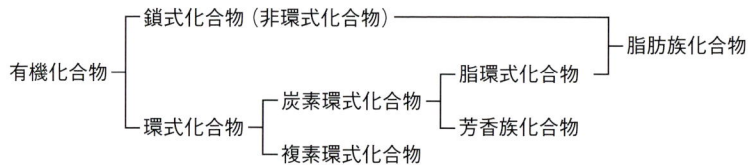

脂肪族化合物 aliphatic compound
芳香族化合物 aromatic compound
ヘテロ原子 heteroatom
複素環式化合物 heterocyclic compound

鎖式化合物（非環式化合物）と**脂環式化合物**をあわせて**脂肪族化合物**と呼ぶ。アルカン、アルケン、アルキンはいずれも脂肪族化合物ということになる。ベンゼン環からなる化合物は特徴的な性質を示すので、その他の環式化合物と区別して、**芳香族化合物**と分類する。上の分類の「化合物」を「炭化水素」に変えた化合物について 1-3 節で述べたことになる。

環状につながった原子のなかに、炭素以外の原子、すなわち**ヘテロ原子**が含まれるものを**複素環式化合物**（ヘテロ環化合物）という（15-5 節）[*9]。

*9 したがって、脂肪族炭化水素や芳香族炭化水素という呼び方はあっても、"複素環式炭化水素"という言葉はありえない。

問題 1-9 次の化合物を鎖式脂肪族化合物、脂環式化合物、芳香族化合物、複素環式化合物に分類せよ。

(a) CH₂=CH-C=CH₂
         |
         CH₃

(b) [デカリン構造]

(c) [1,4-ジオキサン構造]

(d) CH₃-CH₂CH₂CH₂CH₂CH-CH₃
                      |
                      CH₃

(e) [インドール構造]

(f) [エチルベンゼン構造] -CH₂CH₃

(g) [シクロヘキサン] -CH₂CH₃

(h) [アントラセン構造]

問題 1-10 炭素原子 6 個からなる化合物で、脂環式炭化水素、鎖式炭化水素および芳香族炭化水素の例をそれぞれ一つ構造式で示せ。

1-5 官能基

有機化合物の多くは、炭化水素の水素原子がほかの原子あるいは原子団に置き換わった形をしている。これら原子や原子団は化合物に特有の性質を与えるので、**特性基**と呼ばれる。炭化水素の骨格の中に炭素-炭素の二重結合や三重結合があると、これらも特徴ある化学的性質を表すので、これら多重結合と特性基をまとめて**官能基**と呼ぶ。

有機化合物の性質は、一般に、炭素原子の結びつき方や構成炭素原子の数の違いよりも、官能基の違いに依存する[*10]。同族体のあいだで、反応性や性質の違いはほとんどないことになる。したがって、有機化合物の性質は官能基の性質に置き換えて考えることができる。

代表的な官能基の種類とその構造式での表記を表 1-1 に挙げる[*11]。

同一の官能基が複数個含まれる化合物や、別種の官能基が共存する化合物も多く存在する。表の R や R′ の中に別の官能基が含まれるというわけである。このような場合、単一の官能基がもつ性質が影響し合ったり、新たに複雑な効果が生じたりする。

水素原子が官能基で置き換えられた構造に対して、その官能基を**置換基**と呼ぶことがある[*12]。

[ベンゼン → フェノール → ニトロフェノール への置換の図、「置換基」のラベル付き]

分子式のなかで、官能基の部分を抜き出してわかりやすく示したものを**示性式**という。構造式を使わなくても、示性式の書き方をすれば、一行の中で存在する官能基が一目でわかる[*13]。

特性基 characteristic group
官能基 functional group

[*10] 1-4 節で述べた炭素骨格による分類法に比べ、官能基による分類の方が有機化合物を体系的に理解するうえで都合がよい。通常、有機化学の教科書の章立てが官能基別になっているのも、このためである。

[*11] −OH の基の名称はヒドロキシ基が正しく、ヒドロキシル基ではない。しかし、−COOH の基名はカルボキシル基であり、カルボキシ基ではない。

置換基 substituent

[*12] たとえば、ベンゼンに置換基としてヒドロキシ基という官能基がついた化合物がフェノール、フェノールに置換基としてニトロ基という官能基がついた化合物がニトロフェノールということになる。

示性式 rational formula

[*13] 官能基を構造式の左端に置かねばならぬ場合は、下に示す例のように、炭素原子から左になびくように書くのが普通である。

-OH	-NH₂	-NO₂
-COOH	-CHO	-CN
HO-	H₂N-	O₂N-
HOOC-	OHC-	NC-
または	または	
HO-CO-	H-CO-	

多重結合については CH₂= または H₂C= のように書かれる。

表 1-1 代表的な官能基の表し方と名称

構造式	示性式	官能基の名称	化合物の名称	置換基として接頭語に置く場合の命名
⟩C=C⟨		二重結合	アルケン	炭化水素骨格の中で接尾語として組み込まれて命名される。
-C≡C-		三重結合	アルキン	
R-X	R-X	ハロゲン	ハロゲン化合物	フルオロ、クロロ、ブロモ、ヨード
R-O-H	R-OH	ヒドロキシ	アルコール	ヒドロキシ
R-O-R′	R-O-R′	R－オキシ（アルコキシ）	エーテル	R－オキシ（アルコキシ）
R-C(=O)-H	R-CO-H	アルデヒド（ホルミル）	アルデヒド	ホルミル
R-C(=O)-R′	R-CO-R′	カルボニル	ケトン	オキソ
R-C(=O)-O-H	R-CO$_2$H	カルボキシ	カルボン酸	カルボキシ
R-C(=O)-NH$_2$	R-CO-NH$_2$	カルバモイル	アミド	カルバモイル
R-NO$_2$	R-NO$_2$	ニトロ	ニトロ化合物	ニトロ
R-NH$_2$	R-NH$_2$	アミノ	アミン	アミノ
R-S(=O)$_2$-O-H	R-SO$_3$H	スルホ	スルホン酸	スルホ
R-C≡N	R-CN	シアノ	ニトリル	シアノ

表の注：†1：官能基以外の炭化水素部分をR、R′で表している。
　　　　†2：カルボキシル基、アルデヒド基、アミド基などの ⟩C＝O をまとめてカルボニル基という。
　　　　†3：接頭語としての命名については1-8節で述べる。

構造式	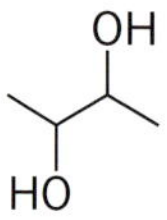 (構造図)	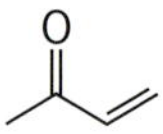 (構造図)	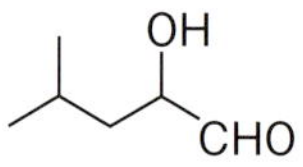 (構造図)
示性式	CH$_3$-CH(OH)-CH(OH)-CH$_3$	CH$_3$-CO-CH=CH$_2$	(CH$_3$)$_2$CH-CH$_2$-CH(OH)-CHO

■問題 1-11　次の化合物は、官能基による分類で、どのような化合物として呼ばれるか。また、この化合物の同族体を一つ書け。

(a) CH$_3$CH$_2$CH$_2$CH$_2$-NH$_2$　　(b) C$_6$H$_5$-CH$_2$CH$_2$-COOH　　(c) CH$_3$-O-CH$_2$CH$_3$

■問題 1-12　次の構造式を、示性式を用いて表せ。

(a), 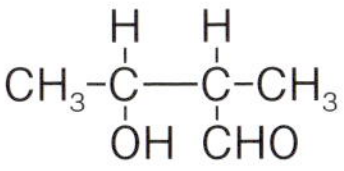 (b), 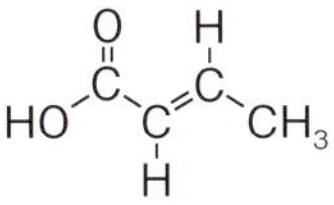 (c), 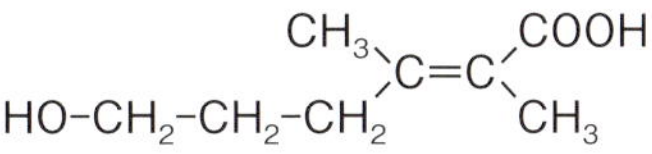 (d)

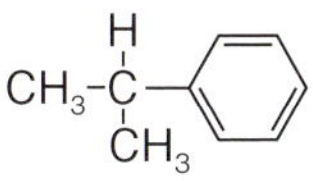

■問題 1-13　次の化合物を省略のない構造式で書け。

(a) HCO-CH$_2$-C(CH$_3$)=C(CH$_3$)-CHO　　(b) NC-CH$_2$-CN　　(c) CH$_2$(CO$_2$C$_2$H$_5$)$_2$

(d) H$_2$C=CH-CH$_2$CH(OH)CH$_2$CO$_2$H　　(e) (COCl)$_2$　　(f) CH$_3$-CH(OH)-CN

■問題 1-14　次の化合物の例を一つ示せ。
(a) 脂環式のケトン　　(b) 芳香族カルボン酸　　(c) 脂肪族アルデヒド
(d) 複素環式アミン　　(e) 酸素を含む複素五員環化合物

■問題 1-15　次の条件に合う化合物を一つ構造式で書け。
(a) 分子式 C$_3$H$_9$N のアミン　　(b) 分子式 C$_4$H$_8$O$_2$ のカルボン酸　　(c) 分子式 C$_3$H$_6$O のアルコール

■問題 1-16　次の化合物の中にある官能基名をすべて挙げよ。

(a), 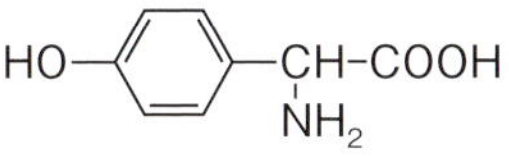 (b), 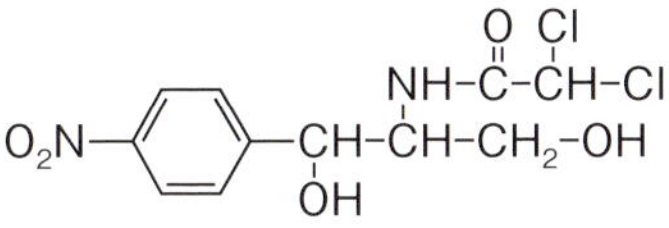 (c)

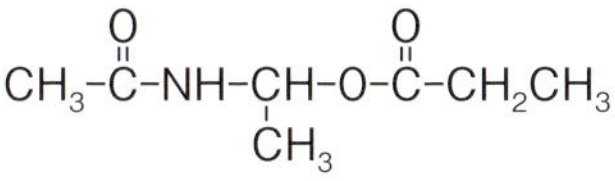

1-6　異性体

分子式が同じ元素組成からなる化合物でも、それら原子の結合の仕方が異なれば別の化合物である。このような、分子式が同じで構造式が異なる現象を**構造異性**といい、構造異性の関係にある化合物を互いに**構造異性体**という。構造異性体をさらに細かに分類して、**骨格異性体、位置異性体、官能基異性体**などと呼ぶこともある。たとえば、C$_4$H$_8$O について、下の (a) は骨格異性体、(b) は位置異性体、(c) は官能基異性体の関係にある。

構造異性
structural isomerism

構造異性体
structural isomer

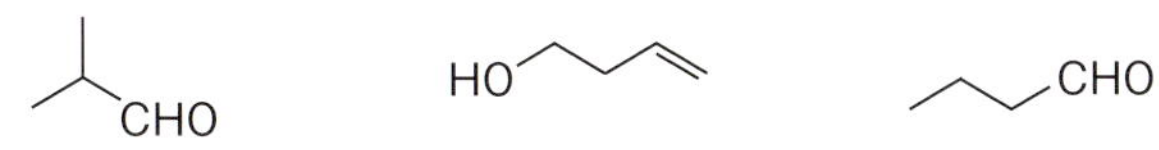

立体異性体 stereoisomer

分子はよほど単純な構造のものを除いて、すべて三次元的な立体構造をもつ。しかし、構造式は分子の構造を平面的に表しているにすぎない。同じ構造式で表されていても、分子の空間的な結合の方向が異なるため、別個の化合物となる場合がある。このような化合物は互いに**立体異性体**と呼ばれる。立体異性体の例は第4章で学ぶ。

問題 1-17 次の分子式で表される化合物について、それぞれ指定された異性体を少なくとも三つ構造式で書け。
(a) C_5H_8 骨格異性体 　　(b) $C_5H_{11}Cl$ 位置異性体
(c) C_4H_8O 官能基異性体

1-7 命名法における炭素の基本骨格

有機化合物の名称は、**IUPAC 命名法規則**に従って体系的に名付けられ、組織名と呼ぶ[*14]。IUPAC 命名法に従えば、どんな複雑な化合物であろうが、世界の誰もが名前を付けられる。逆に名前を見ればその化合物の構造がわかるように命名の規則が組織的にできている。

一方で、昔から慣用的に使われていた名称の一部は、IUPAC により非組織名として使用が認められている。たとえば、CH_3COCH_3 は 2-プロパノンあるいはプロパン-2-オンが正式の IUPAC 組織名であるが、アセトンという慣用的な名称を使用してもよい。

IUPAC 命名法は英語での命名である。これを日本語に訳すときの規則も決められている。原則は字訳とする。発音どおりでなく、英語名の綴りをローマ字読みして、カタカナで記すことになる[*15]。本書では IUPAC 命名法を日本語表記するが、適宜、慣用名や英語名も併記することにする。

IUPAC 命名法では、官能基を除いた炭化水素部分および複素環を基本骨格として組み立てられる[*16]。炭化水素部分に含まれる多重結合は、炭素骨格を表す語幹のあとの語尾を、相当する接尾語に変えて示す。枝分れの炭素側鎖は接頭語として語幹の前に記す。

官能基は[*17]、この炭化水素基本骨格に接頭語や接尾語として示す。その際、官能基の種類とともに、その数と位置も指定される。複数の官能基をもつ化合物の場合は、接頭語と接尾語の両方で表す (1-8 節)。

官能基の接頭語および接尾語は、官能基別に学ぶ各章で詳しく扱う。本章では命名法の組み立ての原則を理解することに主眼をおこう。

命名法の基本となる炭素骨格は直鎖状の飽和炭化水素、すなわちアルカンである。アルカンは**表 1-2** のように命名される。語尾はいずれもaneで終わる。

[*14] IUPAC is International Union of Pure and Applied Chemistry [国際純正・応用化学連合] の略。化学の学会における国際連合のような組織。命名法をはじめ原子量、単位などに関して IUPAC が統一して国際ルールを決めている。

[*15] たとえば、nitromethane CH_3-NO_2 の発音は「ナイトロメセイン」と聞こえるが、ローマ字読みをして「ニトロメタン」と表記する。

[*16] 本書では複素環が基本骨格になる命名法には触れていない。

[*17] 官能基のうち多重結合は炭化水素の基本骨格の中に接尾語として示されるから、厳密には「特性基」と言うべきかもしれない。以下、同様に、多重結合を除いた「官能基」を指している。

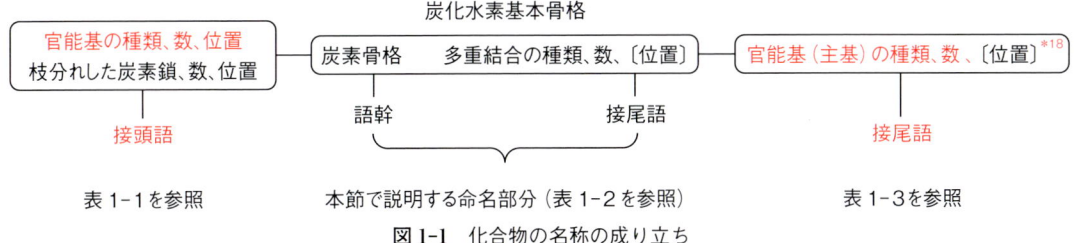

図 1-1 化合物の名称の成り立ち

表 1-2 直鎖アルカン C_nH_{2n+2} の名称

n	名称		n	名称	
1	メタン	methane	8	オクタン	octane
2	エタン	ethane	9	ノナン	nonane
3	プロパン	propane	10	デカン	decane
4	ブタン	butane	11	ウンデカン	undecane
5	ペンタン	pentane	12	ドデカン	dodecane
6	ヘキサン	hexane	13	トリデカン	tridecane
7	ヘプタン	heptane	20	イコサン	icosane

炭化水素基本骨格がアルケンの場合は、相当するアルカンの語尾 ane を ene に変えて命名する。二重結合の番号が最小になるように主鎖に番号をつけ、二重結合の位置をこの番号で示す[*18]。アルキンについては、アルカンの語尾を yne に変える。すなわち、炭化水素基本骨格の語幹は alk の部分ということになる。

$CH_3-CH=CH-CH_3$　　2-ブテン　　　　　$CH\equiv C-CH_2CH_3$　　1-ブチン

■問題 1-18　次の化合物を命名せよ。

(a) $CH_3-CH=CH-CH_2-CH_3$　　(b) $CH_3-CH_2-CH=CH-CH_2-CH_2-CH_3$

(c) $CH_3-C\equiv C-CH_3$　　(d) $CH\equiv C-CH_2-CH_2-CH_3$

■問題 1-19　次の名称の化合物を構造式で書け。

(a) 2-ヘプテン　　(b) 3-ヘキセン　　(c) 2-オクチン

二重結合が2個、3個、… ある場合は、語尾を diene, triene, … のように変え、二重結合の位置番号を付ける[*19]。三重結合が2個、3個、… のときは、diyne, triyne, … となる。

$CH_2=CH-CH=CH-CH=CH-CH_2CH_3$　1,3,5-オクタトリエン　1,3,5-octatriene

$CH\equiv C-CH_2-C\equiv CH$　　　　　　　1,4-ペンタジイン　1,4-pentadiyne

二重結合と三重結合の両方がある場合は、語尾を enyne とし、多重結合の位置番号ができるだけ小さくなる方向に番号をつける。どちらの端

[*18] 最新の IUPAC 勧告では、図 1-1 に示す通り、接尾語として置いた官能基については、その位置番号を相当する接尾語の直前に置く方式を推奨している。たとえば、本文の例の化合物は、
　ブタ-2-エン　but-2-ene
　ブタ-1-イン　but-1-yne
と命名される。
　しかし、この方式は、まだ日本語の命名法としては定着していないようである。本書では、従来どおり、一種類の官能基のみからなる場合の官能基の番号、および多重結合の位置番号を炭素骨格の語幹の前に置いている。

[*19] 図 1-1 に従って接尾語の直前に位置番号を置くと、それぞれ、オクタ-1,3,5-トリエン oct-1,3,5-triene、ペンタ-1,4-ジイン pent-1,4-diene となる。側注 18 に記した通り、IUPAC 組織名としてはこの方式が推奨されている。

から数えても同じ場合は二重結合の位置番号が小さくなる方向に番号をつける。

CH≡C-CH=CH-CH₃　　3-ペンテン-1-イン　　3-penten-1-yne
　　　　　　　　　　　　　　　　　　　　（2-penten-4-yne としない）

CH₂=CH-CH=CH-C≡CH　　1,3-ヘキサジエン-5-イン
　　　　　　　　　　　　　　（3,5-ヘキサジエン-1-インとしない）

■ 問題 1-20　次の化合物を命名せよ。

(a) CH₃-CH=CH-CH=CH₂　　(b) CH₂=CH-CH=CH-CH=CH₂
(c) HC≡C-C≡C-CH₂-CH₂-CH₃　　(d) CH≡C-CH=CH-CH₃
(e) CH₂=CH-C≡C-CH=CH₂

環状飽和炭化水素も基本骨格となる。これらは対応する炭素数の alkane の前に cyclo（環の意味）をつけて cycloalkane とし、不飽和環状炭化水素は cycloalkene などとする*20。

シクロヘキサン
cyclohexane

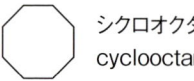
シクロオクタン
cyclooctane

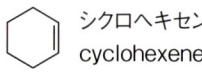
シクロヘキセン
cyclohexene

*20 シクロアルケンが炭素骨格となる場合は、環内の二重結合炭素の片方の位置が自動的に 1（他方が 2）となるので、二重結合の位置番号 1 を示す必要がない。

■ 問題 1-21　次の化合物を命名せよ。

(a) 　(b) 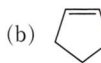　(c) 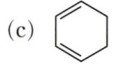　(d)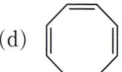

■ 問題 1-22　次の化合物の構造式を書け。
(a) 1,5-シクロオクタジエン　(b) シクロペンタジエン
(c) 1,3-シクロヘプタジエン

ベンゼンのほか、ナフタレン、アントラセンなどベンゼン環が辺を共有した縮合ベンゼン環化合物も炭化水素なので、命名法の基本骨格となる。さらに、ピリジンやフランなど複素環が命名法の基本骨格となる。

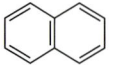　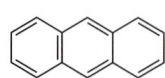　　
ナフタレン　　アントラセン 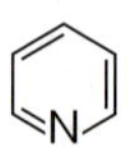　　ピリジン 　　フラン

1-8 命名法における官能基

多重結合以外に官能基をもつ化合物は、1-7 節に述べたような基本骨格化合物の H が官能基によって置換されたものとして命名する[*21]。すなわち、官能基を示す接尾語を語尾に置く。複数の官能基がある場合は、優先順位の高い官能基を主基として語尾に置き、その他の置換基は接頭語として示す。語尾に記す官能基は炭化水素基本骨格の語尾の変化で表す（表 1-3）。表 1-3 は主基として優先順位の高い順に並べている。また、接頭語として置く場合の命名は表 1-1 に示した。

[*21] このような命名法は**置換命名法**と呼ばれる。別に、基の名称と官能基の種類の名称から組み立てられる**基官能命名法**という命名法もあり、ハロゲン化合物やエーテルなどで置換命名法とともに併用されることがある。詳しくはそれぞれの章で説明する。

表 1-3 置換命名法で用いる接尾語

化合物の種類	置換基の式	接尾語	語尾の変化
カルボン酸	$-COOH$	酸 (-oic acid)	-ane → -anoic acid
アミド	$-CONH_2$	カルボキサミド	-ane → -ane carboxamide
ニトリル	$-CN$	カルボニトリル	-ane → -ane carbonitrile
アルデヒド	$-CHO$	カルバルデヒド	-ane → -ane carbaldehyde
		アール	-ane → -anal
ケトン	$-CO-$	オン	-ane → -anone
アルコール	$-OH$	オール	-ane → -anol
アミン	$-NH_2$	アミン	-ane → -ane amine

たとえば、ヒドロキシ基（$-OH$）とアミノ基（$-NH_2$）が置換した $H_2N-CH_2CH_2CH_2-OH$ の場合、主基はヒドロキシ基となるので、alkane の語尾 ane をアルコールを表す ol という接尾語に変えて propanol とし、アミノ基を接頭語において amino をつける。さらに、各官能基の位置を示す番号をつけると 3-amino-1-propanol（3-アミノ-1-プロパノール）となる。そのほか、いくつかの例を下に示す。

$Cl-CH_2-CH-CH_2-CH_3$
$\quad\quad\quad\;\; OH$

1-クロロ-2-ブタノール
1-chloro-2-butanol

$CH_2=CH-CH_2-CO-CH_3$

4-ペンテン-2-オン
4-penten-2-one

$CH_3-CH_2-CH-CO-CH_3$
$\quad\quad\quad\;\; OH$

3-ヒドロキシ-2-ペンタノン
3-hydroxy-2-pentanone

$CH_3-CH_2-CH-CH-CH-CHO$
$\quad\quad\quad\;\; OH\;\; OH\;\; OH$

2,3,4-トリヒドロキシヘキサナール
2,3,4-trihydroxyhexanal

名称の接尾語から、…(オ)ールならアルコール、…(オ)ンならケトン、…(ア)ールならアルデヒドなどと判断できることになる[*22]。

[*22] アルコール（11-1 節）、ケトンおよびアルデヒド（13-1 節）の命名法についてはそれぞれの項で詳述する。

問題 1-23 次の化合物名は天然物として見出される有機化合物の慣用名である。どのような官能基からなる化合物と推定されるか。
(a) キシリトール　(b) リモネン　(c) メントール
(d) ムスコン　(e) シトラール　(f) ピネン　(g) シベトン

第2章

価電子と共有結合

　有機化合物を分子構造のレベルから考えることは、有機化学を学ぶうえで最も大事な視点である。反応も性質も、分子の姿としてとらえないと本質を理解することはできない。分子の姿をとらえるためには、共有結合の成り立ちに関して知識を確実にしておく必要がある。まずは、炭素原子が4本の共有結合をつくり、窒素は3本の、酸素は2本のそれぞれ共有結合をつくることを基礎の基礎として、理解しておこう。

2-1 価電子と電子対

電子殻 electron shell

*1 高校化学では、核に近い電子殻から順にK殻、L殻、M殻、…と呼んだことを思い出そう。これらのより進んだ解釈は第3章で学ぶ。

価電子 valence electron

電子対 electron pair

不対電子 unpaired electron

*2 第17族については、C, N, Oなどと周期をそろえるならFとすべきところであるが、有機ハロゲン化合物としては塩素化合物の方が一般的であるので、第3周期のClを例に挙げている。

*3 不対電子の数がこのようになる理由は第3章で学ぶ。

　原子を構成する電子は、原子核のまわりの**電子殻**と呼ばれるいくつかの軌道に分かれて存在している[*1]。共有結合の形成には原子の最も外側の電子殻にある電子、すなわち**価電子**が関与する。元素記号のまわりに価電子を点で表したものを**電子式**という。価電子の数は、周期表（表紙見返し参照）でその原子が属する族番号の1の位の数値である。ただし、原子同士が結合しない第18族の元素（希ガス）の価電子の数はゼロである。

　安定な希ガスの電子配置をみると、最外殻電子の数は2個（He）あるいは8個（He以外）である。これら8個の電子は2個ずつ対をなしている。対になった電子を**電子対**と呼ぶ。2個または8個の電子で満たされた電子殻は**閉殻**と呼ばれ、安定した状態となるので、希ガス元素は分子をつくらず、原子状態で存在する。

　希ガス以外の原子では、偶数個の価電子をもつ場合でも、すべての価電子が電子対をつくるわけではなく、電子対をつくらずに単独で存在する電子がある。これらを**不対電子**と呼ぶ。価電子の数が奇数であれば、当然少なくとも1個は不対電子となる。不対電子の数は原子によって異なり、水素は1個、炭素は4個、窒素は3個、酸素は2個、塩素[*2]は1個である（表2-1）。

表2-1 原子の価電子数と不対電子数[*3]

原子	H	C	N	O	Cl
族	1	14	15	16	17
価電子の数	1	4	5	6	7
不対電子の数	1	4	3	2	1

■**問題 2-1** C, N, O, Cl の各原子の価電子を、不対電子と電子対とを区別して電子式で示せ。

最外殻電子殻が 8 個の電子で満たされた閉殻構造が安定であるという原則は、有機化合物の構成元素である炭素を含む第 2 周期の原子が**共有結合**（次節にて詳述する）をつくるときにも当てはまる[*4]。

共有結合を形成するとき、二つの原子は互いに不対電子を共有し合って 8 個（水素では 2 個）の閉殻構造を満たしている。不対電子の数だけ共有し合えるので、原子は不対電子の数の共有結合をつくる。互いに共有された 2 個の電子は**共有電子対**と呼ばれる。一方、もともと電子対として存在していた電子は、原子間に共有されないで、**非共有電子対**として存在する[*5]。

共有結合をつくる 1 対の共有電子対を 1 本の線で表した式を構造式（あるいはルイス構造式）といい、共有結合を表す線を価標という（1-2 節）。通常、分子構造はこのような線表示による構造式で表される。電子式において示された非共有電子対は、構造式の中では表されていないことに注意しよう。

原子からでている価標の数を**原子価**という。原子価はその原子がもつ不対電子の数に相当する。問題 2-1 の解答も含めて、もう一度、構造式のもとになる価電子について整理しておこう（**表 2-2**）。

共有結合 covalent bond

[*4] 第 2 周期の原子が安定な分子やイオンを形成するとき、最外殻の電子は 8 個である。これはオクテット則（八隅子説）とも呼ばれる。第 3 周期の塩素や硫黄はオクテット則に合わない結合をつくることもあるが、基本的にはオクテット則を満たした結合をつくると思ってよい。

非共有電子対 unshared electron pair

[*5] 非共有電子対は孤立電子対（lone pair）とも呼ばれる。

原子価 valence

表 2-2 原子の電子式による表示と原子価

原子	H	C	N	O	Cl
電子式	H・	・Ċ・	・N̈・	・Ö:	:C̈l:
原子価	1	4	3	2	1

■**問題 2-2** アンモニア NH₃ の窒素原子には非共有電子対がある。アンモニア分子を構造式で書き、非共有電子対を ： で書き加えよ。

■**問題 2-3** 水 H₂O を構造式で書き、非共有電子対を ： で書き加えよ。

2-2　共有結合

共有結合の成り立ちをまとめておこう。
(1) 不対電子を結合相手の原子の不対電子と共有させ、共有電子対をつくる。
(2) 価電子のみを考え、原子の周囲に電子 8 個の閉殻構造が形成され

るように電子対を分布させる。ただし、水素原子については、2個の電子で閉殻となる。

(3) 1対の共有電子対からなる結合は、価標1本で表される**単結合**である。

(4) 同じ結合相手の原子に対して電子対を2対あるいは3対つくって、8個の閉殻構造を完成させてもよい。二つの原子間で共有結合が2対のものを**二重結合**、3対のものを**三重結合**といい、それぞれ価標2本、3本で表される。

いくつかの例をみていこう[*6]。HCl分子では、塩素は17族であるから価電子は7個、その中に不対電子が1個ある。あと1個の電子を受け入れれば8個の閉殻構造となる。そこで水素原子の価電子1個を塩素原子の不対電子1個と共有させて共有結合をつくる。一方、水素原子の側から見ると、塩素の不対電子1個と水素原子の1個の不対電子を共有させて、電子2個の水素の閉殻構造をつくり安定化している。

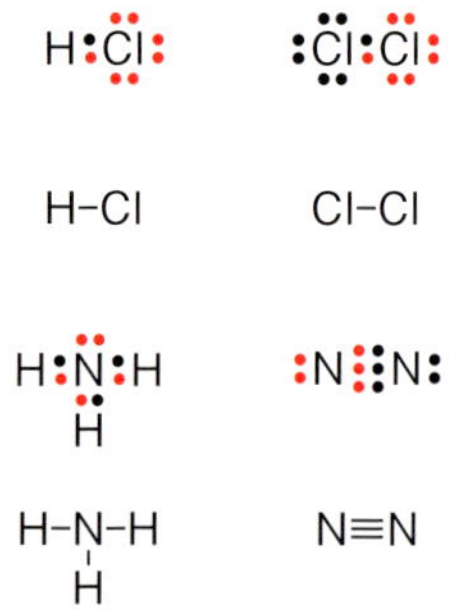

塩素分子Cl_2では、2個の原子がそれぞれ1個ずつ不対電子を出し合って共有し、どちらも8個の原子で満たされた電子殻ができあがる。

アンモニアの窒素は15族で価電子は5である。あと3個の電子を3個の水素原子とそれぞれ共有電子対として結合させ、NH_3のアンモニア分子が形成される。窒素原子の共有結合に関わらない2個の電子は非共有電子対として存在する。

窒素原子が2個でN_2分子ができるときは、上の原則(4)が当てはまる。3個の不対電子をそれぞれ同じ窒素原子同士で共有させて、3対の共有電子対が形成される。したがって、窒素原子同士をつなぐ結合は三重結合である。また、どちらの窒素原子にも非共有電子対が1対存在する。

[*6] 本文中の例も含め、いくつかの分子における共有結合のできかたを示す。

■**問題 2-4** 炭素1個、水素2個、酸素1個からなるCH_2Oの分子の構造式を書け。

■**問題 2-5** 二酸化炭素CO_2の分子を電子式で表せ。炭素と酸素を結ぶ結合は何重結合か。

■**問題 2-6** HNOという分子はどのような構造式で表されるか。また、それを電子式で表せ。

有機化合物の構成元素となる主な原子について、それらの原子がつくる結合を整理しておこう(**表2-3**)。

■**問題 2-7** CとNの二重結合をもつ分子の例を一つ構造式で示せ。

■**問題 2-8** CとNの三重結合をもつ分子の例を一つ構造式で示せ。

表 2-3 主な原子がつくる結合の価標による表示

原子	H	C	N	O	Cl
原子価	1	4	3	2	1
単結合	H−	−C−	−N−	−O−	Cl−
二重結合		−C=	−N=	O=	
三重結合		−C≡	N≡		

2-3 陰イオンと価電子

　これまでは中性の分子についてみてきたが、イオンについても考えておこう。イオンは共有結合が開裂して生成する。たとえば、水分子の共有結合がイオン開裂して OH^- と H^+ が生成するとき、酸素原子は水素と共有していた共有電子対をそっくり酸素原子の最外殻に取り込んでしまう[*7]。酸素原子はその最外殻に8個の、また水素原子は最外殻に2個の電子をそれぞれ収容するので、OH^- は安定なイオンである。酸素の8個の電子のうち、1個は開裂していない水素原子の価電子に由来するので、残り7個を酸素原子が担っていることになる。つまり、酸素原子に本来備わった6個の価電子よりも1個余分に電子が付け加わっている。したがって、この酸素原子は1価の負電荷をもつ。

　一方、水素陽イオンは酸素原子に電子1個をはぎ取られたため、本来備わるべき価電子が1個分欠けて、つまり、核のまわりにまったく電子がなくなり、1価の正電荷を帯びることになる[*8]。このような水素陽イオンは原子核のみ、つまり陽子のみからなるので**プロトン**と呼ばれる。

　安定な8個の電子数を満たすために、その原子本来の価電子以外にさらに付け加わった電子の数が陰イオンの価数となる。また、価電子から取り除かれて本来の価電子に不足する電子の数が陽イオンの価数となる。本来、原子は陽子の数と電子の数が等しく電荷をもたないはずなのに、不足した電子分だけ陽子の電荷がまさって正電荷が、あるいは過剰になった分だけ電子の電荷がまさって負電荷が、それぞれ発現するのである[*9,10]。

問題 2-9　もしも、水分子の O−H 結合が OH^+ と H^- に開裂するとしたら、生じる各イオンの電子構造はどうなるか。電子式で表せ。

問題 2-10　HCl 分子がイオン開裂して生じるイオンを電子式で示せ。

問題 2-11　アンモニア分子の $H_2N–H$ 結合がイオン開裂して H_2N^- と H^+ を生じるとき、N を含む陰イオン（アミドイオン）は構造式でどのように表されるか。また、電子式ではどのように表されるか。

[*7] 水分子のイオン開裂

H:Ö:H → H:Ö:⁻ + H⁺

[*8] では、なぜ、酸素原子が共有電子対を奪って共有結合がイオン開裂するのか。この逆、すなわち、水素原子が共有電子対を奪った開裂（$H_2O \to H^- + OH^+$）は起こらないのだろうか。これについては 5-1 節で学ぶが、一言でいえば、酸素原子と水素原子の**電気陰性度**（electronegativity）の違いが関係している。

プロトン proton

[*9] 水素原子だけは、イオンの場合も 8 個でなく、2 個の電子数が満たされているかどうかを考える。したがって、H が 2 個の電子を満たすために 1 個の電子を受け入れると H^- というイオンができる。これはヒドリドイオンと呼ばれ、高校化学では見慣れない陰イオンであるが、いろいろな反応で重要な役割を果たす。

[*10] ここでいう電荷は、電荷を一つの原子上に担わせているが、後に述べる分極や共鳴の効果により、特定の原子上にのみあるわけではない。厳密にいえば、**形式電荷**と呼ぶべきものである。

*11 主要元素における，イオン開裂による陰イオンの形成

:N-X → :N:⁻
-C-X → -C:⁻
-O-X → -O:⁻
:Cl-X → :Cl:⁻

上の問題 2-10、2-11 にもあるように、結合の数が本来の原子価から 1 個少ない場合には陰イオンとなるのが普通であり、水酸化物イオン HO⁻、アミドイオン H_2N^-、アルコキシドイオン RO^- などはその例である*11。6-8 節で学ぶ炭素陰イオン R_3C^- もこのタイプのイオンである。

問題 2-12 〉C＝N−H の H がプロトン H^+ として解離した場合には、〉C＝N⁻ と表される窒素の陰イオンが生じるはずである。この窒素原子の結合を電子式で表せ。

2-4 陽イオンと価電子

以上、結合の開裂により生じる陰イオンについて主にみてきたが、陽イオンについてはどうだろう。有機化学では、プロトン付加で生じる陽イオンが反応に関与することが多い。プロトン H^+ は、水素原子と違って価電子がゼロであるから、非共有電子対の 2 個の電子をまるまる受け入れないと 1 本の共有結合をつくることができない。

アンモニウムイオン NH_4^+ は、アンモニアの非共有電子対とプロトンが反応して共有結合をつくって生じたイオンである。このように、お互いが不対電子を出し合うのではなく、一方の原子から一方的に電子対を差し出して共有結合が形成される場合、これを**配位結合**という。配位結合は結合のでき方がほかの共有結合と異なるだけで、できた共有結合はほかの共有結合とまったく同じ性質をもっている。したがって、アンモニウムイオンの 4 個の単結合はすべて等価であり、区別することはできない。電子対を差し出した、つまり配位したのはアンモニアであるが、プロトンの側から見ると、プロトンは非共有電子対を求めて反応していったわけで、これを**プロトン付加**と呼ぶ。酸が触媒となる反応はプロトン付加が重要な反応過程となる。

配位結合 coordinate bond

H:N:H + H⁺ → H:N:H = H⋯N⁺⋯H
  H   H   H
  配位   H   H
 プロトン付加

アンモニウムイオンの窒素原子では、非共有電子対がなくなり、新たに 4 本の共有結合が形成されている。この場合の窒素原子は、最外殻に本来の価電子の数 5 よりも一つ少ない 4 個の電子で結合をつくっている。したがって、正電荷が発現する。

プロトン付加に見られるように、本来の原子価よりも 1 本分多い結合をつくる原子は正電荷をもつイオン構造になる*12。余分となった結合

*12 主要元素における、配位による陽イオンの形成

〉N- → -N⁺- 〉N⁺
,O, → ,O⁺, -O⁺
Cl- → -Cl⁺ Cl⁼

を、同じ相手の原子に対して差し出してもよい。先の (4) の原則の適用である。たとえば、>N⁺= と表されるイオンでは、窒素原子は二重結合を使って電子 8 個の閉殻構造をつくっているが、価電子は 4 個しかない。

問題 2-13 次に示すのはイオンの構造式である。ただし電荷が記されていない。電荷がある原子に ＋、− を記入し、非共有電子対があれば **:** を記入せよ。

(a) CH_3-O (b) H-N-O-H (H上下) (c) $CH_3-C\!\!<\!\!^O_O$ (d) $O-C\!\!<\!\!^O_O$ (e) $O-N\!\!<\!\!^O_O$ (f) $Cl=O$ (g) $O-C≡N$

問題 2-14 次の構造式の中の原子に、非共有電子対があれば **:** を記入し、電荷をもつ原子があれば ＋、− を記入せよ。

(a) $CH_3-C≡N$ (b) $CH_3-N≡C$ (c) $CH_3-N≡N$

(d) $CH_2=N=N$ (e) $CH_3-N\!\!<\!\!^O_O$ (f) $(CH_3)_2N→O$（CH₃ 2つと N→O）

問題 2-15 水分子にプロトン付加して生成するイオンの構造式を書き、酸素原子上に正電荷が生じることを説明せよ*¹³。このイオンには非共有電子対が存在するか。

問題 2-16 $-O^+=$ と表される酸素のイオンにおいて、酸素原子には非共有電子対が存在するか。

＊問題 2-17 オゾン O_3 の構造式を書け。

2-5 炭素原子がつくる結合

有機化合物の主役である炭素原子がつくる結合については、まとめて頭に入れておこう。

炭素原子は第 14 族原子で価電子を 4 個もつ。これらはいずれも電子対をつくらず、不対電子として存在する*¹⁴。したがって 4 本の共有結合をつくる。

炭素原子が 4 個の原子と結合する場合は 4 個の単結合をつくる。

3 個の原子と結合しているときは、1 個の電子が単結合に使われずに余った状態になる。そこで、余った電子同士も共有させて余分の結合をつけ加えれば、すべての電子が共有されることになる。これにより、二重結合が形成されることになる*¹⁵。つまり、2-2 節の原則の (4) に従って、同一の原子を相手に不対電子を 2 個差し出していることになる。

炭素原子が 2 個の原子と結合する場合は、2 個の電子が単結合に使われずに余った状態になる。そこで、余った電子同士も共有させて 2 本の

*¹³ ここで得られるイオンは、ヒドロキソニウムイオン（あるいはヒドロニウムイオンともいう）と呼ばれる。H がアルキル基 R に替わった R_3O^+ は一般にオキソニウムイオンと総称される。

*¹⁴ 価電子が 4 個であっても、すべてが不対電子でないと 4 本の結合にはならないはずである。実は炭素の価電子のうち 2 個は電子対を形成しており、不対電子は 2 個だけである。それにもかかわらず、4 本の共有結合をつくるのはなぜだろう。これについては第 3 章で学ぶ。

[*15] 2個の原子と結合する場合、双方の原子に二重結合を差し出す結合の仕方もある。二酸化炭素 CO_2 の炭素原子はこの例である。このような結合については 3-4 節で述べる。

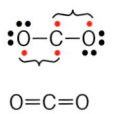

余分の結合をつけ加える。これにより、三重結合が形成される[*15]。同一の原子を相手に 3 個の不対電子を差し出していることになる。

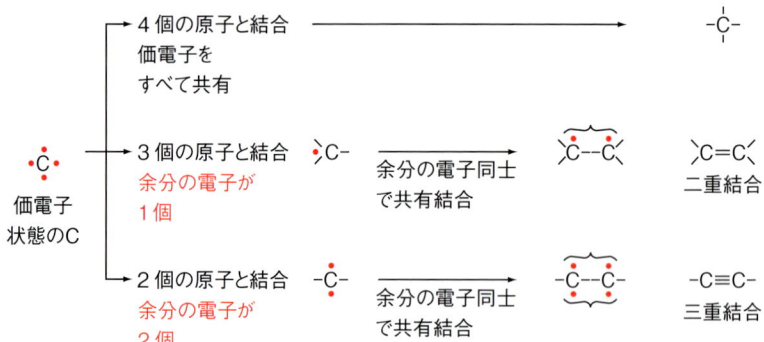

第3章

混成軌道

　第2章でみた炭素原子の結合の成り立ちは、分子を構造式によって平面上で表すには十分であった。しかし、実際の分子は立体的な構造をしている。炭素が4個の原子と共有結合するとき、それぞれの結合が伸びる方向はほぼ決まっている。二重結合により3個の原子と結合するときは？ 三重結合で2個の原子と結合するときは？ これらの立体構造を理解するには、混成軌道の概念が必要となる。構造式では単に2本の価標で示される炭素-炭素の二重結合も、実は、性質の異なる2本の結合であることもわかるはずである。

3-1　原子の電子配置

　原子核のまわりの電子の状態は量子力学の原理に基づいて、**原子軌道**によって記述される。一つの原子軌道に入ることができる電子の数は2個までである。2個の電子で満たされている場合は電子対の状態にある。しかし、1個だけの場合は不対電子である[*1]。

　原子番号が大きくなると、使われる原子軌道の数も増えてくるが、これら原子軌道のエネルギーは連続的に変化するのでなく、とびとびの段階的な値を示す。これを**エネルギー準位**という。原子軌道は、エネルギー準位の低い、つまり、より安定な順に、1s, 2s, 2p, 3s, 3p, 3d, … と名付けられる。さらに、p軌道はエネルギーの等しい3個の軌道から、また、d軌道はエネルギーの等しい5個の軌道から成り立っている。これらを整理して図示すると、**図3-1**のようになる[*2]。

　原子軌道とはいうものの、電子が核のまわりを一定の軌跡を描いて回っているわけではない。原子軌道は、電子の存在する位置を確率として示しているだけである。電子の存在確率を視覚的に描くには、電子の

原子軌道 atomic orbital
[*1] 電子対、不対電子については2-1節参照。
エネルギー準位
energy level
[*2] 原子軌道の表記に記される 1, 2, 3, … などの数字は**主量子数**と呼ばれ、高校化学で学んだK殻、L殻、M殻、… にそれぞれ対応する。高校では「原子核に近い順にK殻、L殻、M殻と呼ばれ、それぞれ、2個、8個、18個の電子が入る」と学んだはずである。たとえば、L殻とは主量子数が2の原子軌道、すなわち、1個の2sと3個の2p軌道を一まとめにした分類とみることができ、それぞれに2個ずつ電子が入るから合計で8個の電子が入ることになる。

エネルギー	軌道のエネルギー準位	記号	磁気量子数 m	方位量子数 l	主量子数 n	収容できる最大電子数
高 ↑	M殻 ───── ─── ─	3d 3p 3s	+2, +1, 0, -1, -2 +1, 0, -1, 0	2 1 0	3	18
	L殻 ─── ─	2p 2s	+1, 0, -1 0	1 0	2	8
↓ 低	K殻 ─	1s	0	0	1	2

図3-1　原子軌道のエネルギー準位と量子数の関係

20　第3章　混成軌道

*3　電子雲の様子を模式的に表すと(a)や(b)のように描くことができる。
(a) z 軸方向を向いた p 軌道の電子雲、(b) z 軸を含む平面で切った p 軌道の断面。

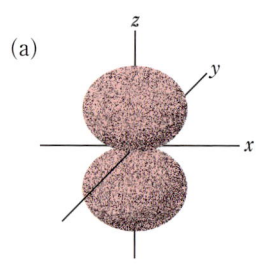

(a)

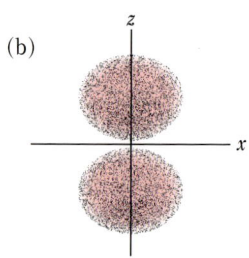

(b)

*4　電子の運動量に関わる部分も、とびとびの値で規定される。これは**方位量子数**の違いで表され、s, p, d などの記号を用いて区別される。

*5　方位量子数に応じて、磁気量子数という成分にも違いがでてくる。方位量子数が 1 の場合、つまり p 軌道は三つの成分に分かれる。

*6　エネルギー準位の図に電子を書き込むときは、1 個の電子を矢印で表し、上向きか下向きかでスピンの違いが示される。

フント則 Fund's rule

*7　フント則とは「等価な軌道が複数個存在する場合、電子は可能な限り異なる軌道に、また、可能な限りスピンを平行にして入る」という経験則。これは量子論によって説明がつく。

存在する確率を点の濃淡で表すとよい。ぼんやりと雲のような形が浮かんでくるだろう。これを**電子雲**と呼ぶことにしよう*3。電子分布といってもよいだろう。

　原子軌道の電子雲の形は、原子軌道を表す s, p, d の記号によって異なる*4。

　s 軌道は核のまわりに球形の電子雲となって現れ (**図 3-2**)、p 軌道は団子を二つくっつけたような形の電子雲を与える (**図 3-3**)。高校化学では原子核のまわりの電子の存在はすべて円形に描かれていたので、L 殻の中に p 軌道のような形が存在することに戸惑うかもしれないが、量子力学ではこのような軌道が導き出されるのである。1s と 2s とは電子雲の形は同じであるが、主量子数 1 と 2 との違いによりその広がりが異なる。核の近くに分布しているのが 1s、核からより離れたところに分布しているのが 2s である。つまり、大きさの違いであり、K 殻と L 殻との違いが反映されている。2p と 3p についても同様な大きさの違いがある。

　三つの p 軌道は、**磁気量子数**の違いにより、互いに直交する x, y, z 座標の軸方向に電子雲の形をもっている*5。それぞれを p_x, p_y, p_z と記すこともある。

　p_x, p_y, p_z は、それぞれの向き（配向）の違いはあるものの、電子雲の形は同じ、すなわち核からの距離が同じであるからエネルギーは等しい。

　これら原子軌道にエネルギー準位の低い方から電子を 1 個ずつ詰めていくと元素の電子配置ができあがる。ただし、各原子軌道には電子は 2 個しか入ることができない。これら 2 個の電子は、電子の自転の向きに関わるスピン量子数の違いにより、互いにスピンの向きを逆にして収容される*6。また、同一のエネルギー準位にある p 軌道には、3 個の軌道に 1 個ずつ分散させて入れ、4 番目の電子から電子対にするという原則がある。これを**フント則**という*7。

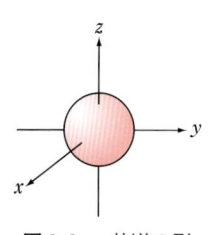

図 3-2　s 軌道の形

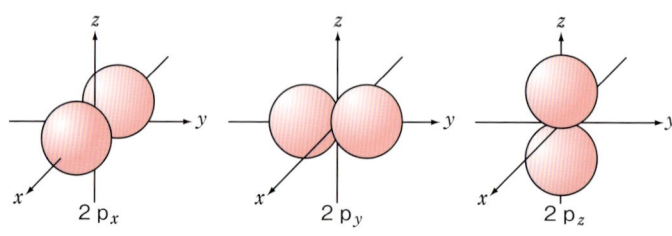

図 3-3　p 軌道の形と方向性

フント則は、不対電子をもたらす原因となる。たとえば、酸素原子は6という偶数個の価電子をもつにもかかわらず、すべてが電子対となっているわけではない。p軌道の4個の電子のうち電子対は1組だけで、2個は不対電子として入っている。したがって共有結合を2本つくる。

問題 3-1 酸素の原子価が2価となることを電子配置によって説明せよ。
問題 3-2 ネオンの電子配置を示し価電子がゼロであることを確かめよ。
問題 3-3 窒素の電子配置を示し原子価が3価となることを説明せよ。
問題 3-4 炭素の原子価を電子配置にもとづいて考えると何価となるか。

3-2 sp³混成軌道と結合の方向

3-1節に従うと、炭素原子の電子配置は図3-4左のようになる。

炭素原子は14族元素で価電子は4個であるが、そのうち2個は2s軌道に電子対として入っており、残り2個の電子はフント則により2個の2p軌道に別々に収容されている。つまり不対電子が2個ということになる。このことから予想される炭素の原子価は2価であり、これらがつくる結合の角度（結合角）はp軌道同士がなす角、すなわち90°ということになる。しかし、実際の炭素原子は、第1章でも述べた通り4本の結合を伸ばし、正四面体構造である。

理論が事実に合わなければ、事実に合う理論を新たに打ち出さなければならない。そこで提案されたのが、**混成軌道**の概念である。

混成軌道 hybrid orbital

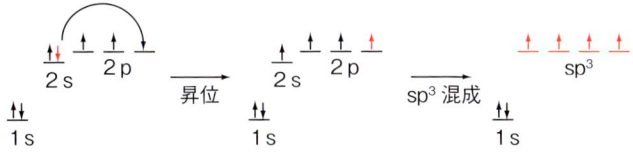

図3-4 炭素のsp³混成原子軌道の形成*8

*8 3個の2p軌道への電子の収容と同様に、等価な4個のsp³混成軌道へも、フント則に従って、別々の軌道にスピンを並行にして電子は収容される。

問題 3-5 p軌道同士のなす角を考えることにより、水分子H₂Oの構造が直線形でなく屈曲した構造になることを説明せよ。

炭素原子は共有結合をつくるに際して、まず、2s軌道にある電子の一つを2p軌道に移す。これによりすべての価電子が不対電子となり4価の原子価をとることができる。この電子の移動にはエネルギーを要するが、4本の共有結合をつくることができるので、それにより放出されるエネルギーで十分に補うことができる*9。では、4本の結合が等価になることはどのように説明されるのだろう。これは、s軌道と3個のp軌道が混ぜ合わさった結果、新しく四つの等価な軌道ができたためと考え

*9 原子が共有結合をつくると、エネルギーが放出され安定化する。逆に、結合を開裂させるにはエネルギーを要する。3-5節で記すように、X−Yの共有結合を切ってX・とY・に開裂させるのに要するエネルギーを結合解離エネルギーと呼ぶ。

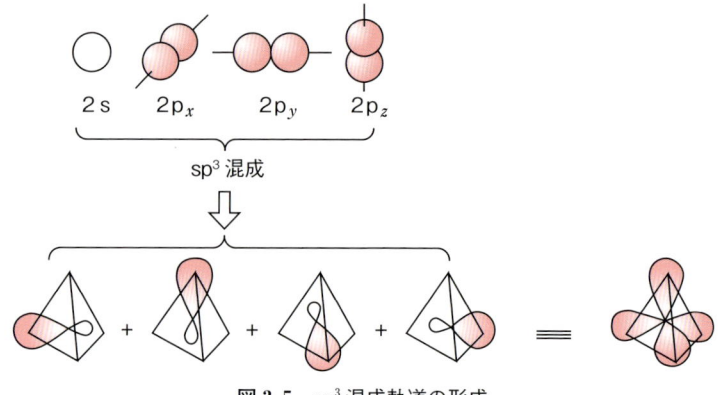

図 3-5 sp³混成軌道の形成

る。これを **sp³混成軌道** と呼ぶ（図 3-5）。

　sp³混成軌道には、s 軌道の性質が 4 分の 1、p 軌道の性質が 4 分の 3 備わっていることになる。混成の結果、結合の方向が正四面体の頂点の方向に伸びることも、量子論にもとづいて理論的に導かれる。

　電子対や非共有電子対の間の電子同士の反発を考えても結合の方向を予測することができる。すなわち、四組の共有電子対が形成されると、それら四つの共有電子対の間に静電反発が生じるが、お互いの結合同士が遠ざかって、静電反発を最小に抑えるには正四面体構造が最も有利である。電子対や非共有電子対の間の電子同士の反発を考えることによっても結合の方向を予測することができる。この考え方は **原子価殻電子対反発**（valence-shell electron pair repulsion：VSEPR）**理論** と呼ばれる。

■ **問題 3-6**　窒素原子がつくる三つの共有結合が平面上にはなく、右図のように三角錐構造になることを VSEPR 理論により説明せよ[*10]。

■ **問題 3-7**　アンモニア分子の窒素原子は sp³混成である。アンモニア分子の構造を説明せよ。

　正四面体構造 の炭素が、メタンのようにすべて同一の原子と結合している場合は、H−C−H のなす結合角は 109.5° である。CH_2Cl_2 や $CHCl_3$ のように、異なる原子と結合していると若干のずれはあるが、基本的にはこの正四面体構造をとる（次ページ図の **A**）。

　メタンの 4 個の混成軌道にある不対電子は、それぞれ水素原子の 1s 軌道にある電子と共有し合って単結合を形成する[*11]。このとき sp³軌道と s 軌道とは、電子雲が重なり合って共有電子を収容する新たな軌道をつくる。この軌道は炭素と水素両原子を結ぶ結合軸を回転させても重なり合いに変化がない。このような結合は **σ結合** と呼ばれる。単結合はす

[*10]　実線のくさび形は紙面から手前に出た結合を、破線のくさび形は紙面から裏側に伸びた結合を表している。

[*11]　sp³混成軌道と s 軌道の重なりによる C−H 間の σ 結合の形成を (a) に示す。(b) は sp³混成軌道同士の重なりによる C−C 間の σ 結合の形成。

(a)

(b)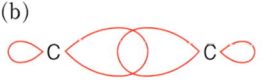

べて σ 結合である。

　正四面体構造 **A** は、別の見方をすると、正六面体の中心に炭素を置いて、一つおきの頂点の方向と理解してもよい（**B**）。いずれにせよ、二方向の結合を同一平面に置くと、この面は他の二方向の結合がつくる面と直交する（**C**）[*12]。

[*12] この 4 本の結合はフィギュアスケートの両手、両足を思い浮かべればよい。両手がつくる面と両足がつくる面はほぼ直交に近い。9-2 節で学ぶフィッシャー投影式でも、この姿は重要な理解のかぎとなる。

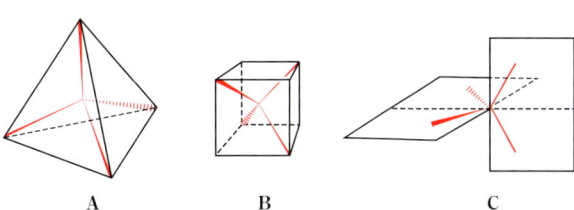

　　　　A　　　　　**B**　　　　　**C**

＊ **問題 3-8**　正四面体構造の炭素の結合角 θ は $\cos\theta = -1/3$ であることを証明せよ。

問題 3-9　図のような正四面体構造の炭素原子に XYZW の四つの置換基が結合しているとする。いずれか 2 個の結合を手前の左右に伸びるように見るとき、残り二つの結合の方向はどのように見えるか。例に倣って図示せよ。

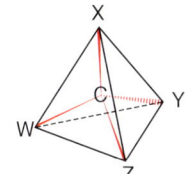

例：X を左手前、Z を右手前にみるとき。

(a) X と Y をそれぞれ手前左右　　(b) Z と Y をそれぞれ手前左右
(c) W と Z をそれぞれ手前左右　　(d) W と Y をそれぞれ手前左右

問題 3-10　問題 3-5 では p 軌道が伸びる方向をもとに H_2O 分子の構造を考えた。酸素原子が sp^3 混成をしたと考えると、H_2O 分子はどのような構造になると予想されるか。

3-3　二重結合の炭素

　エチレン $CH_2=CH_2$ 分子を例に二重結合について考えてみよう。エチレンでは、2 個の H と 1 個の C を相手に結合する炭素原子は、その三つの結合を同一平面上で 120° の角度に伸ばしている。また、6 個の原子はすべて同一平面上にある。

　3 個の原子を相手に共有結合をつくるとき、価電子は 3 個で足りてしまう。余った価電子は不対電子となる。この余った価電子同士が第 4 の結合をつくる。3 個の原子との共有結合は単結合であるが、これに第 4 の結合が加わって二重結合になったことになる（2-5 節）。しかし、この

（写真は毎日新聞社提供）

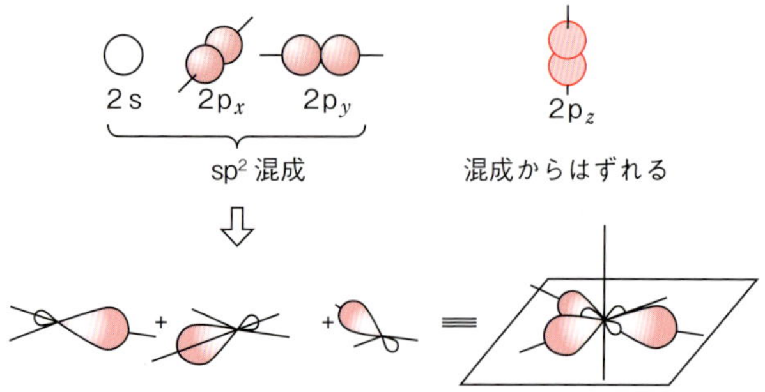

図3-6 sp² 混成軌道の形成

説明では、エチレン分子のすべての原子が同一平面上にあることは説明できない。そこで、やはり混成軌道の考え方が必要となる。

二重結合の炭素原子の結合は、2s 軌道の電子を昇位させ 4 価を達成したのち、2s 軌道と p 軌道のどれか二つ（たとえば、p_x と p_y）が混ざり合って新しい等価な三つの混成軌道ができると考える。これを **sp² 混成軌道**と呼ぶ（図 3-6）。3 個の sp² 混成軌道は同一平面内（先の例では xy 平面）にあり、結合角は 120° である[*13]。三つの結合同士が互いに最も遠ざかる方向であり、VSEPR モデルからも予想される構造である。

sp² 混成軌道には、混成に加わらなかった p 軌道が sp² 混成軌道の平面に垂直に出ていて（上の例では p_z 軌道）、これに不対電子が 1 個収容されている。この不対電子を共有するためには、結合相手も p 軌道に不対電子をもつ原子でなければならない。そこで、sp² 混成軌道の炭素原子同士が結合することになる。

エチレンは二重結合化合物の最も簡単な例である。二つの sp² 混成炭素同士が近づくと、核間を結ぶ軸上で共有結合が形成される。さらに、p_z 軌道同士を重ね合わせて p 軌道の不対電子も共有させる。この際、p_z 軌道の電子同士を最も有効に共有させるためには、つまり、p_z 軌道同士

[*13] 混成に組み入れられる二つの p 軌道はそれぞれ x 軸、y 軸の方向を向いており、また s 軌道は球形であって、方向性はない。これら三つの原子軌道を原料にして混ぜ合わせるのであれば、できあがった混成軌道は当然 xy 平面上に形成される。

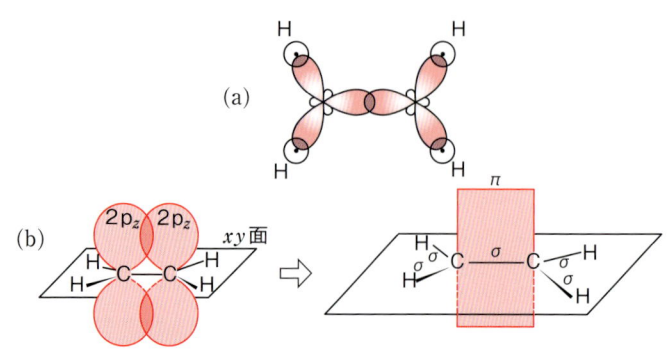

図3-7 エチレンにおける二重結合の形成
(a) σ結合、(b) π結合の形成と、p 軌道の重なる方向

の重なりを最も大きくするためには、近づき合った sp^2 混成炭素の平面同士が同一平面となることである。これにより、6個の原子すべてが同一平面上に載ることになる（**図 3-7**）。

sp^2 混成軌道がつくる結合を **σ 結合**、p_z 軌道の重なりによって形成される結合を **π 結合** と呼ぶ。π 結合に使われた電子は **π 電子** と呼ばれるが、もとをただせば、p_z 軌道の電子にほかならない。σ 結合は結合軸上に電子対の電子雲があり、π 結合は二重結合の面に垂直な上下の部分に電子雲が形成される[*14]。構造式で書くと、二重結合は単なる2本の線であるが、実は σ 結合と π 結合という性質の異なる2本の結合から成り立っているのである。

[*14] sp^2 混成軌道に参加していない p 軌道同士の重なりにより左の図のように π 結合が形成される。π 電子雲は平面の表裏に分布しているが、それぞれを別個の π 結合とみなすわけではなく、これらを合わせて1本の π 結合である。

エチレンの炭素-炭素結合をねじろうとすると、π 結合をつくる p_z 電子同士の重なりを壊さなければならない。つまり、ねじるということは π 結合を開裂させることに相当し、大きなエネルギーを必要とする。このため二重結合の回転は非常に起こりにくく、一対の異性体が生じる。すなわち、シス-トランス（*cis-trans*）異性体である（4-3 節参照）。σ 結合は、ねじっても電子雲の重なりに変化がないので、自由な回転が可能である。

sp^2 混成軌道による二重結合は、炭素だけでなく、酸素や窒素でもみられる。それらの軌道への電子の詰まり方を図に示す。

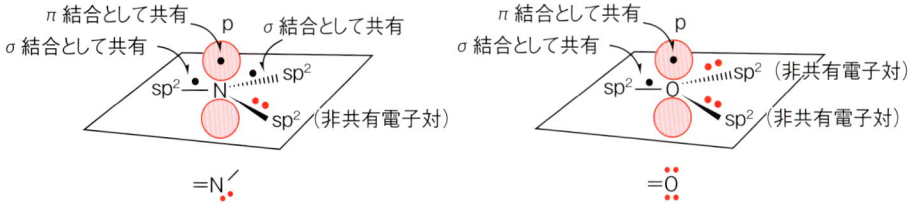

カルボニル基 $\mathrm{\rangle C=O}$ は炭素と酸素の sp^2 混成軌道同士で形成される二重結合である。混成に加わらない孤立した p 電子は、炭素の p 電子と π 結合をつくっている。

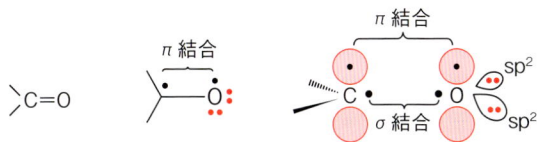

■問題 3-11　σ結合とπ結合の違いを列挙せよ。
■問題 3-12　窒素と炭素の二重結合 $-\mathrm{N}=\mathrm{C}\langle$ のでき方を説明せよ。
■問題 3-13　次の各化合物のp軌道を下の xy 平面上に書き込み、π結合がどの原子の間で形成されるか、上のカルボニル基に倣って、⌒で書き込め。

(a) $CH_2=CH-CH=CH_2$　　(b) $CH_2=CH-NH_2$　　(c) $CH_2=CH-CH=O$

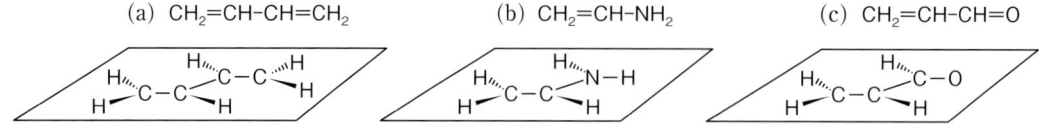

3-4　三重結合の炭素

2個の原子と結合する炭素原子は、2個の不対電子をそれぞれ相手原子と共有させればよいので、2個分の電子が余ってしまう。そこで、余った電子同士で余分の結合を2本つくって分子を形成する。アセチレンはこのような分子の例である。

アセチレン分子の構造は直線形である。2個の原子と結合する炭素原子同士がなぜ直線構造になるのかは、**sp混成軌道**により説明される。

sp混成軌道は、2s軌道の電子を1個昇位させたのち、s軌道とp軌道の1個（たとえば p_x）を混ぜ合わせてできる等価な二つの軌道で、直線上（この例では x 軸上）で互いに逆方向に伸びている。混成に加わらない二つのp軌道（この場合なら p_y と p_z）は、sp混成軌道とは直交し、それぞれ不対電子を収容している。sp混成軌道が結合をつくるときは、やはりsp混成軌道の原子を相手に、混成軌道をσ結合で結ぶと同時に、2個の不対電子を共有させて2個のπ結合をつくる。アセチレンはsp混成軌道からなる最も簡単な分子である（図3-8）。三重結合は構造式の上では単に3本の線で示されるが、実際は、1本のσ結合と2本のπ結合から成り立っているのである[*15]。

*15　実際は、アセチレンの直交した2本のπ結合は、C–C軸のまわりで回転させれば、あらゆる位置に置くことができる。したがって、アセチレンのπ結合は、管状の軌道をつくり、そこにπ電子が4個とも収容されたと考えることもできる。

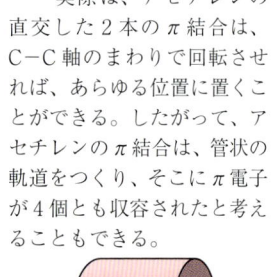

累積二重結合
cumulative double bond

*16　累積二重結合をもつ最も簡単な化合物はアレンである。中央の炭素はsp混成軌道からなり、両端の炭素はsp²混成軌道からなる。三つの炭素原子は直線上に並び、両端のsp²炭素がつくる平面は直交している。

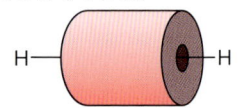

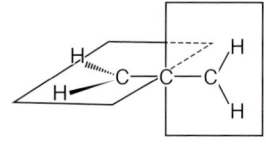
アレン

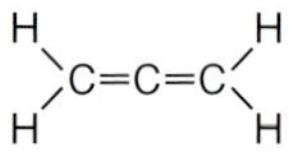

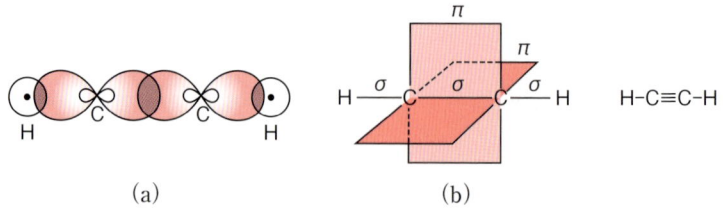

図3-8　アセチレンにおけるsp混成軌道の形成
（a）σ結合，（b）π結合の形成とπ結合の重なりの方向

少し特殊な例になるが、2個の二重結合を反対方向に向けて直線構造をつくる炭素原子もある。これは**累積二重結合**と呼ばれる[*16]。

$\rangle C=C=C\langle$

■**問題 3-14** 側注 16 のアレンの図は σ 結合だけを示している。3 個の炭素原子それぞれに、混成していない p 軌道を書き加え、π 結合がどのように形成されるか図示せよ。

■**問題 3-15** シクロヘキシンという化合物は存在しない。なぜか。

■**問題 3-16** 下図の化合物 A は単離され、よく知られた化合物である。しかし化合物 B は未だ合成されていない。合成がむずかしいのはなぜか。

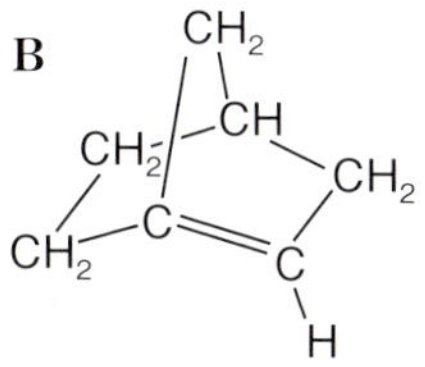

■**問題 3-17** シアノ基 $-C\equiv N$ は C と N の sp 混成軌道同士の三重結合である。この結合のでき方を説明せよ。

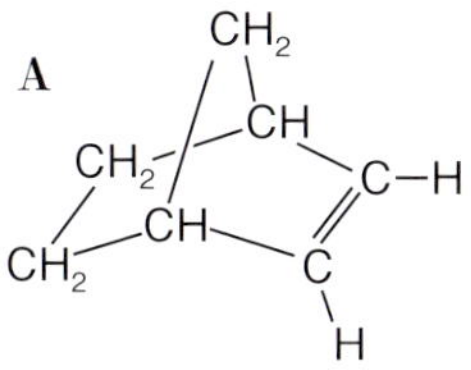

3-5 混成軌道のまとめ

炭素原子がつくる共有結合には三つの型がある。4 方向（正四面体の頂点の方向）に 109.5° の結合角で 4 個の原子と結合をつくる sp^3 混成、平面上で 120° の結合角で 3 個の原子と結合する sp^2 混成、そして直線上で逆方向に 2 個の原子と結合する sp 混成である。同じ混成軌道の原子同士が結合すると、それぞれ、単結合、二重結合、三重結合が形成される。結合の多重度は、**結合次数**と呼ばれることもあり、それぞれ 1、2、3 となる。

結合次数 bond order

混成軌道の違いは、炭素原子のつくる構造や結合の強さにも影響する（**表 3-1**）。炭素原子の混成軌道は、混成に組み込まれる s 軌道の割合が多くなるほど C−H 結合距離は短くなり、結合解離エネルギーは増加する。s 軌道は p 軌道に比べてエネルギー準位が低く安定であるためと

表 3-1 炭素原子の混成軌道の比較

化合物	結合次数	混成	C⋯C 結合距離 Å*	C⋯C 結合解離エネルギー kJ mol^{-1}	C−H 結合距離 Å	C−H 結合解離エネルギー kJ mol^{-1}
エタン H_3C-CH_3	1	sp^3	1.535	368	1.094	412
エチレン $H_2C=CH_2$	2	sp^2	1.339	718	1.087	455
アセチレン $HC\equiv CH$	3	sp	1.203	960	1.060	500

* 1 Å = 10^{-10} m

*17 たとえば、炭素-炭素二重結合の結合解離エネルギーは、σ結合とπ結合の二つをそれぞれ開裂させるに要するエネルギーである。側注9も参照。

$$\text{>C=C<} \longrightarrow \text{>C:} + \text{:C<}$$

いってもよいし、あるいは、s 軌道の電子分布の方がずっと原子核に近いためといってもよい。結合解離エネルギーは、共有電子をそれぞれもとの原子に差し戻して、もとの価電子を取り戻すのに要するエネルギーである[*17]。イオン解離とは異なることに注意しよう。イオンとして解離する場合は、sp 炭素に結合した水素原子が最もプロトンとして離れやすい。アセチレンが**アセチリド**と呼ばれる陰イオンとなり金属との塩をつくるのはこのためである。

一方、炭素-炭素距離はπ結合の数が増すほど短くなり、結合解離エネルギーは大きくなる。

問題 3-18 s p sp sp^2 sp^3 の五つの軌道をエネルギーの低い順 (安定な順) に並べよ。

問題 3-19 側注17の説明をもとに、表3-1のデータからπ結合1個当たりの結合解離エネルギーがどのくらいになるかを見積もれ。

問題 3-20 次の分子の各炭素原子はどのような混成軌道からできているか。

(a) CCl_4 (b) ベンゼンの炭素原子   (c) $CH_3\text{-}CO\text{-}OH$
(d) $CH_2=O$ (e) $CH_3\text{-}CH=CH_2$ (f) $CH_3\text{-}C\equiv N$
(g) $O=C=O$ (h) CO_3^{2-} (i) $CH_3\text{-}CH=N\text{-}OH$
(j) $CH_2=C=CH_2$

問題 3-21 次の記述にあてはまる化合物の例を構造式で書け。
(a) 酸素原子がπ結合をしている化合物
(b) sp 混成炭素原子と sp^2 混成炭素原子がともに含まれる化合物
(c) sp^2 混成炭素原子を含む脂環式化合物
(d) sp^2 混成炭素原子と sp 混成炭素原子が直接隣り合って結合している炭化水素

問題 3-22 次の分子あるいはイオン中の酸素原子と窒素原子はそれぞれどのような混成軌道からできているか。
(a) $N\equiv N$ (b) NH_4Cl (c) $CH_3\text{-}C\equiv N$ (d) $HN=NH$
(e) H_3O^+ (f) CO_2 (g) $CH_3\text{-}CO\text{-}O\text{-}H$ (h) $CH_3\text{-}CH=N\text{-}OH$
(i) NO_3^-

第4章

立体配座と立体配置

正四面体構造の炭素原子がつくる C−C 単結合は結合軸のまわりで回転が可能である。したがって、分子の立体構造は一定の形に固定されず、単結合の回転によって様々な形をとる。それらの形は立体配座の違いによるものである。炭素原子から出る4本の結合のうちの2本をお互いに入れ換えた構造が、もとの構造と一致しないことがある。両者は、構造式の上では区別がつかない。しかし、立体的には明らかに異なる構造である。それらの形は、立体配置の違いによるものである。立体配座や立体配置を正確に理解し、分子構造を立体的にとらえる習慣を身に付けよう。

4-1 立体配座

エタン C_2H_6 は、正四面体構造の炭素原子同士が sp^3 混成軌道を出し合って炭素原子間で σ 結合をつくっている。この σ 結合の電子雲は、炭素-炭素結合軸をぐるりと取り巻いているので、結合軸を回転させても変化しない。しかし、炭素-炭素結合を回転させることにより、6個の水素原子が空間的に占める位置関係は変化する[*1]。このような単結合のまわりの回転により生じる立体構造を**立体配座**と呼ぶ。

立体配座を表すには**ニューマン投影式**が用いられる。C−C 結合軸を、その延長線上から見て、目に近い方の炭素原子を点で、遠い方の炭素原子を円で表す。それぞれの炭素から放射状に出ている各3本の結合を投影する（図 4-1）。炭素原子との結合角は 109.5°であるが、C−C 結合を垂直に置いて投影すれば 120°の角度である。エタンの C−C 結合を回転させると、その角度に応じた様々な立体配座に変化する。そのうち、手前の C−H 結合と後方の C−H 結合のなす角度（これを、ねじれ角または二面角という）が 60, 180, 300°の形を**ねじれ形配座**という（図の(a)）。

一方、ねじれ角が 0, 120, 240°のときは、手前と後方の C−H 結合は重なって見える。これを**重なり形配座**という（図の(b)）[*2]。

[*1] エタンの C−C 結合が、二つの正四面体構造から形成される様子

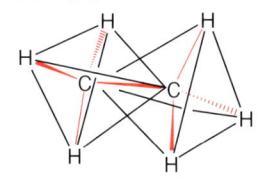

立体配座 conformation

ニューマン投影式
Newman's projection formula

ねじれ形配座
staggered conformation

重なり形配座
eclipsed conformation

[*2] 重なり形のニューマン投影式では、手前と後方の結合を完全に重ねて描くわけにはいかないので、少しねじって描いている。

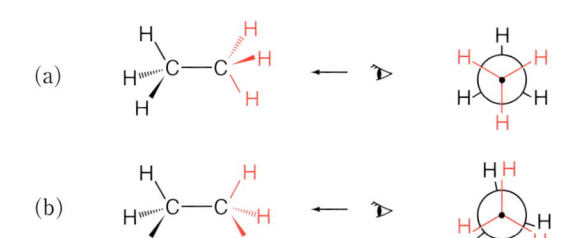

図 4-1 ニューマン投影式における C−C 結合軸方向からの投影

問題 4-1 上の (a) と (b) の例について、左側に目を置き、左側の炭素原子を手前に見て透視したニューマン投影式を書け。

問題 4-2 次のニューマン投影式で表される分子を構造式で書け。

(a), (b), (c), (d)

C–C 結合の回転は自由に起こるものの、立体配座によって安定性にわずかな違いがある。エタンにおいて、最もエネルギーが高いのは重なり形で、最も低いのはねじれ形である[*3]。これを図示すると**図 4-2** のようになる。エタン分子は一定の配座に固定されているわけではなく、様々な配座の間を移り変わって形を変えている。平均として、より安定なねじれ形配座の形で存在する時間が長い、あるいは、ねじれ形配座で存在する分子の割合が多いのである。

[*3] ねじれ形が安定である主な理由は、手前 3 個の C–H 結合と背後 3 個の C–H 結合同士がお互いに最も遠ざけられ、C–H 結合の共有電子対同士の反発が最小になるためと考えられている。

問題 4-3 プロパンの一つの C–C 結合を軸にして下のような方向から投影したニューマン投影式を描け。この C–C 結合を 120° および 180° ねじった配座をニューマン投影式で書け。

ブタン $CH_3\text{-}CH_2\text{-}CH_2\text{-}CH_3$ は 3 個の C–C 結合の立体配座に応じていろいろな形をとる。中央の $CH_3CH_2-CH_2CH_3$ 結合のまわりの回転とエネルギーとの関係は**図 4-3** のようになる。メチル基同士の重なり形が最

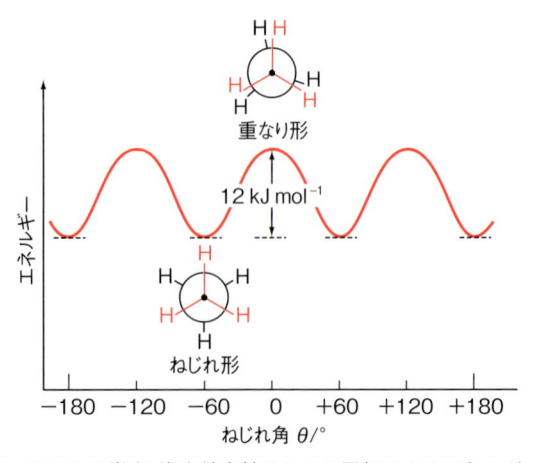

図 4-2 エタンの炭素-炭素結合軸まわりの回転によるエネルギー変化

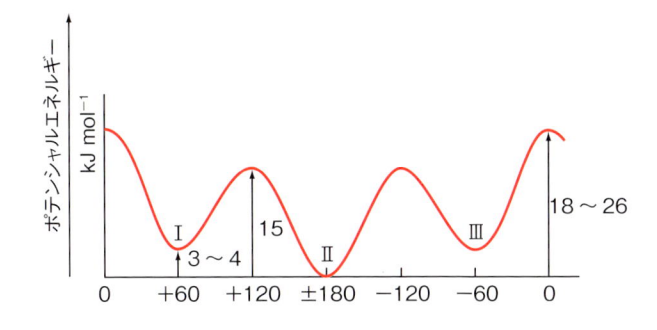

図 4-3 ブタンの中央の C−C 結合のねじれ角とエネルギーとの関係

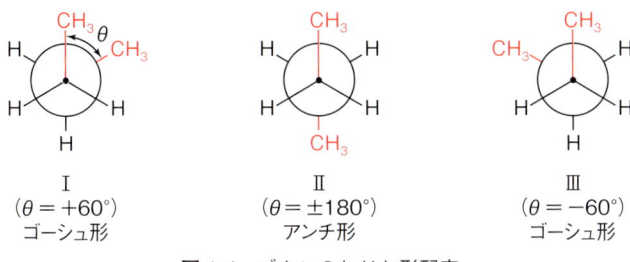

I (θ = +60°) ゴーシュ形　　II (θ = ±180°) アンチ形　　III (θ = −60°) ゴーシュ形

図 4-4 ブタンのねじれ形配座

もエネルギーの高い不安定な配座である。エネルギーの極小値にはアンチ形とゴーシュ形の二つの配座がある(**図 4-4**)。**アンチ形**はメチル基同士のねじれ角が 180°、**ゴーシュ形**は ±60° である。最も不安定なメチル基同士の重なり形と最も安定なアンチ形のエネルギー差はせいぜい 25 kJ mol^{-1} 程度なので、室温ではエタンの中央の C−C 結合も自由に回転していることになる。

図 4-3 に見られるようなエネルギーの極小値にある配座の分子を、**回転異性体**または**配座異性体**と呼ぶ[*4]。配座異性体を隔てるエネルギー障壁は、室温で容易に越えられる高さなので、配座異性体をそれぞれ別個の化合物として単離することはできない。

■ **問題 4-4** 次の化合物の色で指定した C−C 結合軸に関するニューマン投影式をゴーシュ形とアンチ形で描け。

(a) H−C(CH₃)(H)−C(Cl)(H)−H　　(b) CH₃−C(H)(H)−C(H)(H)−CH₂−CH₃

アンチ形 anti form
ゴーシュ形 gauche form

回転異性体
rotational isomer

配座異性体
conformational isomer

[*4] 6-4 節で学ぶことであるが、シクロヘキサン環の反転も立体配座の違いによる立体異性体を与える。したがって、厳密には、回転異性体と反転による異性体を合わせて配座異性体と呼ぶ。

4-2 立体配置

上で述べたように、配座異性体は単結合の回転により生じる立体構造の違いであり、配座異性体同士は同一化合物である。これらを構造式で区別して表すことはできない。一方、別種の化合物でありながら、構造式で区別できない構造も存在する。たとえば、下の化合物 A と B は、構造式で表すと C のようになるが、同じ立体構造ではない。同一構造であれば、すべての原子の位置関係が一致して、互いに重ね合わすことができるはずである。A と B を一致させるためには、どこか二つの結合を切って、互いに入れ替えなければならない。A と B のように、結合の空間的な配置に注目した立体構造を**立体配置**といい、立体配置の違いによる異性体を**立体異性体**と呼ぶ。結合を切るということは、単結合の回転に比べて非常に大きなエネルギーを要するから、立体異性体は別個の化合物として単離することができる。

立体配置 configuration
立体異性体 stereoisomer

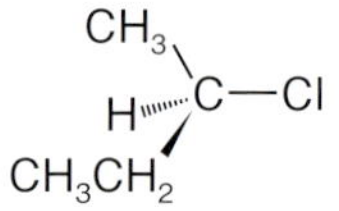

A 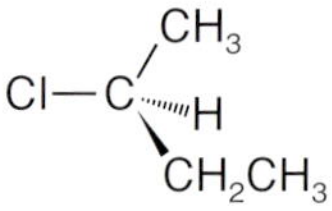　　　B 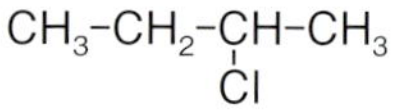　　　C

A と B の関係をよく見ると、互いに左右対称の関係にある。鏡の前の実像と鏡に映った鏡像との関係である。右手と左手の関係といってもよい。当然、重ね合わせることはできない。このように、実像・鏡像関係の一対の構造が存在する場合、これらを互いに**鏡像異性体**という。鏡像異性体は、立体配置の違いによる立体異性体の一つということになる[*5]。

鏡像異性体が出現するのは、その分子構造の中に不斉炭素原子が存在するためである。**不斉炭素原子**とは、4本の共有結合をそれぞれ異なる原子や原子団と結合させている sp^3 混成炭素原子のことをいう。

もう一つ例を示そう。D と E は構造式では F のように表され区別がつかないが、立体配置は異なる。中央の C–C 単結合を回転させて立体配座をいろいろ変えて描いてみても一致する形はない。D と E を一致させるためには、どれか二つの結合を切って互いに入れ換えなければならないので、立体配座の違いではなく、明らかに立体異性体で、別個の化合物である[*6]。

鏡像異性体 enantiomer

[*5] 鏡像異性体のさらに詳しい説明と、立体配置の違いを紙面上でどう表し区別するかについては第9章で述べる。環状化合物でも立体配置の違いは立体異性体を与えるが、これについては第6章で詳しく学ぶ。

不斉炭素原子
asymmetric carbon atom

[*6] この分子にも不斉炭素原子が含まれる。D と E はジアステレオマーと呼ばれる立体異性体である（第9章で詳しく学ぶ）。

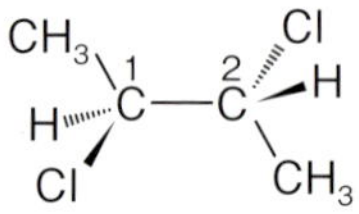

D 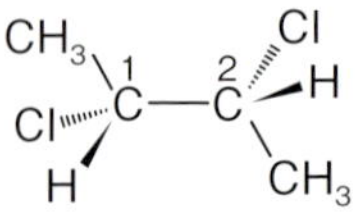　　　E 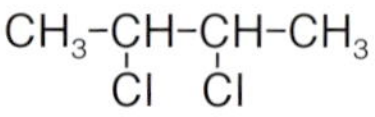　　　F

■ **問題 4-5** 次の化合物に不斉炭素原子があれば＊を付して答えよ。

(a) CH₃-CH-CH-CH₃
       | |
       Cl OH

(b) CH₃-CH-CH₂
       | |
       Cl   Cl

(c) CH₃-CH-C₆H₅
       |
       OH

(d) Br-CH₂-C₆H₄-CH(CH₃)₂

(e) CH₃-CH=CH-CH-CH₃
                |
                OH

(f) CH₃-CH=CH-CH₂-CH₂-OH

(g) シクロヘキシル-CH₃

(h) O=シクロヘキシル-CH₃ (4位)

(i) O=シクロヘキシル、2位と4位に CH₃

(j) デカリン環、1位に CH₃

(k) デカリン(二重結合あり)

■ **問題 4-6** 下の (1) ～ (3) に示す各一対の化合物 (a) と (b) は、それぞれ立体配置の違いか、立体配座の違いかを記せ。

(1) (a) ニューマン投影式: 前 Cl, Cl, H / 後 CH₃, H, CH₃
    (b) ニューマン投影式: 前 CH₃, H, CH₃ / 後 H, CH₃, Cl … Cl

(2) (a) ニューマン投影式: 前 H, Cl, H / 後 CH₃, H, Cl
    (b) ニューマン投影式: 前 H, CH₃, H / 後 CH₃, H, Cl

(3) (a) OH H CH₃ OH
        C — CH₂ — C
       CH₃   H

    (b) CH₃ OH H CH₃
        C — CH₂ — C
        H   OH

■ **問題 4-7** 本文中の化合物 D に描かれた C-C 結合を左側から (C^1 を手前に) 見て投影したニューマン投影式を書け。

4-3 シス-トランス異性

以上、sp³ 混成の炭素原子の立体異性体について考えたが、平面構造の sp² 混成の炭素原子でも立体異性の現象はある。二重結合は回転しないから、次ページの化合物 G と H は別個の化合物として単離される。同じ置換基が同じ側にある異性体を**シス形**、反対側にある異性体を**トランス形**という。このような二重結合に関する異性体の存在は、**シス-トランス異性**あるいは**幾何異性**と呼ばれる。シス-トランス異性体も、sp² 炭素についた二つの置換基を互いに入れ替えた構造の関係になるので、立体異性体である。

シス形 *cis* form
トランス形 *trans* form
幾何異性
geometrical isomerism

■ **問題 4-8** 化合物 F (CH₃-CHCl-CHCl-CH₃) の中央の C-C 結合について、二つの Cl がトランス形となる立体配座をニューマン投影式で書け。

■ **問題 4-9** 化合物 D の C^1 に結合した H と Cl を入れ替えた構造をニューマン投影式で書け。

G：シス形　　H：トランス形

*7 図4-5の中央のような遷移状態を経てπ結合は回転する。π結合が切断され、sp³炭素原子はσ結合だけで結ばれている。この状態を実現するにはかなりのエネルギーを必要とするが、光（紫外線）を照射することにより熱反応よりも容易に起こすことができる。

実際に、シスとトランスの相互変換を起こすことができる場合もある。これは、π結合を形成するsp²混成炭素原子のp軌道同士の重なりが切れて、σ結合の自由回転が起こるためである*7。

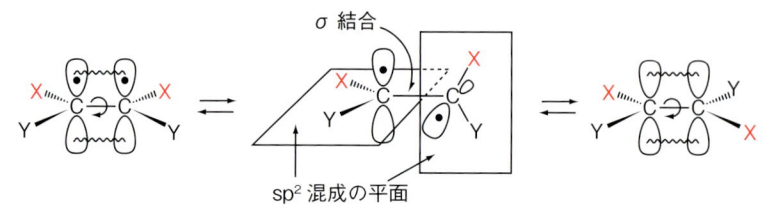

図4-5　シス-トランスの異性化―二重結合平面のねじれとπ結合の開裂

問題 4-10　次の化合物には何種類の立体異性体が存在するか。

(a) $CH_3-CH=CH-CH_2-CH-CH_2CH_3$
　　　　　　　　　　　　　　　$|$
　　　　　　　　　　　　　　OH

(b) $CH_3-CH=CH-CH=CH-CH_2CH_3$

問題 4-11　下の構造式で示されるベンズアルデヒドのオキシム（13-6節参照）には、2種類の異性体が存在する。それらの構造はどのようなものか。

$C_6H_5-CH=N-OH$

問題 4-12　C_4H_7Cl の分子式で表される化合物について考えられる異性体を、立体異性体も含めてすべて書け*8。

*8 この問題は、異性体の総まとめである。鏡像異性体、二重結合に関するシス-トランス異性体などの立体異性体についても考慮しよう。

第5章

結合の極性と共鳴

　分子は原子核とそのまわりに存在する電子から構成されていて、分子全体としては核の正電荷と電子の負電荷の間でつり合いがとれている。しかし部分的にみると、電子密度の高いところと低いところがある。電子密度が高い部分では、核の正電荷の影響を打ち消して負電荷を帯び、逆に電子密度が低い部分では、核の正電荷の影響が効いてくる。共有結合における このような電子密度の偏りや結合の極性の起源は、原子の電気陰性度である。電子密度の偏りは有機化合物の性質にどう反映するのだろうか。

5-1　極性分子と無極性分子

　塩素分子 Cl_2 がつくる共有電子対は、どちらの原子にも偏ることなく、両原子の中間に電子雲をもっている。いわば、平等に共有されていることになる。ところが、H–Cl 分子の共有電子対は平等に割り当てられているわけではなく、塩素原子の方にかなり引き寄せられている。その結果、塩素原子は電子密度が高くなり核の陽電荷にまさって負の電荷を帯びる。逆に、水素原子の電子密度は薄くなり核の正電荷が優勢になって正の電荷を帯びる。HCl 分子の共有結合のように電子対の偏りが生じた結合は**極性**をもつ結合という。結合の極性は、$\delta+$、$\delta-$（デルタ）で示す。共有結合ではあるが、イオン結合の性質も幾分混じっているという意味である。極性の高まった究極の果ては、共有結合のイオン解離と考えることができる。

$$H^{\delta+}\text{--}Cl^{\delta-} \longrightarrow H^+ + Cl{:}^-$$

　どちらの原子が正または負の電荷を帯びるか、また、その極性の大きさはどの程度か、の判断は、結合する両原子の**電気陰性度**が目安となる。電気陰性度を**表 5-1** に示す[*1]。

　両原子の電気陰性度の差が大きいほど極性の大きな結合である[*2]。

電気陰性度
electronegativity

[*1] 電気陰性度には、マリケンの定義やポーリングの定義など幾つかが提案されている。ここでは、L. ポーリングによって提案された値を示す。

[*2] 電気陰性度の大きな原子は陰イオンになりやすく（陰性が強く）、電気陰性度の小さな原子は陽イオンになりやすい（陽性が強い）。

表 5-1　ポーリングの電気陰性度

H	Li	Be	B	C	N	O	F	Br
2.1	1.0	1.5	2.0	2.5	3.0	3.5	4.0	2.8
	Na	Mg	Al	Si	P	S	Cl	I
	0.9	1.2	1.5	1.8	2.1	2.5	3.0	2.5

■ 問題 5-1 ■　次の結合を、極性の大きな順に並べよ。また、どちらの原子が正電荷を帯びるか。

$$-\text{O}-\text{H} \quad -\overset{|}{\underset{|}{\text{C}}}-\text{H} \quad -\overset{|}{\underset{|}{\text{C}}}-\text{O}-$$

双極子モーメント
dipole moment

結合の極性を定量的に表すには、結合の**双極子モーメント**、すなわち、**結合モーメント** μ が用いられる。原子間距離 l を隔てて一方の原子に $\delta+$、もう一方に $\delta-$ の電荷を生じる結合は、

$$\mu = \delta \times l$$

の結合モーメントをもつ[*3]。

表 5-2 に主な結合の結合モーメントを示す。

[*3] δ を C（クーロン）、l を m（メートル）の単位で表すと、μ の単位は Cm となるが、3.3356×10^{-30} Cm ＝ 1 D で換算した D（デバイ）という単位で示されることが多い。また有機化学では一般に、$\delta-$ の方向を双極子の矢印の頭、$\delta+$ の方向を矢印の尾として示す。

$$\underset{\mu}{\overset{\delta+ \quad l \quad \delta-}{\circ\cdots\cdots\cdots\circ}}\longrightarrow$$

表 5-2 共有結合の結合モーメント μ/D

O−H	1.51	C−O	0.74
N−H	1.31	C−N	0.22
C−Cl	1.46	C=O	2.3
C−Br	1.38	C=N	0.9
C−I	1.19	C≡N	3.5

極性分子 polar molecule

分子を構成するすべての結合について極性を考えると、分子全体としても正電荷と負電荷の偏りが生じているはずである。このような分子を**極性分子**と呼ぶ。

分子全体としての極性を定量的に表すには、**永久双極子モーメント**が用いられる。分子の永久双極子モーメントは実験的に求めることができるが、各結合に割り当てられた結合モーメントのベクトル和からも推定することができる[*4]。有機分子の構造の大部分を占める C−C 単結合と多重結合、および C−H 結合の極性は非常に小さいのでほとんど無視することができる。したがって、極性分子における電子の偏りはほぼ官能基によって決まってくる。

[*4] 二つの結合モーメント μ_1 と μ_2 をベクトルとして合成した値 μ は三角形の余弦定理を使って次式で求められ、その方向は図のようになる。

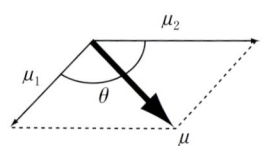

$$\mu^2 = \mu_1^2 + \mu_2^2 + 2\mu_1\mu_2 \cos\theta$$

問題 5-2 C−Cl の結合モーメントを 1.46 D（表 5-2）として、ジクロロメタン CH_2Cl_2 の永久双極子モーメントを求めよ。ただし、結合角はすべて 109.5° とし、C−H 結合の結合モーメントは無視できるものとする。

永久双極子モーメントをもたない分子は**無極性分子**と呼ばれる。

無極性分子
nonpolar molecule

問題 5-3 次の化合物を、極性分子と無極性分子に分類せよ。極性分子については、双極子モーメントの向く方向を矢印で示せ。

H_2O　　CO_2　　CH_4　　N_2　　NH_3　　（ベンゼン）　　CH_3-CH_3　　CH_3-OH

CH_3-O-CH_3　　CH_2Cl_2　　CH_3-CN　　$CH_3-\underset{\underset{O}{\parallel}}{C}-CH_3$

■問題 5-4　次の各二組の分子は、どちらの極性が高いか。

(a)  C₆H₅-CH₃ 　 C₆H₅-Cl　　(b) 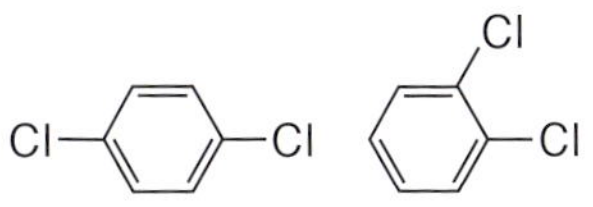 p-Cl-C₆H₄-Cl 　 o-Cl₂C₆H₄

(c) 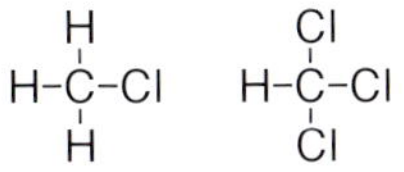 H-CHCl-H 　 H-CCl₂-H　　(d) 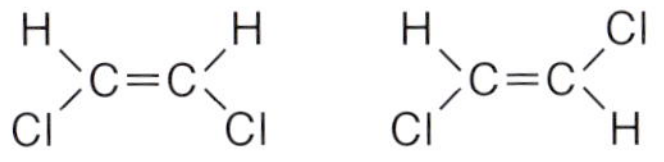 ClHC=CHCl (cis) 　 ClHC=CHCl (trans)

■問題 5-5　1,2-ジクロロエタン CH_2Cl-CH_2Cl について、双極子モーメントが最も大きな配座と双極子モーメントが最も小さな配座を、それぞれニューマン投影式で描け。

5-2　ファンデルワールス力

　永久双極子モーメントをもつ分子の間には静電的な分子間の力が働く。この力は反発力にも引力にもなるが、平均すると引力として作用する。これを**永久双極子－永久双極子相互作用**といい、その力は二つの双極子モーメントの積に比例する[*5]。

　永久双極子モーメントの大きな化合物ほど、すなわち、分子全体として極性が高いものほど、分子間の引力が大きくなる。

　液体状態の分子は、温度が上昇すると分子の間に働く引力に打ち勝って自由な空間に飛び出す。気相に飛び出した分子による蒸気圧が大気圧と等しくなる温度が沸点である。したがって、液相において分子の間に働く引力が強い極性の高い化合物ほど沸点が高くなる。

　分子の極性は、沸点だけでなく、融点や溶解度などにも大きな影響を与える。

[*5]　永久双極子－永久双極子相互作用の模式図

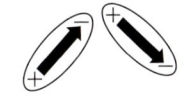

■問題 5-6　次の各組で、沸点の高いのはどちらと予想されるか。

(a) 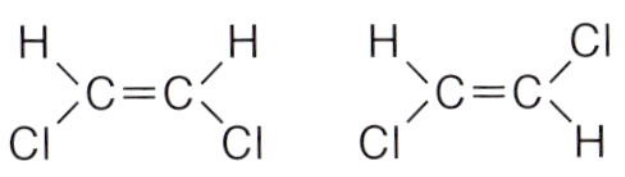 ClHC=CHCl (cis) 　 ClHC=CHCl (trans)　　(b) 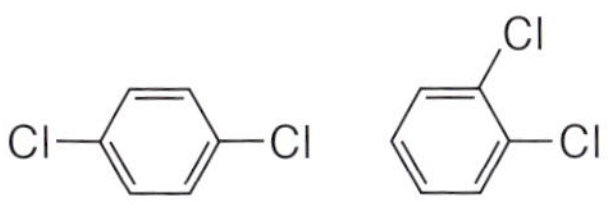 p-Cl-C₆H₄-Cl 　 o-Cl₂C₆H₄

　永久双極子モーメントをもたない無極性分子といえども、永久双極子モーメントをもつ分子に接近すれば、正負の極性に応じて電子密度に偏りが生じる。この電荷の偏りを**分極**という[*6]。分極により生じた双極子モーメントを**誘起双極子モーメント**という。

　さらに、無極性分子同士が接近した場合でも、瞬間的には核のまわりの電子分布が乱されて電子密度に偏りが生じ、すなわち分極され、両分

分極 polarization

[*6]　分極は、分子を外部電場の中に置いたときに発現する現象であるが、永久双極子モーメントや誘起双極子モーメントによってつくられる局所電場によっても引き起こされる。

[*7] (a) 永久双極子モーメントと誘起双極子モーメント間の相互作用 および (b) 誘起双極子モーメント間の相互作用の模式図

ファンデルワールス力
van der Waals force

[*8] これら三つの力のうち、誘起双極子モーメント間の力は、極性、無極性に関わりなくすべての分子に作用していることになる。

[*9] たとえば、炭素数が 6 の異性体 C_6H_{14} について沸点を比較すると次のようになる。

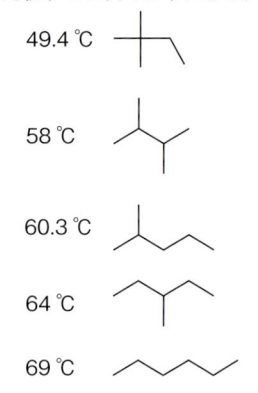

49.4 ℃
58 ℃
60.3 ℃
64 ℃
69 ℃

[*10] 分子の極性が明らかな場合は、永久双極子モーメントと呼ばずに単に双極子モーメントと呼ぶのが普通である。以下、特に紛らわしいことがない限り、本書でも双極子モーメントと記すことにする。

水素結合 hydrogen bond

子には誘起双極子モーメントが生じる。いずれの場合も、永久双極子モーメント間の相互作用よりは弱いものの、分子の間に引力が働く[*7]。

炭化水素のような無極性分子も凝集して液体・固体となるのは、誘起双極子モーメント間の引力が大きな要因である。

永久双極子モーメントと誘起双極子モーメント間の相互作用、誘起双極子モーメント間の相互作用、さらに永久双極子モーメント間の相互作用の三つの分子間力を合わせて**ファンデルワールス力**という[*8]。

直鎖アルカンの沸点は炭素数とともに上昇し、C_1(沸点：−161.5 ℃)〜C_4(−0.5 ℃)は常温で気体、C_5(36.1 ℃)〜C_{17}(301.8 ℃)は液体、C_{18}(融点 28.2 ℃)以上は固体となる。同じ分子量をもつアルカンの異性体について性質を比べると、枝分れが多いほど沸点は低くなる。分子の形状が球形に近くなり、分子同士の接触面が小さくなって、ファンデルワールス力が弱まることを示している[*9]。

問題 5-7 ペンタン $CH_3-CH_2-CH_2-CH_2-CH_3$、2-メチルブタン $CH_3-CH(CH_3)-CH_2-CH_3$、2,2-ジメチルプロパン $CH_3-C(CH_3)_2-CH_3$ の沸点は、どのような順になると予想されるか。

* **問題 5-8** ハロゲン化メチルの沸点と双極子モーメントを以下に示す[*10]。

	双極子モーメント/D	沸点/℃
CH_3-F	1.858	−78.4
CH_3-Cl	1.896	−23.73
CH_3-Br	1.821	4.6
CH_3-I	1.640	42.4

(1) I＜Br＜Cl と電気陰性度が大きくなるにつれて双極子モーメントも大きくなっている。しかしフッ化メチルでは逆に双極子モーメントが減少している。この理由を考えよ。
(2) 沸点に最も影響を与えるのはどのような分子間相互作用と考えられるか。

5-3 水素結合

分子の間に働く引力、すなわち分子を凝集させる力には、すでに述べたファンデルワールス力のほかに、**水素結合**がある。水素結合は分子間力として最も強く作用する。

水素結合の形式は、電気陰性度の大きな原子に結合した水素原子の極性が高まり、隣接分子の負の極性をもつ部位との間で静電的な引力が働くことによる。水素結合の究極の果ては、イオン開裂して陽イオン(プロトン)が相手の原子に奪われた状態となる。これについては、5-4 節で記すが、実際に水素結合の電子状態にはイオン開裂した構造が幾分混ざり合っていると考えられる。

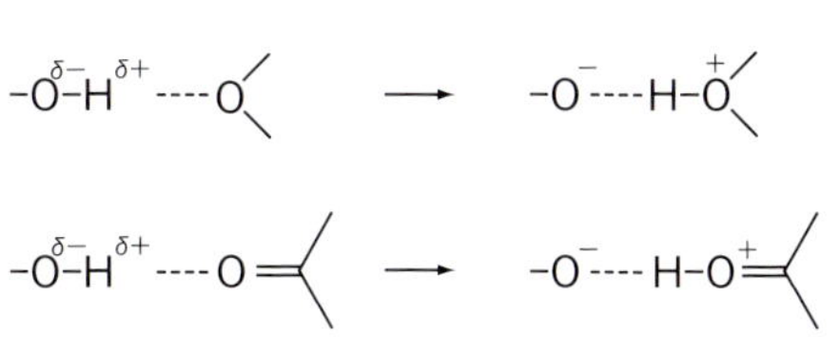

5-3 水素結合

$$-\overset{\delta-}{O}-\overset{\delta+}{H}\cdots O\diagup \quad \longrightarrow \quad -\overset{-}{O}\cdots H-\overset{+}{O}\diagup$$

$$-\overset{\delta-}{O}-\overset{\delta+}{H}\cdots O=\diagdown \quad \longrightarrow \quad -\overset{-}{O}\cdots H-\overset{+}{O}=\diagdown$$

水素結合の水素供与部となりうる官能基、受容部となりうる官能基をそれぞれ以下に示す。受容部としては、高い電気陰性度により負の電荷を帯びた原子のほか、非共有電子対も重要な役割をもつ。

水素結合のH供与部となる官能基　　-O-H　-N(H)(H)　-CO-OH

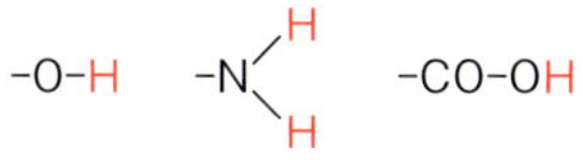

水素結合のH受容部となる官能基（赤く記した原子がHを受容する）

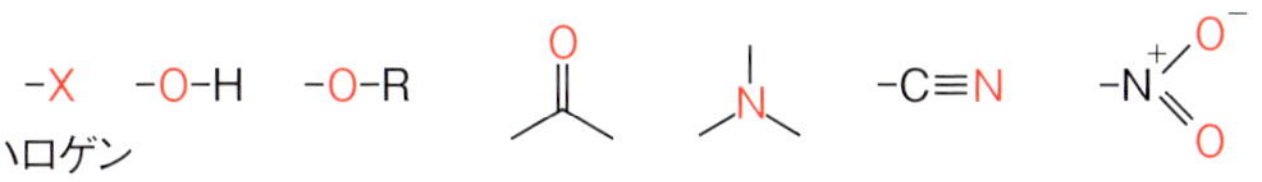

-X（ハロゲン）　-O-H　-O-R　(C=O ケトン)　(N(CH₃)₂ アミン)　-C≡N　-NO₂

下の例のように、分子内で水素結合をつくる場合もあり、この場合も化合物の性質に影響を与える。たとえば、分子間での水素結合が形成される異性体に比べて、沸点は低くなる。

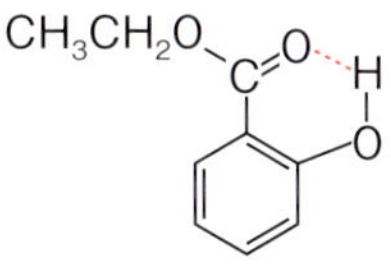

(サリチル酸エチル：CH₃CH₂O-C(=O)···H-O- が芳香環に結合した構造)

■**問題 5-9**　次の化合物のうち、分子内水素結合が可能なものはどれか。結合のできる形を書け。

(a) CH₃-CO-OH　(b) 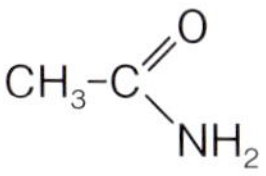 CH₃-C(=O)NH₂　(c) 2-ヒドロキシ安息香酸 (COOH, OH)　(d) 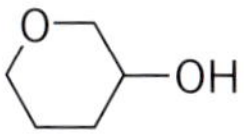 テトラヒドロピラン-3-オール

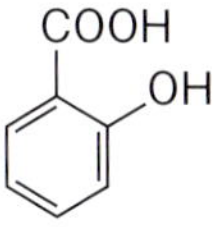

第 5 章　結合の極性と共鳴

問題 5-10　次の (a)、(b) 各二つの化合物の沸点は、どちらが高いと予想されるか。

(1) (a) $CH_3CH_2CH_2CH_2-OH$
　　(b) $CH_3CH_2-O-CH_2CH_3$

(2) (a) $CH_3CH_2CH_2CH_2-OH$
　　(b) $(CH_3)_3C-OH$

(3) (a) 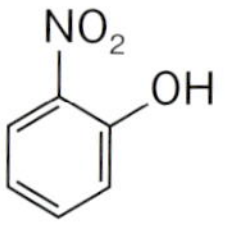 o-ニトロフェノール（2-ニトロフェノール）
　　(b) 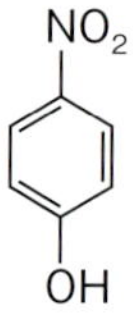 p-ニトロフェノール（4-ニトロフェノール）

　有機分子が水に溶けるためには、水素結合で結ばれた水分子の間に有機分子が割り込んで、自らが水分子と水素結合をつくらなければならない。したがって、水と水素結合をつくりやすい分子が水によく溶けることになる。官能基としては、ヒドロキシ基、カルボキシル基、アミノ基、スルホ基などは水素結合をつくりやすく、これら官能基からなるアルコール ROH、カルボン酸 RCOOH、アミン RNH_2、スルホン酸 RSO_3H など（表 1-1）は水に溶けやすい化合物である。ただし、これら官能基を含む炭素骨格の炭素数が多くなると、水同士の水素結合を切るだけで、有機分子と水との水素結合形成には至らないので、新たな水素結合による安定化の寄与がなく、水には溶けにくくなる。長い炭化水素基、芳香族炭化水素など、油との親和性が強く、水との相互作用が小さな基や原子団を**疎水基**と呼ぶ。エーテル類 R-O-R′ も水素結合の水素受容体となりうるので、ある程度水への溶解度がある[*11]。

疎水基 hydrophobic group

[*11]　エーテルは水分子の H を炭化水素基で置き換えた形の化合物 R-O-R′ である。詳しくは第 11 章を参照。

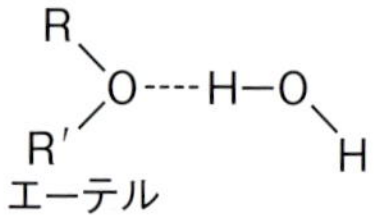

エーテル（R-O-H---O-H-R′ の水素結合図）

問題 5-11　下の各構造式の中で、親水性の部分と疎水性の部分とを指示せよ。

(a) $CH_3-(CH_2)_{14}-COO^-Na^+$

(b) 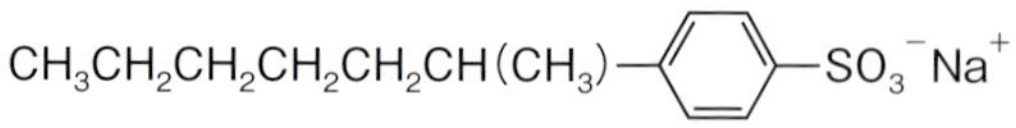 $CH_3CH_2CH_2CH_2CH_2CH(CH_3)-C_6H_4-SO_3^-Na^+$

(c) $CH_3-(CH_2)_{14}-CH_2-O-(CH_2CH_2-O)_6-CH_2CH_2-OH$

(d) $H_2N-CH_2CH_2CH_2CH(NH_2)-COOH$

問題 5-12 次の (a)、(b) 各二つの化合物の水に対する溶解度はどちらが高いと予想されるか。

(1) (a) CH₃CH₂-O-CH₂CH₃　(b) CH₃-CH₂CH₂-CH₂CH₃　(2) (a) [アニリン]　(b) [2,6-ジメチルアニリン]

5-4 結合のイオン解離

極性の高い結合は、究極の状態として結合のイオン開裂に至る。H−Cl 結合がイオン解離するのは典型的な例である。C−Cl 結合でさえ、条件が整えばイオン開裂して反応に進む (6-8 節)。本節ではカルボン酸について考えてみよう。カルボン酸 R-COOH が水に溶けて酸性を示すのは、そのカルボキシル基の O−H 結合が開裂して H^+ を与えるからである[*12]。

酸素と水素の電気陰性度の差が大きいため、O−H 結合はもともと極性が大きく、アルコールでも、陽性の強いナトリウムを作用すればアルコキシド RO^- を生成する。しかし、水中で自発的にイオン解離するほどの酸性はもたない[*13]。カルボン酸の O−H 結合がイオン解離にまで進むのはなぜだろう。

酢酸の構造式 **A** は、**B** のような書き方もできる。部分的に正負の形式電荷が分散しているが、分子全体としてはイオンではなく酢酸分子そのものであり、酢酸の構造式として **B** は決して間違いではない[*14]。

$$CH_3-C\begin{matrix}O\\O-H\end{matrix} \quad \longrightarrow \quad CH_3-C\begin{matrix}O^-\\O^+-H\end{matrix} \quad \longrightarrow \quad CH_3-C\begin{matrix}O^-\\O\end{matrix} \quad H^+$$

　　A　　　　　　　**B**

B の構造では、解離する H の隣の酸素原子上に正電荷が生じるため、O−H 結合の電子を強く引き寄せて電子を補おうとしている。このため H は共有結合に差し出した価電子を酸素に引き渡して、自らは裸のプロトン (水素陽イオン) となって離れていく。

ただし、酢酸をはじめ、カルボン酸の解離の程度は塩酸のような無機の酸に比べ、ごくわずかなものである。

問題 5-13 炭酸 H_2CO_3 の解離前の構造式を書け。また、一次解離後のイオン HCO_3^- の構造式を書け。

[*12] 酸と塩基には、いくつかの定義があるが、ここでは、「水溶液中で H^+ を与えるものが酸、OH^- を与えるものが塩基」というアレニウス (Arrhenius) の定義でカルボン酸について考えよう。ちなみに、ブレンステッド (Brønsted) の定義は H^+ の授受、ルイスの定義は電子対の授受によって定義する。

[*13] 後で述べるように、フェノール類の OH 基は、ヒドロキシ基でありながら、弱い酸性を示す。このフェノールについては 12-2 節で考えることとしよう。

[*14] 第 2 章で述べた通り、原子価 2 の −O− から結合が 1 本減ると負電荷 $-O^-$ が形成され、1 本加わると正電荷 $=O^+-$ が形成される。分子全体としては電荷のない中性の分子である。

カルボン酸と同様に脂肪族アルコールも O−H 結合をもつが、アルコールは酸と呼ばれるほどのイオン解離を示さない。カルボキシル基でのO−H 結合に対する、>C=O 結合が隣接した効果（>C=O が電子を引っ張る効果）は絶大ということになる。

5-5 共 鳴

解離後のカルボン酸陰イオン（カルボキシレート）は C あるいは D の構造で表される。C と D はどちらもカルボン酸陰イオンの構造式として間違いではない。

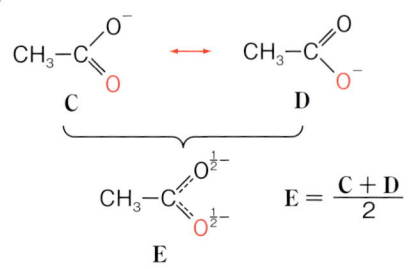

$$CH_3-C\begin{matrix}O^-\\\\O\end{matrix} \longleftrightarrow CH_3-C\begin{matrix}O\\\\O^-\end{matrix}$$

$$\text{C} \qquad\qquad \text{D}$$

$$CH_3-C\begin{matrix}O^{\frac{1}{2}-}\\\\O^{\frac{1}{2}-}\end{matrix} \qquad E = \frac{C+D}{2}$$

$$\text{E}$$

共鳴混成体
resonance hybrid

*15 E の構造式の C−O 結合は純粋な二重結合でもなく、純粋な単結合でもないという意味で --- で書かれている。また、1− の負電荷は二つの酸素原子が分かち合っているので、それぞれに $\frac{1}{2}-$ と書かれている。

共鳴構造式
resonance structural formula

極限構造式
canonical structural formula

非局在化 delocalization

*16 このことは、つまり、電子がいくつもの核に同時に共有されていることを意味し、分子軌道という概念につながる。分子軌道については 8-2 節で少し触れる。

共鳴 resonance

実際のイオンは C のみでもなければ D のみでもない。C と D とを 1：1 の割合で重ね合わせて平均をとった構造に近いことになる。実際、イオンになったとたん、カルボニル基の O とエーテル結合の O との区別はつかなくなることが実験によって確かめられている。このように、いくつかの構造式で表されるとき、真の構造はそれらの**共鳴混成体**であるという。したがって、カルボン酸陰イオンを最も真実に近い形で表すならば、E のように書くべきだろう[*15]。C、D は共鳴混成体に対する寄与を表し、**共鳴構造式**あるいは**極限構造式**と呼ぶ。共鳴混成体を表すときは、各共鳴構造式を両矢の矢印（⟷）で並べて示す。

C と D の共鳴構造式がそれぞれ 50 ％ と 50 ％ の割合で共鳴混成体に寄与していることになる。ただし、このイオンの構造を表すときには、C、D、どちらかの構造式で代表させて書いてよい。

分子の構造が共鳴混成体として表される場合、C と D を見てもわかるとおり、電荷は一か所にとどまっていない。電荷が分子の広い範囲に広がって分布しているということは、電子が広く動き回っていることを意味する。これを電子の**非局在化**という。電子は狭い空間に閉じ込められているよりも、広く非局在化している方が安定な状態である[*16]。

イオン解離したあとのイオン RCOO⁻ が電子の非局在化により（共鳴により）安定化することが、カルボン酸 RCOOH を解離の方向に導く要因となるのである。

C と D のように、分子中の原子配置を変えることなく、電子配置に関して異なる構造式が二つ以上書ける場合、共鳴混成体が実際の電子状態

を表すと考えるのが共鳴の概念ということになる[*17]。

「原子配置を変えることなく」という点は共鳴を考えるうえで重要である。CとDは炭素の結合を軸に180°ひっくりかえせば同じ構造になるが[*18]、共鳴構造式としては別ものである。酸素原子に赤と黒の目印をつけて固定すれば、CとDが違う共鳴構造式であることが理解できるはずである。

[*17] もう一つわかりやすい例を示しておこう。ベンゼンの構造式を下の二つのいずれで表してもよいというのも共鳴である。詳しくは第8章を参照。

[*18] 同一のイオンであるから当然である。

問題 5-14 次の (a) 〜 (g) の各二つの構造式は、共鳴と平衡のいずれの関係にあるか。

(a), (b), (c), (d), (e), (f), (g)

問題 5-15 ^{18}O で同位体[*19] 標識した $^{18}O-H$ 結合をもつ酢酸を水に溶かしておくと、$C=^{18}O$ 結合の酢酸と $^{18}O-H$ 結合の酢酸が等量生じる。この理由を説明せよ。

問題 5-16 炭酸イオン CO_3^{2-} の共鳴構造式を書け。

[*19] 原子番号が同じで質量数の異なる原子を互いに同位体という。酸素原子には、質量数が 16, 17, 18 の同位体、$^{16}O, ^{17}O, ^{18}O$ が天然に存在する。

5-6 π共役と共鳴

解離前の酢酸も、次ページAとBの共鳴混成体であることに注目しよう。AとBどちらも間違いではないが、一方だけでは真の構造を表していない。真の構造はAとBを共鳴構造式とする共鳴混成体である[*20]。

[*20] つまり、カルボン酸は、解離前の RCOOH も、解離後の RCOO⁻ も共鳴による安定化を受けている。解離後のイオン RCOO⁻ における共鳴効果の方が大きい（等価な1:1の共鳴寄与で表されるゆえ）ため、解離の方向に進む。

$$\underset{A}{CH_3-C{\overset{O}{\underset{O-H}{}}}} \longleftrightarrow \underset{B}{CH_3-C{\overset{O^-}{\underset{\overset{+}{O}-H}{}}}}$$

共鳴混成体

ただし、AとBの場合は、C、Dの場合と違って、共鳴に寄与するAとBの程度にはかなりの差があり、圧倒的にAの寄与が大きい。大きく寄与する共鳴構造式を**主共鳴構造式**あるいは**主極限構造式**と呼ぶ。たいていは、通常の構造式で書かれるものが主共鳴構造式である[21]。

下の (a), (b), (c) のように、二重結合が隣り合う場合のほか、(d), (e), (f), (g) のように二重結合と非共有電子対をもつ原子が隣り合うときも、共鳴寄与を考える必要がある。すなわち、(a)～(g) の構造式は主共鳴構造式であり、これ以外にも共鳴混成体に寄与する共鳴構造式が書けるということになる[22]。

(a) $-\underset{|}{C}=\underset{|}{C}-\underset{|}{C}=\underset{|}{C}-$ (b) $-\underset{|}{C}=\underset{|}{C}-\underset{|}{C}=O$ (c) $-\underset{|}{C}=\underset{|}{C}-\underset{|}{C}=\underset{|}{N}-$

(d) $-\underset{|}{C}=\underset{|}{C}-\ddot{\underset{|}{O}}-$ (e) $-\underset{|}{C}=\underset{|}{C}-\ddot{\underset{|}{N}}-$ (f) $O=\underset{|}{C}-\ddot{\underset{|}{O}}-$ (g) $O=\underset{|}{C}-\ddot{\underset{|}{N}}-$

いずれも、関係する原子すべてにわたってπ軌道が形成され、π電子が非局在化する。π軌道のもとになるp軌道はすべて隣り合っている。下には、(b) の主共鳴構造式に対して、どのような共鳴寄与があるかを、p軌道とp電子の移動により図示した。電子が別の原子に移った結果、電荷が生じた共鳴構造式が寄与するが、中性分子であるから分子全体として正負の電荷はつり合っていなければならない[23]。

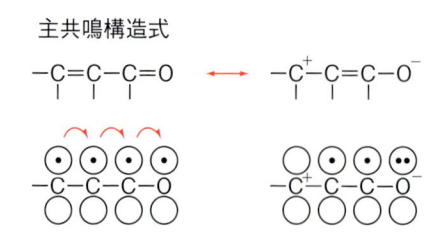

主共鳴構造式

$$-\underset{|}{C}=\underset{|}{C}-\underset{|}{C}=O \longleftrightarrow -\overset{+}{\underset{|}{C}}-\underset{|}{C}=\underset{|}{C}-O^-$$

問題 5-17 (c) に相当する例として、$CH_2=CH-CH=NH$ について共鳴構造式を書け。

(d), (e), (f), (g) の場合は、ヘテロ原子の非共有電子対が炭素のπ軌道の方にしみ出して非局在化する。その結果、これらヘテロ原子は正の電荷を帯びて末端の炭素や酵素に負電荷が生じる。次に (d) と (f) の

---

[21] カルボン酸陰イオンや問題 5-16 の例、あるいは側注 17 のベンゼンの例では、各共鳴構造式は対等に (1:1 あるいは 1:1:1 で) 共鳴混成体へ寄与していた。しかし、共鳴は等価な共鳴構造式が同等に寄与するとは限らないことになる。

[22] 上のカルボキシル基 A、B は、(f) の例に相当する。

[23] (b) の場合、酸素がπ電子を引き寄せて負電荷を帯びる。この逆、すなわち酸素が炭素に電子を出して正電荷を帯びる共鳴構造式はほとんど無視できる。酸素の電気陰性度が格段に大きいためである。(c) についても同様に、窒素が負電荷をもつ共鳴構造式の寄与だけを考えればよい。

例を示す[*24]。

主共鳴構造式　　　　　　　主共鳴構造式

(d) $-\overset{|}{C}=\overset{|}{C}-\overset{..}{\underset{..}{O}}-\ \longleftrightarrow\ -\overset{..}{\underset{..}{C}}-\overset{|}{C}=\overset{..}{O}{}^{\pm}$　　(f) $\overset{..}{\underset{..}{O}}=\overset{|}{C}-\overset{..}{\underset{..}{O}}-\ \longleftrightarrow\ -\overset{..}{\underset{..}{O}}-\overset{|}{C}=\overset{..}{O}{}^{\pm}$

問題 5-18　(e)と(g)に相当する例として、$CH_2=CH-NH_2$ と $H-CO-NH_2$ についてそれぞれ共鳴構造式を書け。

　上にも述べたとおり、共鳴混成体としての電子状態のエネルギーは、主共鳴構造式一つのエネルギーよりも低く安定である。このエネルギー差を**共鳴エネルギー**あるいは**非局在化エネルギー**という[*25]。
　共鳴混成体に寄与する共鳴構造が多いほど、π電子は広く非局在化し、共鳴エネルギーも大きくなる[*26]。

問題 5-19　ブタジエン $CH_2=CH-CH=CH_2$ の中央の C-C 結合は一般の C-C 単結合の長さに比べてかなり短い。この理由を説明せよ[*27]。

問題 5-20　ジメチルホルムアミド $(CH_3)_2N-CO-H$ の N-CO 結合は一般の C-N 単結合の長さに比べてかなり短い。この理由を説明せよ。

問題 5-21　ペンタジエンの2種類の異性体とペンテンの水素化熱は以下のようなデータがある。二重結合1個当たりに換算して、(a)と(b)に差はみられない。しかし、(c)は(a)や(b)に比べてかなり小さな値である。これらの理由を説明せよ。

(a) $CH_2=CH-CH_2-CH_2-CH_3\ +\ H_2\ \longrightarrow\ CH_3-CH_2-CH_2-CH_2-CH_3\ +\ 126.7\ \text{kJ mol}^{-1}$

(b) $CH_2=CH-CH_2-CH=CH_2\ +\ 2H_2\ \longrightarrow\ CH_3-CH_2-CH_2-CH_2-CH_3\ +\ 253.3\ \text{kJ mol}^{-1}$

(c) $CH_2=CH-CH=CH-CH_3\ +\ 2H_2\ \longrightarrow\ CH_3-CH_2-CH_2-CH_2-CH_3\ +\ 226.4\ \text{kJ mol}^{-1}$

主共鳴構造式

$-\overset{|}{C}=\overset{|}{C}-\overset{|}{C}=\overset{|}{C}-\ \longleftrightarrow\ -\overset{..}{\underset{..}{C}}{}^-\ -\overset{|}{C}=\overset{|}{C}-\overset{|}{C}{}^+-\ \longleftrightarrow\ -\overset{|}{C}{}^+-\overset{|}{C}=\overset{|}{C}-\overset{..}{\underset{..}{C}}{}^-$

[*24] 非共有電子対の1個を押し出したヘテロ原子は、2-4節に述べた価標が1本増えて結合した陽イオンの構造である。共鳴構造式の中ではこのようなイオン構造がしばしば現れる。

$=\overset{+}{O}-$　　$=\overset{+}{\underset{|}{N}}-$

共鳴エネルギー
resonance energy

非局在化エネルギー
delocalization energy

[*25] (a)の場合では、約 $14.6\ \text{kJ mol}^{-1}$ の共鳴エネルギーがある。

[*26] 電子は一つの核に縛られて局在しているよりも、複数の核に共有されている、つまりできるだけ広く非局在化するほど安定である。共鳴構造式が数多く書けるということは、それだけ非局在化し、安定化しているということを意味する。また、非局在化は、原子軌道から分子全体にわたる分子軌道への電子の解放を意味し、分子軌道の形成が安定化をもたらすという概念にもつながる（側注16も参照）。

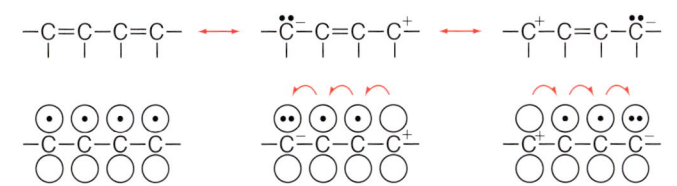

[*27] この例は上の(a)に相当し、左図のような共鳴構造式の共鳴混成体である。ただ、C=O や C=N に比べて C=C では電荷の偏りが小さいので、電荷をもつ共鳴構造式の寄与は少ない。

第5章 結合の極性と共鳴

問題 5-22 次の化合物の共鳴構造式を書け。

(a) 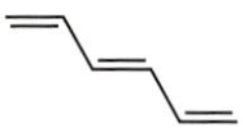 CH₂=CH-CH=CH-CH=CH₂   (b)  ベンゼン   (c) 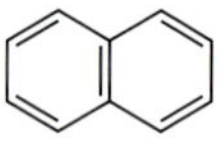 ナフタレン   (d) 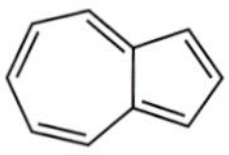 アズレン

問題 5-23 次の化合物の共鳴構造式を書け。

(a) 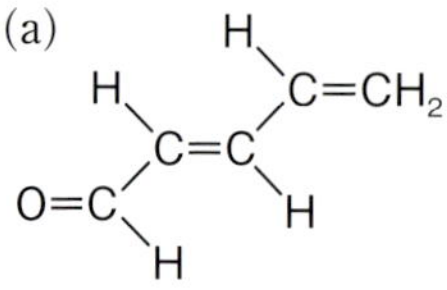
$$\text{O=CH–CH=CH–CH=CH}_2$$ (structure drawn with H's)

(b) 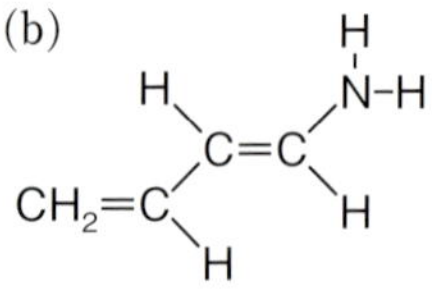
$$\text{CH}_2\text{=CH–CH=CH–NH}_2$$ (structure drawn with H's)

(c) 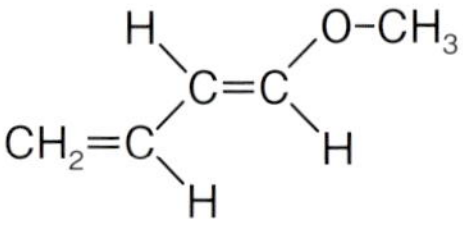
$$\text{CH}_2\text{=CH–CH=CH–O–CH}_3$$

(d) 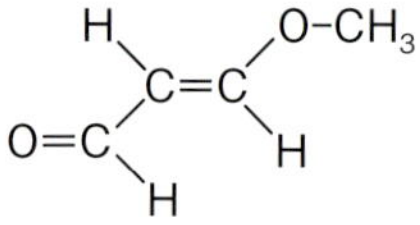
$$\text{O=CH–CH=CH–O–CH}_3$$

(e) 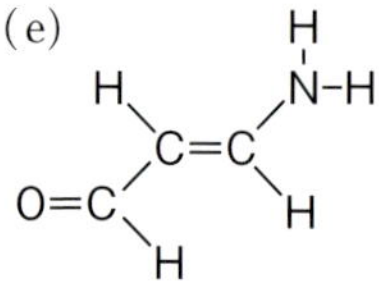
$$\text{O=CH–CH=CH–NH}_2$$

問題 5-24 次の化合物の共鳴構造式を書け。

(a) $CH_2=CH-C\equiv N$

(b) 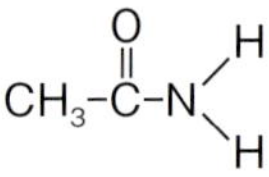 $CH_3-\overset{O}{\overset{\|}{C}}-N\overset{H}{\underset{H}{\big<}}$

(c) $CH_3-\overset{O}{\overset{\|}{C}}-O-CH_2CH_3$

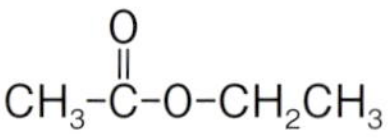

(d) 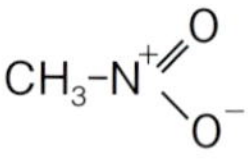 $CH_3-\overset{+}{N}\overset{O}{\underset{O^-}{\big<}}$

第6章

アルカンとシクロアルカン

> すべての炭素原子が sp^3 混成の炭素のみから構成されているアルカンとシクロアルカンは、脂肪族飽和炭化水素と呼ばれ、すべての有機化合物の骨格となる化合物である。C–H 結合と C–C 結合しかもたないため反応性は低いが、酸化反応（燃焼）だけは忘れてはならない重要な反応である。飽和炭化水素の C–H 結合を官能基化する唯一の方法ともいえるハロゲン化を通して[*1]、反応機構の考え方にも触れよう。sp^3 混成の炭素だけで環状構造を形成したとき、構造的にはどのような特徴が現れるかを、シクロヘキサンについて詳しくみていこう。

6-1 アルカン

1-3 節で学んだように、非環式飽和炭化水素は**アルカン**と呼ばれ、分子式は C_nH_{2n+2} の一般式で表される。直鎖アルカンは石油の成分として存在し、石油の分留により、ガソリンまたはナフサ、灯油、軽油、重油などに分けられる。現代の化学製品の大部分は石油を原料として化学工業により生みだされたものである。つまり、アルカンに種々の官能基が導入され、炭素鎖が伸縮され、あるいは環状に巻かれ、さらにはヘテロ原子（1-4 節）が導入され、などなどの反応が行われた結果の産物である。

アルカンは、燃焼によりエネルギー源として利用され、現在の生活に不可欠な物質でもある。

[*1] C–H 結合に直接、官能基を導入する方法は現在ではいろいろ開発されているが、本書のレベルで学ぶべきは、ハロゲン化が唯一といってよいだろう。

アルカン alkane

■ 問題 6-1　プロパンが燃焼する化学反応式を書け。

6-2 命名法

アルカンは命名法の母体基本骨格部分をなし、すでに第1章で述べたように、名称の語尾は ane で終わる。ここでは、枝分れ、すなわち側鎖のある場合について少しみていこう。

アルカンの水素原子を 1 個除いた残りの炭化水素基 $C_nH_{2n+1}-$ を**アルキル基**と呼ぶ。アルキル基はアルカンの語尾 ane を yl に変えて命名する。

アルキル alkyl

$$CH_4 \text{ meth\underline{ane}} \text{ メタン} \Rightarrow CH_3\text{- meth}\underline{yl} \text{ メチル}$$

■ 問題 6-2　次のアルキル基を命名せよ。

(a) CH_3CH_2-　(b) $CH_3CH_2CH_2-$　(c) $CH_3CH_2CH_2CH_2-$

枝分れしたアルカンの名称は、最も長い炭素鎖を主鎖とみなし、主鎖に側鎖のアルキル基が置換したものとして命名する。つまりアルキルアルカンということになる。

側鎖の位置は、主鎖のどちらか一方の端から炭素原子に番号をつけて示すが、側鎖の番号がなるべく小さくなるようにする。

同じ置換基が2個以上存在するときは、ジ（di；2個）、トリ（tri；3個）、テトラ（tetra；4個）などで数を示す。

$$\overset{1}{CH_3}-\overset{2}{CH}-\overset{3}{CH_2}-\overset{4}{CH}-\overset{5}{CH_2}-\overset{6}{CH_3}$$
$$\quad\quad\quad CH_3 \quad\quad\quad CH_3$$

2,4-ジメチルヘキサン
（3,5-ジメチルヘキサンとしない）

■ **問題 6-3**　次の化合物を命名せよ。

(a) $CH_3-CH-CH_2-CH_2-CH_3$
　　　　$|$
　　　CH_3

(b) $CH_3-CH-CH-CH_2-CH_2-CH_3$
　　　　　$|\ \ \ |$
　　　　$CH_3\ CH_3$

(c) $CH_3-CH-CH_2-CH-CH_2-CH_3$
　　　　$|\ \ \ \ \ \ \ \ \ \ |$
　　　$CH_3\ \ \ \ \ \ CH_2CH_3$

(d) $\ \ \ \ \ \ \ CH_3\ \ \ \ \ \ \ \ \ \ \ CH_3$
　　　　$|\ \ \ \ \ \ \ \ \ \ \ \ \ \ \ |$
　　$CH_3-C-CH-CH_2-CH-CH_3$
　　　　$|\ \ \ \ |$
　　　$CH_3\ CH_3$

■ **問題 6-4**　次の名称の化合物を構造式で書け。
(a) 2,3-ジメチルペンタン　(b) 5-エチル-2,3-ジメチルオクタン
(c) 2,3,4-トリメチルデカン　(d) 5-エチル-2-メチルヘプタン

■ **問題 6-5**　2-プロピルヘキサンという名称は IUPAC 命名法に適っているか。もし否である場合は正式の命名法で記せ。

枝分れしたアルキル基自身がさらに枝分れしている場合は、基となっている炭素原子の番号を1として、この炭素から始まる最長炭素鎖に相当するアルキル基名の前に側鎖のアルキル基名をカッコに入れて番号付きで表す[*2]。

*2 たとえば、5-(2-メチルブチル)デカンのようになる。

$$\overset{4}{CH_3}-\overset{3}{CH_2}-\overset{2}{CH}-\overset{1}{CH_2}-$$
$$\quad\quad\quad\quad\quad CH_3$$

2-メチルブチル
2-methylbutyl

■ **問題 6-6**　次の基を命名せよ。

(a) $CH_3-CH-CH-CH_2-$
　　　　　$|\ \ \ \ |$
　　　　$CH_3\ CH_3$

(b) $\ \ \ \ \ \ \ CH_2CH_3$
　　　　$|$
　　$CH_3-C-CH_2-CH_2-$
　　　　$|$
　　　CH_3

簡単なアルキル基に対しては、次のような慣用名がIUPAC（1-7節）で認められている[*3]。

$$CH_3-CH- \quad イソプロピル \qquad CH_3CH_2CH- \quad s\text{-}ブチル$$
$$\quad\ \ CH_3 \qquad\qquad\qquad\qquad\qquad\ \ CH_3$$

$$CH_3CHCH_2- \quad イソブチル \qquad CH_3-\underset{CH_3}{\overset{CH_3}{C}}- \quad t\text{-}ブチル$$
$$\quad\ \ CH_3$$

[*3] "イソ"は"同じ"という意味のギリシャ語がもとになった接頭語。"ネオ"は"新しい"という意味のギリシャ語がもとになった接頭語。s-、t- はそれぞれ、第二級、第三級を表す英語 secondary、tertiary を省略して書いたもの。イタリックで書く。

イソブタン $(CH_3)_2CHCH_3$、イソペンタン $(CH_3)_2CHCH_2CH_3$、ネオペンタン $C(CH_3)_4$ など、いくつかの簡単な枝分れアルカンについても慣用名が認められている。

アルカンの炭素原子は、何個の炭素原子と結合しているかよって、第一級、第二級、第三級、第四級に分類される。

$$\underset{第一級}{R-\overset{H}{\underset{H}{C}}-H} \qquad \underset{第二級}{R-\overset{R'}{\underset{H}{C}}-H} \qquad \underset{第三級}{R-\overset{R'}{\underset{R''}{C}}-H} \qquad \underset{第四級}{R-\overset{R'}{\underset{R''}{C}}-R'''}$$

■ **問題 6-7** 次の構造式に指定された炭素原子はそれぞれ第何級の炭素か。

$$\underset{CH_3}{CH_3-\overset{(a)}{C}H}-\overset{(b)}{C}H_2-CH_2-\underset{CH_3}{\overset{CH_3}{C}}-CH=\overset{(d)}{C}H-CH_3$$

■ **問題 6-8** 次の化合物を命名せよ。

(a) $CH_3-\underset{CH_3}{CH}-CH_2-\underset{CH_2CH_3}{\overset{CH_2CH_3}{CH}}-CH_2-CH_3$

(b) $CH_3-\underset{CH_3}{\overset{CH_3}{C}}-CH_2-\underset{CH_3}{\overset{CH_3-CH-CH_3}{CH}}-CH_2-\underset{CH_3}{\overset{CH_3}{C}}-CH_2-CH_2-CH_3$

(c) $(CH_3CH_2CH_2)_3CH$

■ **問題 6-9** 次の化合物を構造式で示せ。
(a) 5-(1,1-ジメチルエチル)-4,6-ジメチルデカン
(b) 5-(1,2-ジメチルプロピル)デカン

6-3 シクロアルカン

芳香族以外の環式炭化水素は脂環式炭化水素と呼ばれる。n個の炭素原子が鎖状につながって環を形成した炭化水素は、C_nH_{2n}の分子式で表

シクロアルカン cycloalkane

され、**シクロアルカン**と呼ばれる。シクロアルカンは飽和炭化水素であるので、その性質はアルカンとほとんど変わらない。

脂環式炭化水素は、簡略化した線表示の構造式で示されることが多い。

シクロアルカンの命名法は、環の炭素数を示す母体アルカンの前に接頭語シクロをつける。環の炭素に置換基が2個以上ある場合、第一の置換基の位置を1として環に沿って番号を付ける。

シクロヘキサン 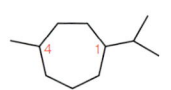　　　　1-イソプロピル-4-メチルシクロヘプタン

二つの環が2個以上の炭素原子を共有している二環性あるいは多環性の脂環式炭化水素も存在する。これらは、シクロに代わってビシクロ、トリシクロ…などの接頭語をつけて命名する[*4]。

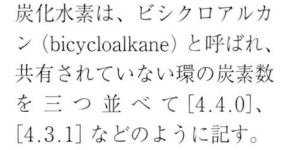

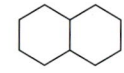

ビシクロ[4.4.0]デカン 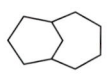　　ビシクロ[4.3.1]デカン

[*4] 2個の環からなる脂環式炭化水素は、ビシクロアルカン（bicycloalkane）と呼ばれ、共有されていない環の炭素数を三つ並べて[4.4.0]、[4.3.1]などのように記す。

問題 6-10 n 個の炭素原子からなるビシクロアルカンの分子式は一般にどのように表されるか。

問題 6-11 次の化合物の構造式を省略なしで書け。

(a) 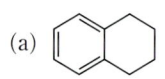　　(b) 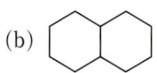　　(c) 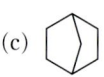　　(d)

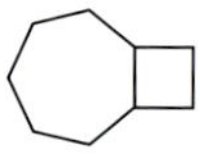

問題 6-12 次の化合物を命名せよ。

(a) 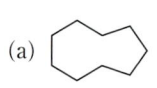　　(b) 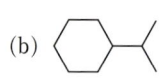　　(c) 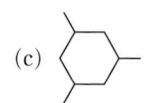　　(d)

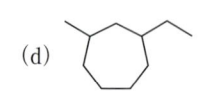

シクロアルカンの環を構成する炭素原子は sp^3 混成であるが、環の大きさによりその結合角は変化する。環が六員環より小さいと本来の 109.5°の結合角を縮めなければならず、また、七員環以上では拡げなければならないので、結合に対する歪が大きくなる。sp^3 混成の本来の結合角をそのまま保って環を形成することができるのはシクロヘキサンのみである。

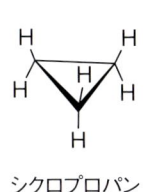

シクロプロパン 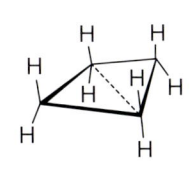　　シクロブタン 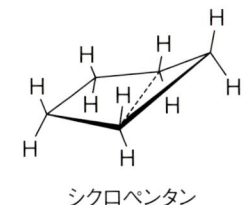　　シクロペンタン 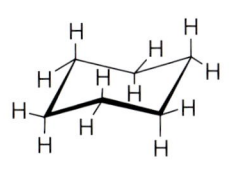　　シクロヘキサン

C−C−C 結合角が 60° となるシクロプロパンは特に歪が大きく、その歪を解消するため、環を開いて非環式化合物に変化する反応が起こりやすい。たとえば、触媒の存在下で水素を付加してプロパンになる[*5]。

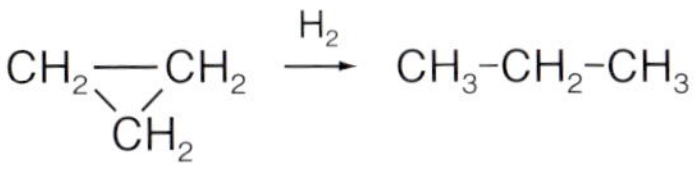

$$CH_2\text{—}CH_2\quad \xrightarrow{H_2}\quad CH_3\text{-}CH_2\text{-}CH_3$$
$$\quad\ \backslash\ /$$
$$\quad CH_2$$

問題 6-13 シクロプロパンと臭素との反応で予測される生成物を示せ。

問題 6-14 シクロアルカンの燃焼熱は以下のようである。このデータから、$-CH_2-$ 1 個当たりの燃焼熱を比較し、環構造の安定な順に並べよ。また、シクロヘキサンの燃焼熱が、ヘキサンの燃焼熱と一致するのはなぜか。

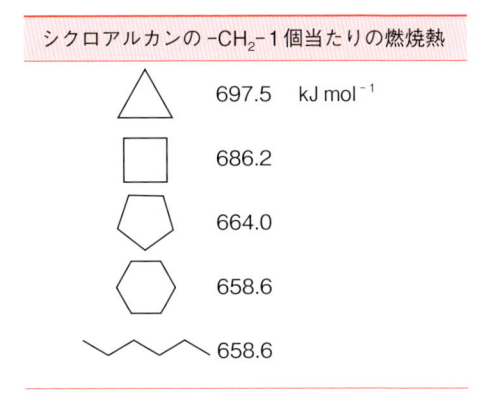

シクロアルカンの $-CH_2-$ 1 個当たりの燃焼熱	
△	697.5　kJ mol^{-1}
□	686.2
⬠	664.0
⬡	658.6
〜	658.6

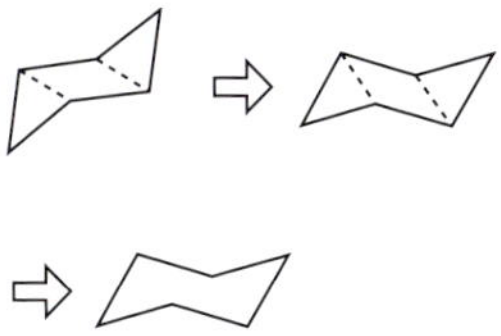

6-4　シクロヘキサンの立体構造

シクロヘキサンを構造式で書くと正六角形になるが、実際は平面分子ではない。6 個の炭素原子はすべて sp³ 混成の結合角 109.5° を保ったまま環を形成している。この形を**いす形**と呼ぶ[*6]。

シクロヘキサンには、結合角を 109.5° に保ったままで、もう一つの構造がありうる。これを**舟形**と呼ぶ。いす形と舟形のニューマン投影式を描いてみると、いす形では C−C 結合がすべてゴーシュ形配座であるのに対し、舟形では 2 個の C−C 結合で重なり形配座が存在する（**図 6-1**）。このため、舟形はいす形よりも不安定である[*7]。

分子模型を使って調べてみるとわかるが、少し力を加えるだけでいす

[*5] この反応は、形式上は付加反応 (7-3 節参照) である。シクロプロパンはエチレンなどと同様に不飽和炭化水素の一面をもっていることになる。

いす形　chair form

[*6] いす形をきれいに描くには、互いに平行になる結合を意識しながら書くとよい。あるいは、下図のように四角の平面に三角の平面を接ぎ合わせた形を意識しながら書くと、きれいなシクロヘキサン環を描くことができる。ただし、少し傾ける。

舟形　boat form

[*7] 完璧な舟形では重なり形配座がありエネルギーが高くなる。これを避けるように舟形を少しねじると "ねじれ舟形" となる。このねじれ舟形の方が完璧な舟形よりも安定であることがわかっている。

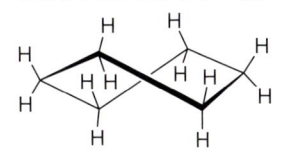

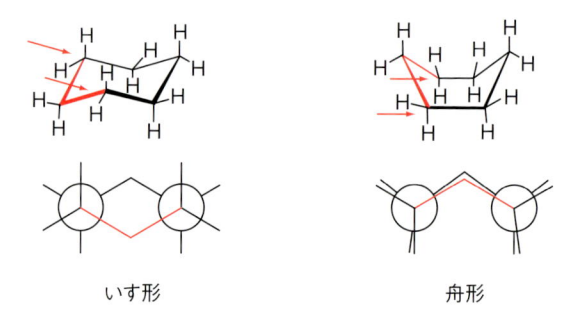

図 6-1 シクロヘキサンのいす形と舟形における立体配座の違い
（矢印の方向から見る）

形と舟形を相互に変換させることができる。結合は切断されることなく、6個の単結合の回転がそれぞれ適度に重なり合って起こる動きである。したがって、いす形と舟形は立体配座の違いによる配座異性体である。この舟形にもう一度力を加えると、もとのいす形と逆を向いたいす形にすることができる。シクロヘキサンの分子は、一つの構造に固定されているわけではなく、二つのいす形の間を速やかに移り変わるのである。この相互変換運動を**シクロヘキサン環の反転**と呼ぶ（図 6-2）。

環の反転
ring inversion

図 6-2 シクロヘキサン環の反転

反転の途中では、舟形の配座をとることもあろう。また、109.5°の結合角を強引に変形させたいびつないす形、舟形も無数に含まれるであろう。これらの歪の大きい不安定な形を経て反転しているのである[*8]。

*8 したがって、変換運動をしている途上で、個々の分子は安定ないす形にとどまる時間が最も長い、あるいは、瞬間、瞬間で観測すればいす形の存在量が最も多いということになる。

シクロヘキサンには12個のC–H結合が存在するが、いす形ではそのうちの6個は環がつくる平均的分子平面に対して垂直で、交互に環の上下を向いている。これらはすべて構造的に同等の環境下にある。これらの結合を**アキシアル**結合という。残りの6個のC–H結合は平均的分子面にほぼ平行に出ていて、互いに同等で区別ができない。これらを**エクアトリアル**結合と呼ぶ[*9]。

アキシアル axial

エクアトリアル equatorial

*9 "axial" は「軸のまわりの」の意。極結合と呼ばれたこともある。"equatorial" は「赤道の」の意。以前は赤道結合とも呼ばれた。

シクロヘキサン環の反転によってアキシアル結合はエクアトリアル結合に、エクアトリアル結合はアキシアル結合にそれぞれ入れ換わる（図 6-2）。アキシアル結合、エクアトリアル結合というのは、結合それ自身ではなく、結合の方向を指していることに留意しよう。

シクロヘキサン環に置換基が一つついた場合、すなわち、シクロヘキサンの一置換体では、その置換基は環の反転によりアキシアル結合にも

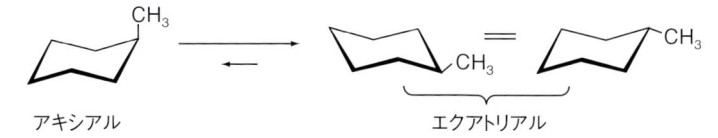

図 6-3 シクロヘキサン環の反転に伴うアキシアル結合とエクアトリアル結合の変換(メチルシクロヘキサンの例)

エクアトリアル結合にもなる。それぞれは同じ化合物であり、反転で入れ換わっているだけであるから、別個の化合物として単離することはできない。

ただし、安定性に差があるので、存在量には違いがある。一般に、立体的に込み合うアキシアル結合は、エクアトリアル結合よりも不安定である。たとえば、メチルシクロヘキサンの場合、メチル基がエクアトリアル結合の配座の方が約 $7.3\,\mathrm{kJ\,mol^{-1}}$ だけ安定であり、室温で 95 % はエクアトリアルのいす形で存在する(**図 6-3**)。

一置換体を反転させた場合、いすの向きを逆方向に書き変えなくても、もとのいす形構造のまま、機械的にアキシアルとエクアトリアルを入れ換えて書いても反転した構造を表している[※10]。

問題 6-15 メチルシクロヘキサンにおいて、メチル基がアキシアル配座の場合(a)と、エクアトリアル配座(b)の場合それぞれについて、図 6-1 に倣って矢印の方向から透視したニューマン投影式を描け。

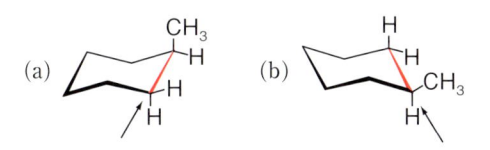

問題 6-16 次の構造の化合物で、メチル基はアキシアル結合かエクアトリアル結合かを書け。また、それぞれについて、環を反転させたいす形構造を描け。

[※10] モノ置換シクロヘキサンと 1,4-ジ置換シクロヘキサンについては、いす形の向きを変えずに機械的にアキシアルとエクアトリアルを入れ換えて書いてもよいが、その他の置換様式では、必ずしもこれが当てはまるわけではない。第 9 章にみる鏡像異性体の構造に変化することがある。

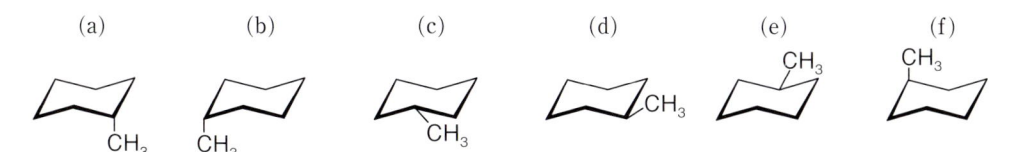

6-5 シクロヘキサンの置換体の立体異性体

1,4-ジメチルシクロヘキサンには、二つのメチル基の相対的な配置により立体異性体が存在する。それぞれの置換基は環の反転によってエクアトリアル⇔アキシアルの変化をしているが、相対的な上下関係は環の

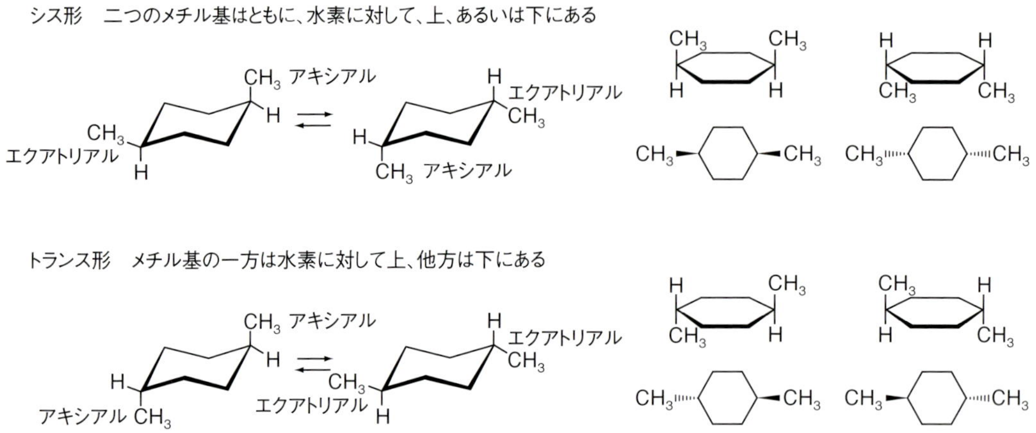

シス形　二つのメチル基はともに、水素に対して、上、あるいは下にある

トランス形　メチル基の一方は水素に対して上、他方は下にある

図 6-4　二置換シクロヘキサン化合物のシス-トランス異性体

シス　*cis* form
トランス　*trans* form

反転によっても変わらない。そこで、シクロヘキサン環を平面と仮定して、2 個の基が環の平面に対して同じ側にある配置を**シス形**、反対側にある配置を**トランス形**と呼んで区別する。二重結合に関するシス-トランス異性体（4-3 節）と同様の呼び方である。平面としてみなすと、1,4-二置換シクロヘキサンのシス-トランス異性体は**図 6-4** のように表すことができる。

問題 6-17　次に表す化合物はシスか、あるいはトランスか。

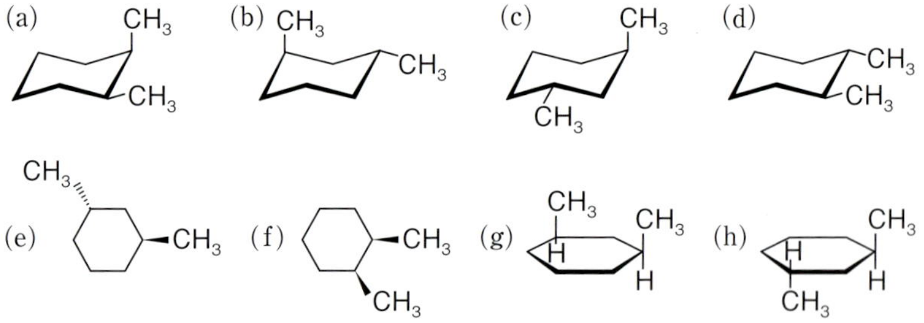

(a)　(b)　(c)　(d)

(e)　(f)　(g)　(h)

*11　側注 10 も参照せよ。

問題 6-18　問題 6-17 の (a) ～ (d) 各化合物を反転させた構造を描け*11。

以上、シクロヘキサン環について記したが、環状化合物で、置換基が二つ以上置換した場合は常に、二つの置換基の間にシスかトランスかの立体配置を指定する必要がある*12。

*12　たとえば、図 6-4 の化合物に対して、*cis*-1,4-ジメチルシクロヘキサンあるいは *trans*-1,4-ジメチルシクロヘキサンのように命名する。

問題 6-19　次の化合物はシスかトランスか。

(a)　(b)

問題 6-20 次の化合物には何種類の立体異性体が存在するか。また、鏡像異性体が存在するのはどれか。

(a) 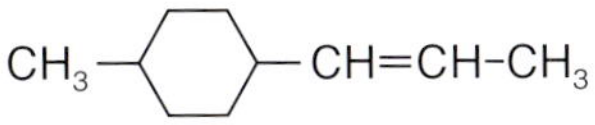 $CH_3-\smash{\bigcirc}-CH=CH-CH_3$ (b) 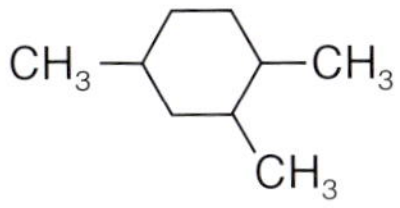 $CH_3-\smash{\bigcirc}\begin{smallmatrix}-CH_3\\-CH_3\end{smallmatrix}$ (c) 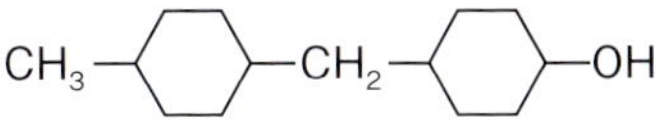 $CH_3-\smash{\bigcirc}-CH_2-\smash{\bigcirc}-OH$

6-6 アルカンとシクロアルカンの反応

アルカンの最も代表的な反応はハロゲン化である。たとえば、メタンは紫外線を照射するか、あるいは高温を加えることにより次の反応が起こる。

$$CH_4 + Cl_2 \longrightarrow CH_3\text{-}Cl + HCl$$

この反応のように、一つの原子あるいは原子団が他の原子または原子団で置き換わる反応を**置換反応**と呼ぶ。

置換反応
substitution reaction

問題 6-21 次の反応のうちで置換反応の例はどれか。

(1) $(CH_3)_3C\text{-}OH + HCl \longrightarrow (CH_3)_3C\text{-}Cl + H_2O$

(2) $CH_3\text{-}CH=CH_2 + Br_2 \longrightarrow CH_3\text{-}CHBr\text{-}CH_2Br$

(3) $CH_3CH_2CH_2\text{-}Br + NaCN \longrightarrow CH_3CH_2CH_2\text{-}CN + NaBr$

(4) 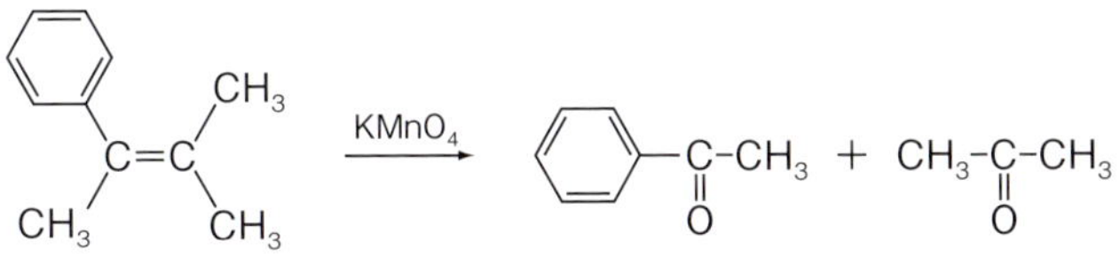 Ph(CH₃)C=C(CH₃)₂ $\xrightarrow{KMnO_4}$ Ph-CO-CH₃ + CH₃-CO-CH₃

(5) 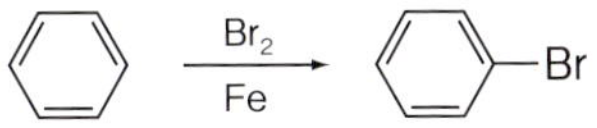 $C_6H_6 \xrightarrow{Br_2/Fe} C_6H_5\text{-}Br$

どんな反応にも、反応が進行する仕組み、すなわち**反応機構**が考えられる。反応機構を理解することは、数ある反応を整理し体系化するうえで重要であるだけでなく、新しい反応を予測する助けともなる。

置換反応は反応の形式で分類したものであり、置換反応にも様々な機構がある。上に示したメタンの塩素化の反応は次のような**連鎖反応**によって進行する。反応途上に、非常に活性で短寿命の反応中間体としてラジカルが生成する[*13]。

反応機構
reaction mechanism

連鎖反応
chain reaction

[*13] 塩素原子は7個の価電子をもち、そのうちの一つは不対電子であるから、塩素原子自身がラジカルである。ちなみに、水素原子もラジカルである。

① $Cl_2 \xrightarrow{熱または光} 2\,Cl\cdot$

② $Cl\cdot + CH_4 \longrightarrow HCl + CH_3\cdot$

③ $CH_3\cdot + Cl_2 \longrightarrow CH_3-Cl + Cl\cdot$

　まず、①塩素分子の共有結合が切れて塩素原子が生成する。塩素原子は②のようにメタンと反応して塩化水素となり、メチルラジカル（$CH_3\cdot$）が生成する。③の反応でクロロメタンとともに塩素原子が生成する。塩素原子は②の反応に戻って再びメチルラジカルを与え、さらに③の反応へと進む。塩素原子が再生され続ける限り、②と③の反応は無限に継続し連鎖が続く。

　最後にメタンが反応し尽くせば、④ラジカルと塩素原子が、たとえば次のように結合して連鎖は終結する。

④ $\begin{cases} 2\,Cl\cdot \longrightarrow Cl_2 \\ または\ 2\,CH_3\cdot \longrightarrow CH_3-CH_3 \\ または\ CH_3\cdot + Cl\cdot \longrightarrow CH_3-Cl \end{cases}$

　ラジカルとは不対電子をもつ原子団または原子であり、共有結合のラジカル開裂により生じる。メタンのC−H共有結合において、CとHが出し合った共有電子対の電子を、もとのCとHにそれぞれ二分する切れ方がラジカル開裂である。切れた後の原子にはその原子がもともともっていた不対電子が戻ってきているので、電荷はない。結合が切れて1個の原子に戻るときは、原子そのものである。C−H結合のラジカル開裂で生成した水素ラジカルは水素原子そのものであり、塩素分子のラジカル開裂によって生じる塩素ラジカルも、塩素原子そのものである。

　②の過程は自発的にC−H結合が切れるわけではなく、塩素ラジカルが水素原子をラジカルとして引き抜いているのである。ラジカルは高い反応性をもつ。

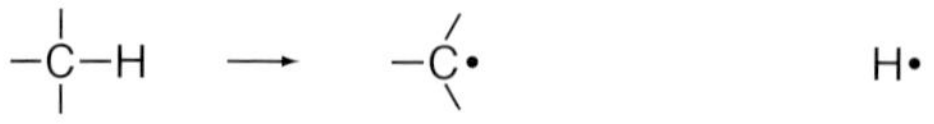

$-\overset{|}{\underset{|}{C}}-H \longrightarrow -\overset{/}{\underset{\backslash}{C}}\cdot \qquad H\cdot$

　　　　　　　　　　炭素ラジカル　　水素ラジカル ＝ 水素原子

$Cl-Cl \longrightarrow Cl\cdot \quad Cl\cdot$

　　　　　　　　　塩素ラジカル ＝ 塩素原子

　アルカンとシクロアルカンにはC−C結合とC−H結合しかない。どちらの結合も極性が弱いので、イオン解離を起こしにくく、イオンが関与しない結合の開裂、すなわちラジカル開裂を起こすのが普通である。

6-7 ラジカル中間体の安定性と反応性

問題 6-22 塩素ラジカルを電子式で表せ。

問題 6-23 次の、色で描いた結合がラジカル開裂してできるラジカルを電子式で表せ。

(a) HO－OH (b) 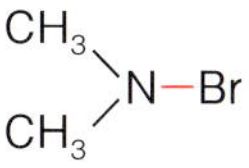 (CH₃)₂N－Br

問題 6-24

(1) 酸素分子は 2 個の不対電子をもつジラジカルである[*14]。酸素分子がクメンの色をつけた水素原子を引き抜く反応を書け。

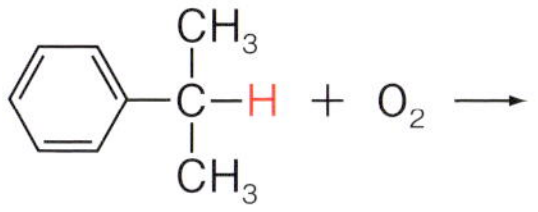

C₆H₅-C(CH₃)₂-H + O₂ ⟶

[*14] 酸素分子の安定な電子状態は分子軌道という概念を使わないと説明できないが、ここでは、・O－O・ と表しておこう。酸素原子は電子 8 個の閉殻構造をとらずに、不対電子をもった状態にある。

(2) 上記の反応で生成する 2 種類のラジカル同士が結合して生じる化合物の構造式を書け。

問題 6-25 プロパン C_3H_8 を塩素化して得られるジクロロプロパン $C_3H_6Cl_2$ には何種類の異性体が存在するか。それらすべてを構造式で示せ。

6-7 ラジカル中間体の安定性と反応性

前節に記したように、アルカンは自ら開裂してラジカルになるわけではなく、別途生成したラジカルの作用で水素原子（水素ラジカル）が引き抜かれ、アルキルラジカルに誘導される。水素原子の引き抜かれやすさは、その結合する炭素原子の種類に依存する。

問題 6-26 2-メチルプロパンの臭素化では、反応温度が低いと **A** が生成するが、温度を高くすると **B** も得られる。

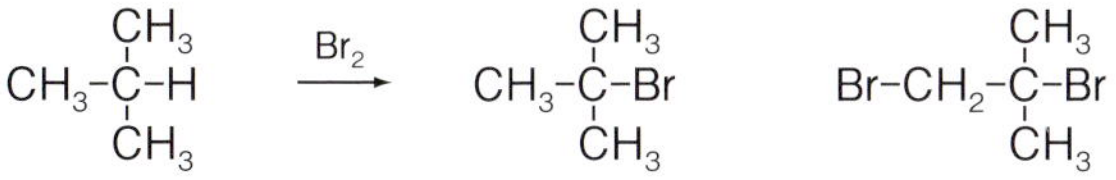

(CH₃)₃C-H →[Br₂] (CH₃)₃C-Br   Br-CH₂-C(CH₃)₂-Br

　　　　　　　　　A　　　　　B

この事実から、第一級の炭素ラジカルと第三級の炭素ラジカルではどちらがより生成しやすいといえるか。

上の問題からもわかるとおり、ラジカルによる水素原子の引き抜かれやすさは一般に次の順序になる。

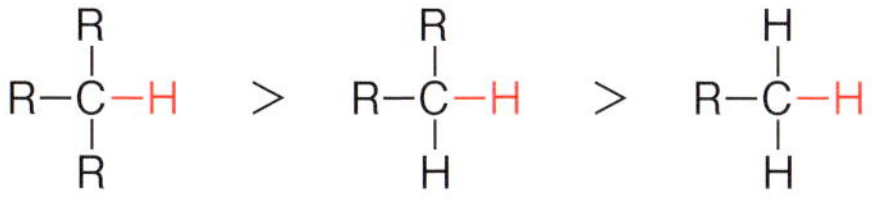

R₃C-H > R₂CH-H > RCH₂-H
第三級　　　第二級　　　第一級

*15 たとえば、結合解離エネルギーは、以下のとおりである。

CH₃–CH₂–H
410 kJ mol⁻¹

(CH₃)₂CH–H
395 kJ mol⁻¹

(CH₃)₃C–H
381 kJ mol⁻¹

*16 このように、中間体が安定なほど、反応が進行しやすい（反応速度が速い）という考え方は、ラジカル中間体だけでなく、6-8節で記すカルボカチオンやカルボアニオンを中間体とする反応でも一般に成り立つ。

遷移状態
transition state

活性化エネルギー
activation energy

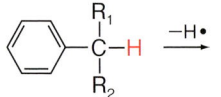

*17 二重結合に隣接した非共有電子対が共鳴に寄与することを5-6節で述べたが、二重結合に隣接した不対電子も共鳴に参加するのである。ラジカルは、不対電子の非局在化が進むほど安定であることになる。

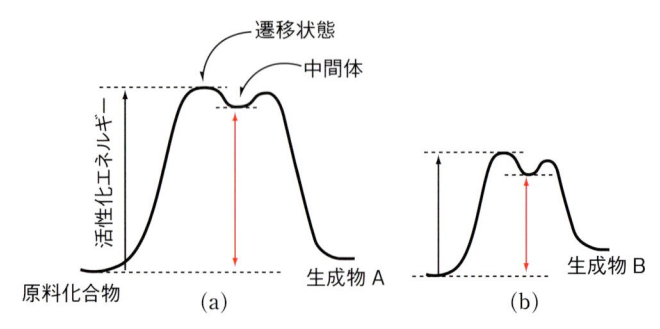

図 6-5 反応の進行に伴うエネルギー変化（エンタルピー変化）
(a) の方が (b) に比べて大きな活性化エネルギーを必要とし、反応が起こりにくい。これは、(b) の中間体の方が (a) の中間体よりも安定であることも意味している*16.

この順番は、結合解離エネルギーの順序と一致し、また、生成する炭素ラジカルの安定性の順序に対応する*15。

アルカンのC–H結合のラジカル開裂に伴うエネルギー変化（エンタルピー変化）を図に示すと**図 6-5**のようになる。原系から中間体ラジカルに至る最高エネルギーの状態を**遷移状態**という。また、原系と遷移状態のエネルギー差を**活性化エネルギー**と呼び、反応が起こるためにはこの山を越えるだけのエネルギーを必要とする。

遷移状態と中間体のエネルギーは大差がなく、中間体が安定なほど遷移状態のエネルギーも低くなる。

先に述べた、炭化水素の第一級～第三級水素原子の引き抜かれやすさの違いはあまり大きくない。それらに比べると、フェニル基やビニル基が置換した炭素原子についた水素原子は非常に引き抜かれやすい。すなわち生成するラジカル中間体が安定であることを意味する。これは、生成するラジカルに次のような共鳴による安定化があるからである*17。

問題 6-27 次の各化合物の水素 H_a と H_b は、どちらがラジカルによる引き抜き反応を受けやすいか。

問題 6-28 次の反応の主生成物を構造式で書け。また、それが生成した理由を説明せよ。

$$\text{C}_6\text{H}_5-\text{CH}=\text{CH}-\text{CH}_2-\text{CH}_2-\text{CH}_2-\underset{\underset{\text{CH}_3}{|}}{\text{CH}}-\text{CH}_3 \xrightarrow[\text{光}]{\text{Br}_2}$$

6-8 炭素の結合の開裂

6-6 節で述べたように、炭素原子の結合はイオン開裂ではなく、電荷をもたないラジカルに開裂する[*18]。これは、C と H の電気陰性度の差が小さく極性が小さいためである。

しかし、炭素がつくる結合においても、結合相手により、あるいは特別な構造に組み込まれた場合は、イオン開裂して陽イオンや陰イオンを与える場合がある。これらを、ここでまとめて整理しておこう。

たとえば、C−Cl 結合である。炭素に比べて塩素の電気陰性度が大きいため、共有電子対は塩素側に引き寄せられ、その究極の状態ではイオン開裂に至る。

$$-\overset{|}{\underset{|}{\text{C}}}{}^{\delta+}-\text{Cl}^{\delta-} \longrightarrow -\overset{|}{\underset{|}{\text{C}}}{}^{+} + :\!\ddot{\underset{..}{\text{Cl}}}\!:^{-}$$

カルボカチオン

炭素は周期表で第 14 族に属し、その価電子は 4 個であるから 4 価の結合をつくる。ここに生じる炭素イオンのうちの 1 個の電子を塩素に奪われた形になるので、核の 1 個分の正電荷が負電荷と相殺しないで効いてくる。したがって 1 価の陽イオンになる。このような原子価 3 の 1 価の炭素陽イオンを**カルボカチオン**または**カルベニウムイオン**と呼ぶ[*19]。

このイオンの炭素原子は最外殻電子殻を 8 個の電子で満たしていない (2-1 節)。したがって、Na^+ のような金属陽イオンと異なり、安定に持続して存在することはない。反応の途上に生成したとしても、さらに反応して最終的に電荷をもたない安定な生成物に変化する。カルボカチオンは反応中間体として種々の有機化学反応に関与する。

一方、ハロゲンとは逆に、結合相手の原子よりも炭素原子の方が電気陰性度の大きい場合は、炭素原子が負の極性をもつ。後に 13-7 節でみる特別な構造の中では、このような C−H 結合が開裂して炭素陰イオンが生成する。

$$-\overset{|}{\underset{|}{\text{C}}}{}^{\delta-}-\text{H}^{\delta+} \longrightarrow -\overset{|}{\underset{|}{\text{C}}}\!:^{-} + \text{H}^{+}$$

カルボアニオン

[*18] 一方、H−Cl や O−H などの結合は極性が高く、イオン開裂しやすいことを 5-1 節で学んだ。

カルボカチオン carbocation

カルベニウムイオン carbenium ion

[*19] カルボニウムイオン (carbonium ion) と呼ばれたこともあった。本来は、正電荷をもつ 5 価の炭素イオンがカルボニウムイオンである。20 世紀中期以降からの長い論争の末に、カルボニウムイオンの存在は認められるようになった。

$$\overset{+}{\text{C}}\diagdown\diagup \quad \text{カルボニウムイオン}$$

カルボアニオン carbanion

[*20] 2-3節に記したような、本来の価標から1本を取り去ってできる陰イオンは、14族から17族になるにつれて安定になる。塩化物イオンはごく一般的なイオンであることからも納得できるだろう。電気陰性度が大きい原子ほど、負電荷を引き付けて安定化するため、陰イオンの安定性は電気陰性度が高い順、C < N < O < Cl となる。

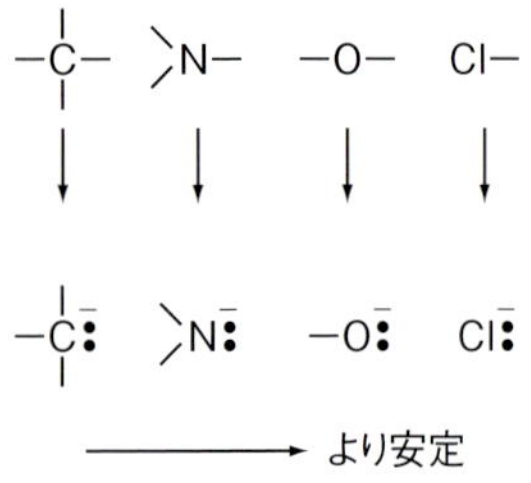

ここに生じた原子価3の炭素陰イオンを**カルボアニオン**という。カルボアニオンは3対の共有電子対と1対の非共有電子対からなり、最外殻電子殻を8個の電子で満たしているが、イオンとして不安定である[*20]。

したがって、反応中間体として存在するイオンで、一般的にはこのイオンを塩として単離するのはむずかしい。

カルボカチオンもカルボアニオンもともに原子価が3であるが、電子式では非共有電子対の有無から両者の違いがわかる。しかし、構造式では＋、－の記号を記す以外に区別がつかないことに注意しよう。

問題 6-29 窒素や酸素では、8個の閉殻電子構造を満たさない正電荷をもつイオン種 $-N^+-$ や $-O^+$ は非常に生成しにくい。炭素の場合だけ、安定とはいえないまでも存在が認められるのはなぜか。

問題 6-30 エタノール CH_3CH_2OH にプロトン H^+ が付加する過程を電子式で表せ。このイオンから水 H_2O が取れると、どのようなイオンが生じるか。これらの過程を電子式で表せ。

ヘテロリシス heterolysis

ホモリシス homolysis

[*21] 本節で述べた炭化水素のハロゲン置換反応はホモリシスを含む反応であったが、ヘテロリシスは官能基の置換した化合物の反応においてみられる機構であり、第11章以下で詳しく述べる。

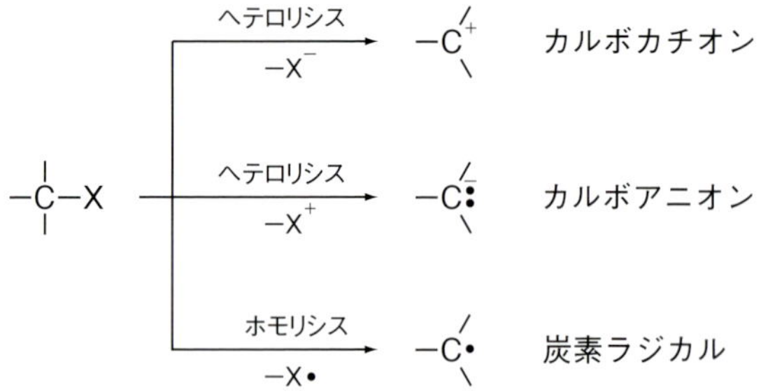

カルボカチオンやカルボアニオンを生じる場合のように、共有電子対が一方の原子または原子団に偏った開裂を**ヘテロリシス**という。これに対し、6-6節でみたアルカンのC−H結合の開裂のように、共有電子対の2個の電子が各原子に1個ずつ分配され、不対電子をもつ電気的に中性な原子または原子団を生成する開裂は**ホモリシス**と呼ばれる。炭素の結合の切れ方には下の三つがありうることになる[*21]。

第7章

アルケンとアルキン

二重結合や三重結合を特徴づけるのは π 電子である。π 電子は有機化合物において多彩な振舞いを示し、その性質や機能の発現に重要な役割を果たす。π 電子を含む最も簡単な化合物は、アルケンとアルキンである。アルケンやアルキンの二重結合や三重結合は不飽和結合とも呼ばれる。"不飽和"とは、炭素原子がさらに σ 結合をつくる余力をもっていることを意味する。これにより多重結合から単結合への変化、すなわち付加反応が起こる。付加反応を例に、反応の機構についても理解を深めていこう。

7-1 アルケン

二重結合を一つ含む非環式炭化水素を**アルケン**という。アルケンの一般式は C_nH_{2n} で表される。最も簡単なアルケン($n=2$)はエテン(ethene)である[*1]。一般式 C_nH_{2n} はシクロアルカンと同じであり、異性体ということになるが、シクロアルカンは飽和、アルケンは不飽和の炭化水素である。

アルケン alkene

[*1] 慣用名のエチレン(ethylene)も使用が認められている。

アルケンは第1章に記したとおり、対応するアルカンやシクロアルカンの語尾 ane を ene に変えて命名する。

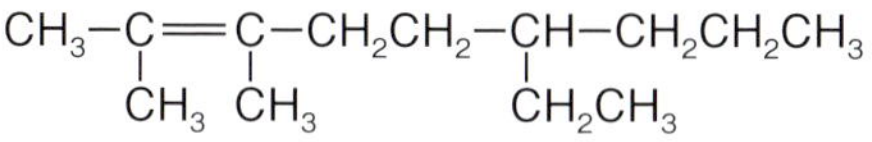

$$CH_3-C=C-CH_2CH_2-CH-CH_2CH_3$$
$$CH_3CH_3CH_2CH_3$$

6-エチル-2,3-ジメチル-2-ノネン
6-ethyl-2,3-dimethyl-2-nonene

次のような、二重結合を含む炭化水素基は慣用名の使用が認められている。

$CH_2=CH-$ ビニル $CH_2=CH-CH_2-$ アリル

二重結合が2個、3個、… とある場合は、語尾を diene, triene, … のように変える。

$CH_2=CH-CH_2-CH=CH-CH_3$ 1,4-ヘキサジエン

二重結合の位置番号が小さくなるようにするので、2,5-ヘキサジエンとはしない。

■ 問題 7-1 次の化合物を命名せよ。

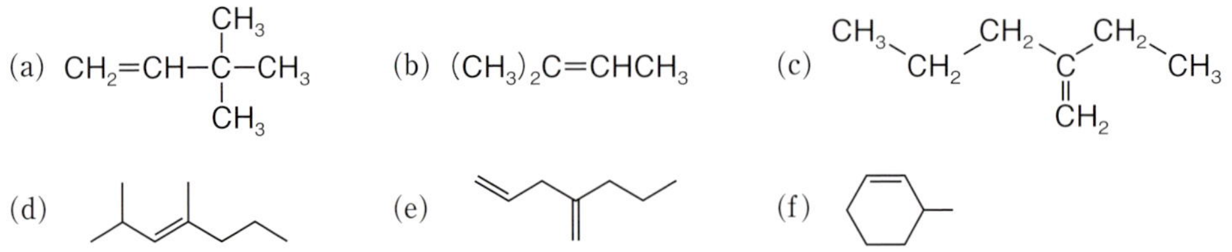
(a) CH2=CH−C−CH3
CH3
CH3
(b) (CH3)2C=CHCH3
(c) CH3 CH2 CH2 C CH2 CH3
CH2
(d)
(e)
(f)

問題 7-2　次の化合物を構造式で書け。

(a) 3-ヘキセン　(b) シクロヘプテン　(c) 3-メチル-1-ペンテン
(d) 1-ビニルシクロオクテン　(e) 2-メチル-1,3-ブタジエン

炭素-炭素二重結合は自由回転しないので、立体配置が固定されてシス-トランス異性体が存在する。

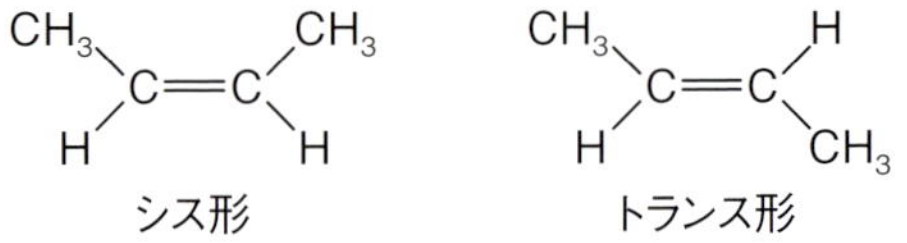
CH3
C=C
H
シス形
トランス形

シス-トランス異性体は立体配置の違いによる立体異性体である（4-3 節）。一般にシス形の方が**立体障害**は大きいので、トランス形に比べてより不安定である[*2]。

異性化を起こすためには、π 結合をつくっている p 電子同士の重なりを断ち切って、σ 結合を回転させなくてはならない。π 結合を切断するには一般に 3500 kJ mol^{-1} 以上のエネルギーが必要である。紫外線を照射すると、π 電子はエネルギーの高い状態に励起され、π 結合を切ることができるので、シス-トランス異性化を起こすことができる[*3]。

*2　2-ブテンの例でみると、シス形は、sp^2 混成炭素原子につくメチル基同士が同一平面内で空間的に近いので立体的に込み合って、不利となる。このような効果を**立体障害**という。単結合であれば、回転により立体障害を避けることができるが、>C=C< 二重結合はねじれない。

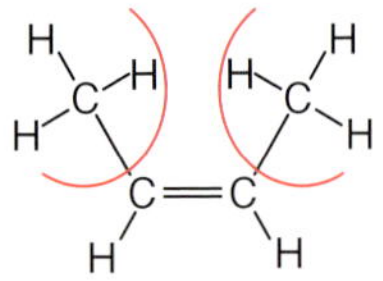
H
C
C=C
H
シス形

*3　電子は光を吸収すると、エネルギーの高い状態に持ち上げられる。これを励起状態という。物質により励起される光の波長は異なり、また、励起されたのちの元の低エネルギー状態への戻り方も異なる。励起状態は、熱反応の活性化エネルギーよりもずっと大きなエネルギーをもつから、熱反応で実現できないような反応も、光照射により起こることがある。

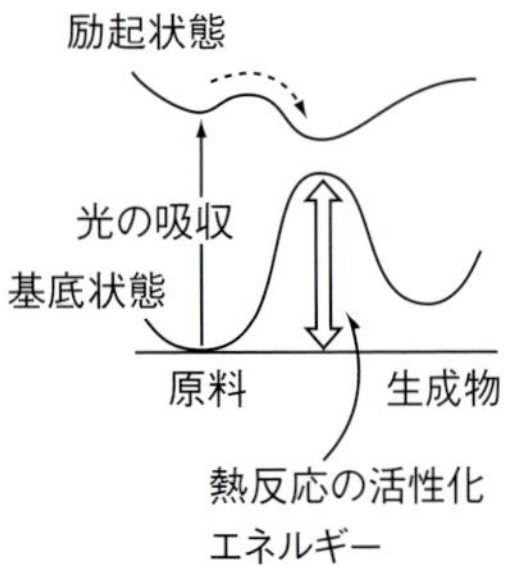
励起状態
光の吸収
基底状態
原料
生成物
熱反応の活性化
エネルギー

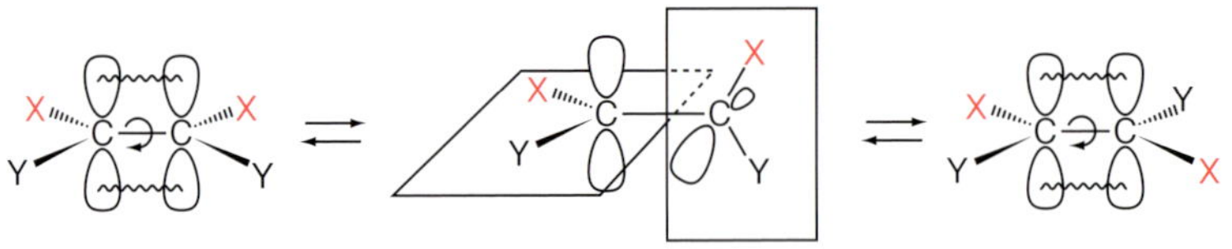
X
Y
C
C

問題 7-3　*trans*-2-ブテンの C=C 結合を視線の前後において、ニューマン投影式を模して投影して描け。

問題 7-4　下の化合物を構造式で書け。

(a) *cis*-2-ペンテン　(b) *trans*-2,4-ジメチル-2,4-ヘキサジエン
(c) 1-ビニル-1,3-シクロヘキサジエン

7-2 アルケンの生成

アルケンは、単結合を二重結合に変換する次のような反応により生成する。

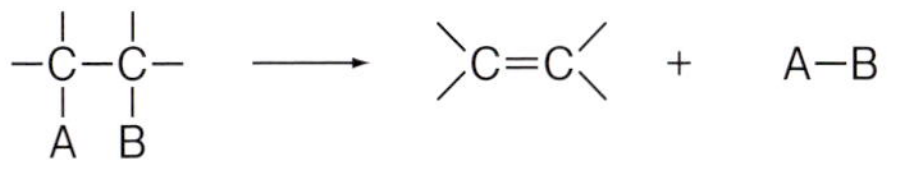

$$-\underset{A}{\overset{|}{C}}-\underset{B}{\overset{|}{C}}- \longrightarrow \rangle C=C\langle \ + \ A-B$$

この型の反応を**脱離反応**と呼ぶ。典型的な脱離反応はアルコールからの脱水、ハロゲン化アルキルからのハロゲン化水素の脱離、つまり酸の脱離反応である。

脱離反応
elimination reaction

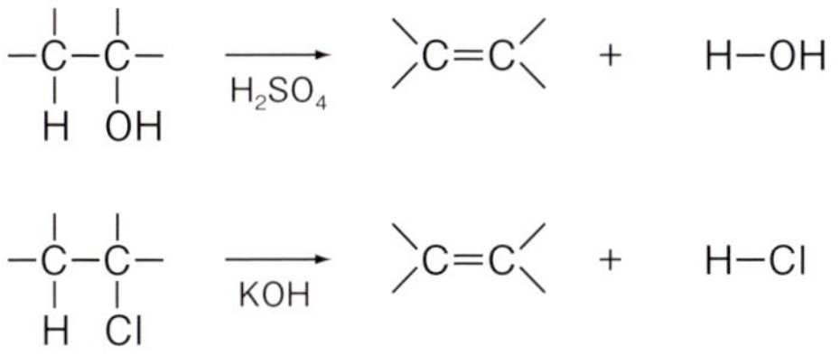

$$-\underset{H}{\overset{|}{C}}-\underset{OH}{\overset{|}{C}}- \xrightarrow{H_2SO_4} \rangle C=C\langle \ + \ H-OH$$

$$-\underset{H}{\overset{|}{C}}-\underset{Cl}{\overset{|}{C}}- \xrightarrow{KOH} \rangle C=C\langle \ + \ H-Cl$$

アルコールの脱水反応では酸が触媒となる。反応はまず、アルコールの酸素原子の非共有電子対に水素陽イオン（プロトン）が攻撃してオキソニウムイオン中間体が生成することにより始まる。この段階を、酸素原子への**プロトン付加**と呼ぶ。次に、酸素-炭素結合が切れて水が脱離する。その結果、正電荷をもったカルボカチオン（6-8節）が中間体として生成する。このイオンからプロトンがとれて電気的に中性になると同時に二重結合が形成される。プロトンは再生されており、消費されていないので、触媒として作用したことになる。

プロトン付加 protonation

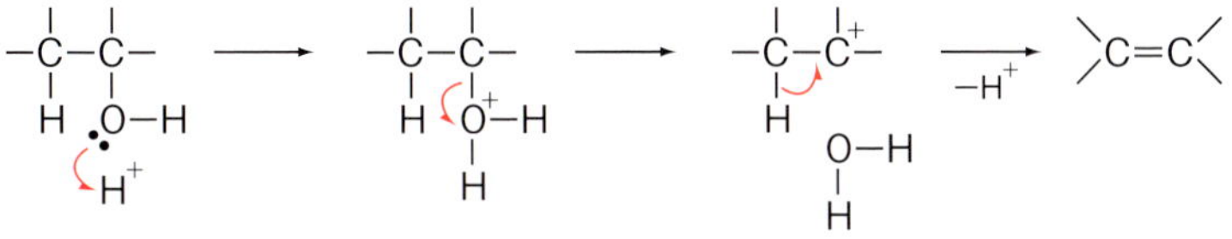

脱水により2種類以上の構造異性体ができる可能性があるときは、二重結合につく置換基の数が多い方の異性体が主生成物となる。この経験則を**ザイツェフ則**という。

ザイツェフ則 Saytzeff rule

下記の反応例では、**A**（2-メチル-2-ペンテン）には、二重結合の二つの sp^2 炭素に2個のメチル基と1個のエチル基で合計3個のアルキル基が置換している。一方、**B**（4-メチル-2-ペンテン）では、イソプロピル基とメチル基の2個であるから、**A**の方が主生成物となる。

64　第7章　アルケンとアルキン

$$CH_3-CH(CH_3)-CH(OH)-CH_2-CH_3 \xrightarrow{-H_2O} \begin{cases} CH_3-C(CH_3)=CH-CH_2-CH_3 & \mathbf{A} \\ CH_3-CH(CH_3)-CH=CH-CH_3 & \mathbf{B} \end{cases}$$

■**問題 7-5**　次の化合物の脱水反応による主生成物を書け。

(a) $CH_3-CH_2-CH(OH)-CH_3 \longrightarrow$

(b) シクロヘキシル$-CH(OH)-CH_3 \longrightarrow$

(c) 2-メチルシクロヘキサノール $\longrightarrow$

ハロゲン化アルキルからのハロゲン化水素の脱離は、ハロゲン化アルキルに対して塩基を作用する。塩基としては、カリウム t-ブトキシド（KOt-Bu）[*4]や水酸化カリウム[*5]が用いられる。

[*4] KOt-Bu は t-BuOH 中でカリウムを加熱して得られる。固体として単離され、市販もされている。

$$K^+ \ \ ^-O-C(CH_3)_3$$

カリウム t-ブトキシド

構造式の中でメチル基 CH_3-、エチル基 CH_3CH_2-、プロピル基 $CH_3CH_2CH_2-$ をそれぞれ、Me-、Et-、Pr- などと省略して書き表すこともある。たとえば、Et-CH=CH-Me など。t-ブチル基についても、t-Bu と略記されることが多い。

[*5] KOH をアルコールに溶かして用いる。この溶液はアルコールカリと呼ばれることもある。

$$K^+ \ \ \underset{H}{\overset{Cl}{-C-C-}} \ \ \underset{HO:}{} \longrightarrow -C=C- + H_2O + K^+ + Cl^-$$

脱ハロゲン化水素の場合もザイツェフ則が成り立つ。水酸化物イオンは塩基として作用し、ハロゲンの隣接水素原子を H^+ として引き抜く。これにより、水素との結合に使われていた電子対は C−C 結合の方に移動し、同時に極性の強い C−Cl 結合がイオン開裂する。H は陽イオンとして、Cl は陰イオンとしてそれぞれ脱離することになる。

一般に、ハロゲン化アルキルからの脱離の起こりやすさは、R-I > R-Br > R-Cl の順に低下する。また、ハロゲンが置換する炭素原子にも依存し、第三級 > 第二級 > 第一級の順に低下する。

■**問題 7-6**　次の反応による脱離生成物を書け。

(a) $CH_3-CH(CH_3)-CH(Cl)-CH_3 \xrightarrow[C_2H_5OH]{KOH}$

(b) シクロヘキシル$-Cl \xrightarrow[C_2H_5OH]{KOH}$

(c) $CH_2=CH-CH(Br)-CH(CH_3)-CH_3 \xrightarrow{KOt-Bu}$

7-3　アルケンへの求電子付加反応

アルケンの最も特徴的な反応は、以下のように、π結合が切れて2本

の σ 結合に変わり、単結合となる反応である。このタイプの反応は**付加反応**と呼ばれる。形式的には、脱離反応を逆方向に進む反応である。付加する化合物 AB は、水、ハロゲン化水素、硫酸、臭素などである。

付加反応 addition reaction

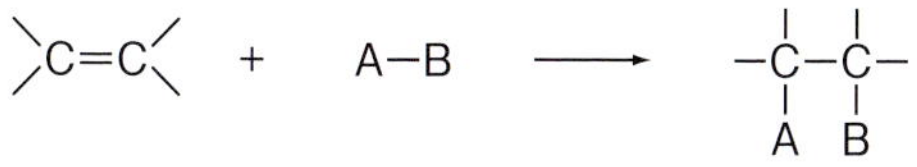

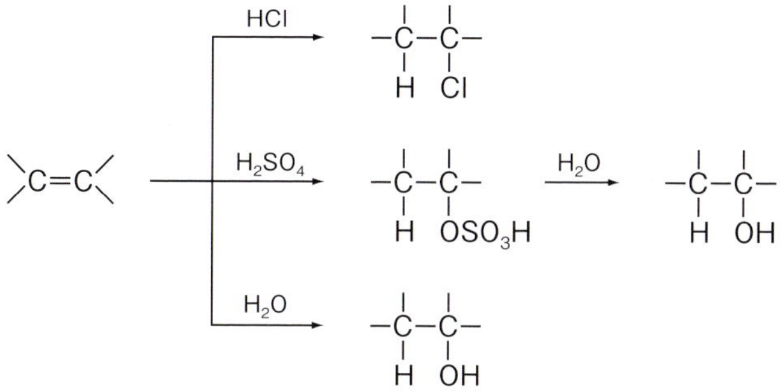

ハロゲン化水素、硫酸など HX 型の化合物の付加は、イオン解離した H^+ が π 結合の豊富な電子を求めて近づくことにより反応が開始される。これらの化合物は電子を求めて攻撃してくるので、**求電子試薬**と呼ばれる。また、求電子試薬による付加反応を**求電子付加**と呼ぶ。

C–H 結合が形成されると同時にカルボカチオンが中間体として生成する。カルボカチオンに対して負電荷を担った、あるいは負の極性をもつ X が攻撃して C–X 結合ができる。

水も、δ+ の極性をもつ H をもつので求電子試薬となるが、この極性だけでは π 電子を攻撃する力が弱すぎる。そこで、触媒として酸を加えて付加反応を行う[*6]。

このように、C–H の結合と C–X の結合は同時に形成されるわけではなく、カルボカチオンを中間体として順次形成されていく。

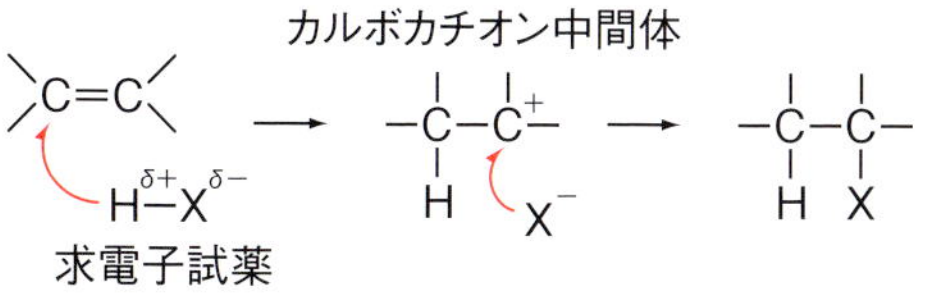

求電子試薬
electrophilic reagent

求電子付加
electrophilic addition

[*6] 加えた酸がまず求電子攻撃をしてカルボカチオン中間体を与える。これに HOH の OH^- が反応すれば、以後 H^+ が継続的に発生し、求電子試薬の役割を果たす。

HX 型の求電子試薬を非対称アルケンに付加する場合、H は水素原子の置換が多い方の sp^2 炭素に、X は置換が少ない方の sp^2 炭素にそれぞれ結合した付加物が主生成物となる。この経験則は**マルコウニコフ則**と呼ばれる。

マルコウニコフ則
Markownikoff rule

$$\text{CH}_3\text{-C}(\text{CH}_3)\text{=CH-CH}_3 \xrightarrow{\text{HCl}} \underset{\text{主生成物}}{\text{CH}_3\text{-C}(\text{Cl})(\text{CH}_3)\text{-CH}_2\text{CH}_3} + \underset{\text{副生成物}}{\text{CH}_3\text{-CH}(\text{Cl})\text{-CH}(\text{CH}_3)\text{-CH}_3}$$

マルコウニコフ則は、第1段階で生じる中間体のカルボカチオンの安定性が反映された結果である。アルキル基が多く置換するほどカルボカチオンは安定化する。アルキル基は、σ結合を介して電子を押し出し、電子不足の正電荷に電子を補ってカチオンを安定化する作用を発揮するためである。これは、水素よりも炭素の電気陰性度が大きく、C−H結合の電子がCの方に偏り、電子が溜まってくることによる。電子の溜まったCが多く置換するほど電子は押し出され、ますます正電荷は中和されて安定となる。

したがって、カルボカチオンの安定性は次の順となる。

$$R\text{-}\overset{+}{C}R_2 > R\text{-}\overset{+}{C}HR > R\text{-}\overset{+}{C}H_2 > H\text{-}\overset{+}{C}H_2$$

$$\text{CH}_3\text{-C}(\text{CH}_3)\text{=CH-CH}_3 \xrightarrow{\text{HCl}} \underset{\text{より安定}}{\text{CH}_3\text{-}\overset{+}{C}(\text{CH}_3)\text{-CH}_2\text{-CH}_3} \quad \underset{\text{より不安定}}{\text{CH}_3\text{-CH}(\text{CH}_3)\text{-}\overset{+}{C}H\text{-CH}_3}$$

＊問題 7-7 次の付加反応で、**A**のほかに**B**が得られた。**B**が生成した機構を説明せよ。

$$\text{CH}_2\text{=C}(\text{H})\text{-C}(\text{CH}_3)_2\text{-CH}_3 \xrightarrow{\text{HCl}} \underset{\text{A}}{\text{CH}_3\text{-C}(\text{H})(\text{Cl})\text{-C}(\text{CH}_3)_2\text{-CH}_3} + \underset{\text{B}}{\text{CH}_3\text{-C}(\text{H})(\text{CH}_3)\text{-C}(\text{Cl})(\text{CH}_3)\text{-CH}_3}$$

＊問題 7-8 ブタノールに硫酸を作用して脱水反応を行ったところ、主生成物は1-ブテンではなく2-ブテンであった。7-2節に記したとおり、この脱離反応はカルボカチオンを中間体とする。なぜ、2-ブテンが主生成物となったか説明せよ。

$$\text{CH}_3\text{CH}_2\text{CH}_2\text{CH}_2\text{-OH} \xrightarrow[140℃]{75\%\text{ H}_2\text{SO}_4} \text{CH}_3\text{-CH=CH-CH}_3$$

アルケンと硫酸との反応では硫酸エステルが生成する[*7]。これに水を反応させると、分解してアルコールが生じる。

[*7] 酸とアルコールから水がとれて縮合した形の化合物をエステルという。カルボン酸のエステルについては14-7節で学ぶ。無機の酸である硫酸からも次のように脱水縮合でエステルは生成するが、ここでは付加反応により生成している。

$$\text{R-O-H} + \text{H-O-SO}_2\text{-OH}$$
$$\downarrow$$
$$\text{R-O-SO}_2\text{-OH} + \text{H}_2\text{O}$$

$$CH_3-\underset{\underset{CH_3}{|}}{C}=CH-CH_3 \xrightarrow{H_2SO_4} CH_3-\underset{\underset{O-SO_2-OH}{|}}{\overset{\overset{CH_3}{|}}{C}}-CH_2CH_3 \xrightarrow{H_2O} CH_3-\underset{\underset{OH}{|}}{\overset{\overset{CH_3}{|}}{C}}-CH_2CH_3$$

$$CH_2=CH_2 \xrightarrow{H_2SO_4} CH_3-CH_2-O-SO_2-OH \xrightarrow{H_2O} CH_3-CH_2-OH$$

ハロゲン分子自身は極性をもたないが、二重結合のπ電子に接近すると分極が誘起され、その正に分極した部分に求電子性が生じる。このため、ハロゲン分子も求電子試薬となり、求電子付加反応を行う。

$$\underset{\underset{Br-Br}{\delta+ \; \delta-}}{>C=C<} \longrightarrow -\underset{\underset{Br}{|}}{C}-\overset{+}{\underset{\underset{Br^-}{}}{C}}- \longrightarrow -\underset{\underset{Br}{|}}{C}-\underset{\underset{Br}{|}}{C}-$$

■**問題 7-9** 次の付加反応の主生成物を書け。

(a) $CH_3-\underset{\underset{CH_3}{|}}{C}=CH_2 \xrightarrow{HBr}$

(b) シクロヘキセン-CH_3 $\xrightarrow[(2)H_2O]{(1)H_2SO_4}$

(c) $C_6H_5-CH=CH_2 \xrightarrow{HCl}$

■**問題 7-10** 塩化ベンゼンスルフェニル C_6H_5-S-Cl の S-Cl 結合はどのような分極状態にあるか。その判断をもとに、次のアルケンへの求電子付加の反応生成物を予測せよ。

$$CH_3-\underset{\underset{CH_3}{|}}{C}=CH-CH_3 \xrightarrow{C_6H_5-S-Cl}$$

*■**問題 7-11** メタノール中で次の付加反応を行ったところ、メトキシ置換した化合物が得られた。この化合物が生成する機構を説明せよ。

$$C_6H_5-\underset{\underset{CH_3}{|}}{C}=CH_2 \xrightarrow[CH_3OH]{Br_2} C_6H_5-\underset{\underset{CH_3}{|}}{\overset{\overset{OCH_3}{|}}{C}}-CH_2-Br$$

臭素の付加では、いくぶん変わった構造の陽イオンを中間体とする機構も知られている。たとえば、ブテンへの臭素の付加は正に分極した臭素の求電子攻撃によって開始されるが、二つの炭素原子と同時に結合した橋架け型の陽イオン、**ブロモニウムイオン** $-Br^+-$ が中間体となる[*8]。この中間体に臭化物イオン Br^- が架橋の反対方向から攻撃して環は開き、2個目の C−Br 結合が形成される。

ブロモニウムイオン
bromonium ion

[*8] 臭素から通常生じるイオンは臭化物イオン Br^- で陰イオンであるが、ブロモニウムイオンは陽イオン。ブロモニウムイオンの結合のしかたは、2-4節でみた $-Cl^+-$ と同じである。

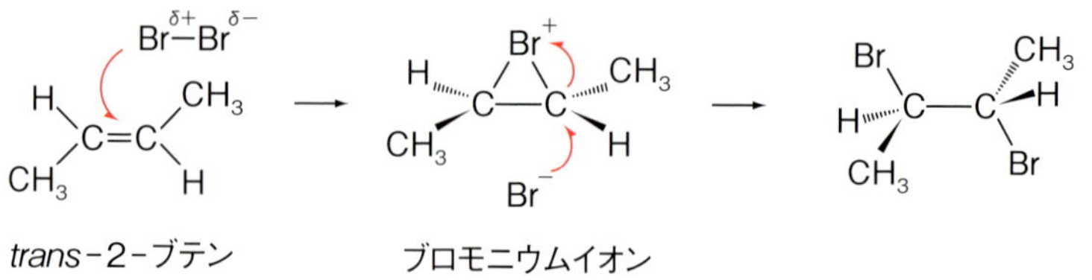

trans-2-ブテン　　ブロモニウムイオン

ブロモニウムイオンに対して Br⁻ が攻撃して C−Br 結合が形成されるタイミングと、その裏側の C−Br 結合が切れるタイミングが一致している[*9]。

これにより、二つの C−Br 結合はアルケンの平面に対して互いに逆の方向に伸びることになる。このような付加のしかたを**トランス付加**という。上の図は、付加反応の完了直後の立体配座を示しているのでトランス付加であることはわかりやすいが、実際には様々な配座をとるので、トランス付加を読み取るのは注意を要する。

同様の反応を *cis*-2-ブテンに対して行うと、トランス付加により次の化合物が生成する。

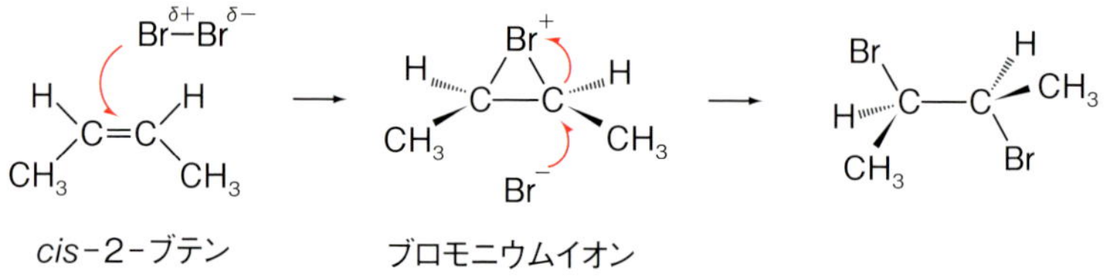

[*9] 正面から侵入すると同時に裏から逃げるということになる。このような、結合の形成と開裂が同期した機構は以下の章でも学ぶ。タイミングがずれて、結合するよりも切れる方が早ければ、カルボカチオンを経る付加となんら変わらない。

cis-2-ブテン　　ブロモニウムイオン

問題 7-12　上の *trans*-2-ブテンへの臭素の付加生成物 2,3-ジブロモブタンの構造を、メチル基と臭素がトランス配座となるニューマン投影式で描け。

問題 7-13　*cis*-2-ブテンへの臭素の付加生成物の構造を、メチル基同士がトランス配座となるニューマン投影式で描け。

問題 7-14　シクロヘキセンに臭素を反応させるとトランス付加が起こる。この生成物をいす形で描け。また、このいす形を反転させた構造も描け。

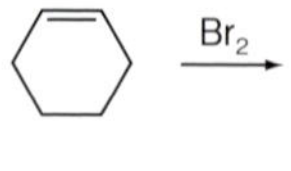

アルケンに水素を付加させるとアルカンが生成する。水素の付加は還元反応で、求電子付加とはいわない。通常は、白金、パラジウム、ニッケルなどの金属触媒を用い、固体の触媒表面に水素を吸着させて付加反応を行う。水素分子は表面に固定されているので、二重結合に対して同一方向から C−H 結合を形成する。このような付加は**シス付加**という。

触媒は溶媒に溶けないので、反応は不均一な系で進行することになる[*10]。

[*10] このように、固体の触媒の存在下で進行する反応を不均一系の反応という。一方、反応混合物がすべて溶解した状態で起こる反応を均一系の反応という。水素の付加反応でも、遷移金属錯体を触媒にすると有機溶媒中で均一系での付加反応を起こすことができる。

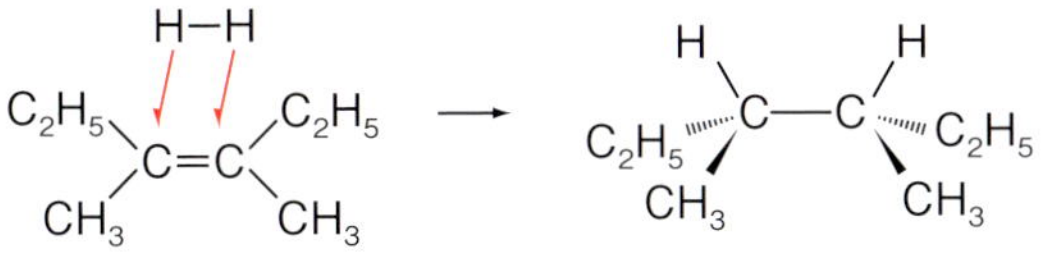

[図: trans-2-ブテンへの水素付加の反応式]

問題 7-15 *trans*-2-ブテンへの臭素の付加が、ブロモニウムイオンを中間体とせずにカルボカチオンを中間体とするならば、生成物はどのようなものになるか。ニューマン投影式ですべての生成物を示せ。

問題 7-16 *cis*-2-ブテンおよび *trans*-2-ブテンにそれぞれ固体触媒を用いて重水素分子 D_2 ($^2H_2$) を付加させた生成物を、このページの先頭にある図を真似て描け。

7-4 アルケンの酸化

C=C 二重結合は種々の酸化剤により次のように開裂する。酸素原子が付け加わった生成物が得られることからも、これらが酸化反応であることは理解できる。

過マンガン酸カリウムとの反応は、希薄なアルカリ性溶液によって冷却下で行うと 1,2-ジオールを与える。2 個のヒドロキシ基は二重結合の平面に対して同じ方向から導入され、シス付加となる。

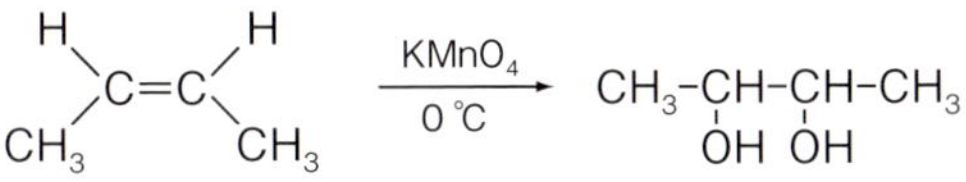

[図: cis-2-ブテン + KMnO₄ (0℃) → CH₃-CH(OH)-CH(OH)-CH₃]

問題 7-17 *cis*-2-ブテンを低温で過マンガン酸カリウムにより酸化して得られる 2,3-ブタンジオールの構造をニューマン投影式で描け。

酸性条件下、あるいは加熱下で過マンガン酸カリウムを反応させた場合は、グリコールがさらに酸化されて 2 分子のカルボニル化合物になる[*11]

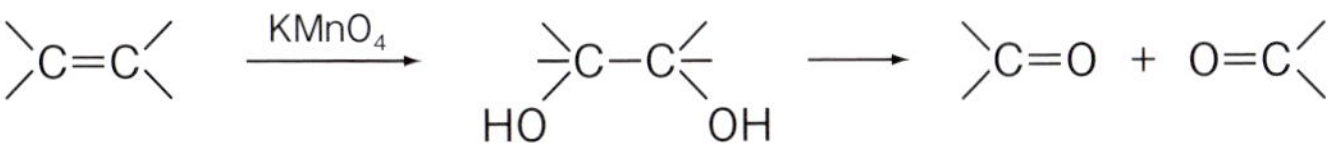

[図: C=C → C(OH)-C(OH) (グリコール) → C=O + O=C (2 分子のカルボニル化合物)]

オゾン O_3 を作用することにより二重結合を分断し、二組のカルボニル化合物にする反応は**オゾン分解**と呼ばれる。オゾンとの反応では**オゾニド**と呼ばれる不安定な環状化合物が生成するが、これを亜鉛と水によって還元的に分解すると容易に 2 分子のカルボニル化合物が得られる。

[図: C=C → オゾニド (O-O と O を含む 5 員環) → (Zn, H₂O) → C=O + O=C]

[*11] R-CH(OH)-CH(OH)-R' の構造をした 1,2-ジオールは、一般にグリコール (glycol) と呼ばれる。
また、この酸化反応により $KMnO_4$ が消費され、その赤紫色が消える。

オゾニド ozonide

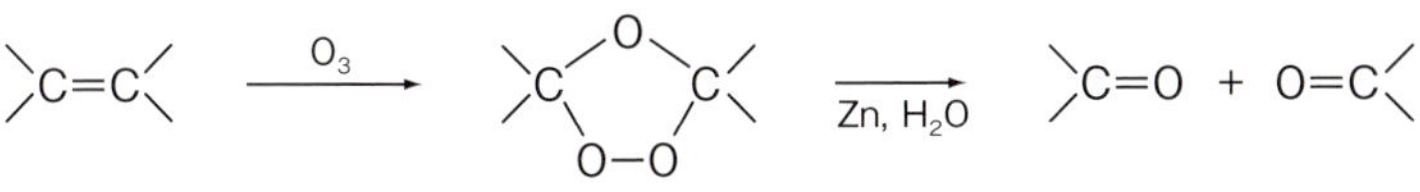

[*12] ペルオキシカルボン酸は、カルボン酸よりも酸素原子が一つ多く、-O-O- の結合をもつ。
過酢酸 CH_3-CO-OOH、過安息香酸 C_6H_5-CO-OOH などが知られている。

エポキシド epoxide

[*13] 酸素を1個含む三員環は組織名でオキシラン (oxirane) と命名されるが、一般にエポキシドとも呼ばれる。最小の環状エーテルである。

ペルオキシカルボン酸 R-CO-OOH[*12] を作用すると**エポキシド**が生成する[*13]。

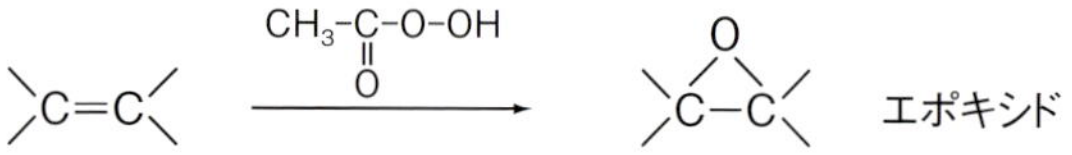

問題 7-18 次の反応の生成物を書け。

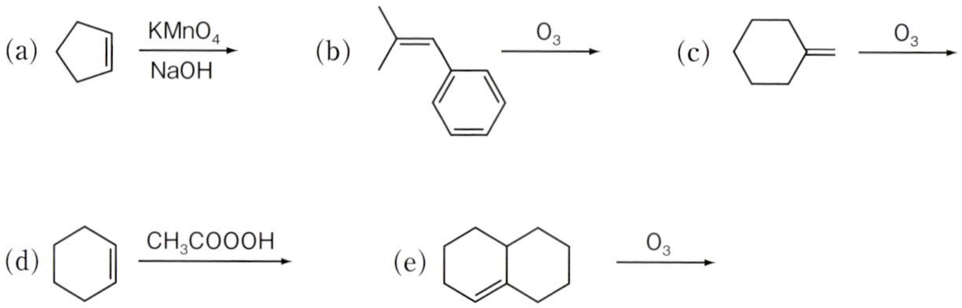

(a) シクロペンテン + $KMnO_4$/NaOH

(b) β-メチルスチレン + O_3

(c) メチレンシクロヘキサン + O_3

(d) シクロヘキセン + CH_3COOOH

(e) オクタヒドロナフタレン誘導体 + O_3

問題 7-19 オゾン分解を行ったとき、次のようなカルボニル化合物が得られた。原料のアルケンの構造式を書け。

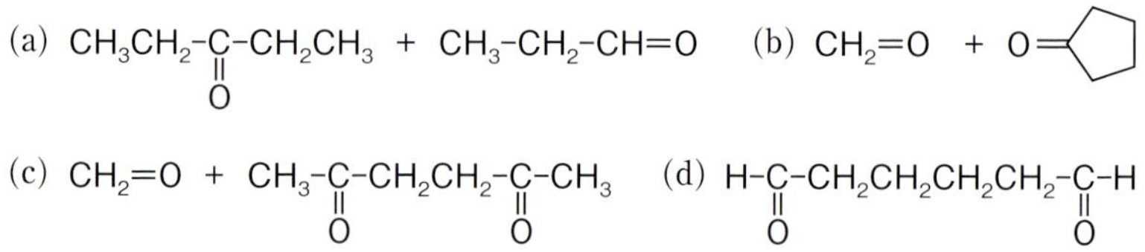

(a) CH_3CH_2-CO-CH_2CH_3 + CH_3-CH_2-CH=O

(b) CH_2=O + O=シクロペンチリデン

(c) CH_2=O + CH_3-CO-CH_2CH_2-CO-CH_3

(d) H-CO-$CH_2CH_2CH_2CH_2$-CO-H

問題 7-20 次の化合物の合成法をフローチャートで示せ。

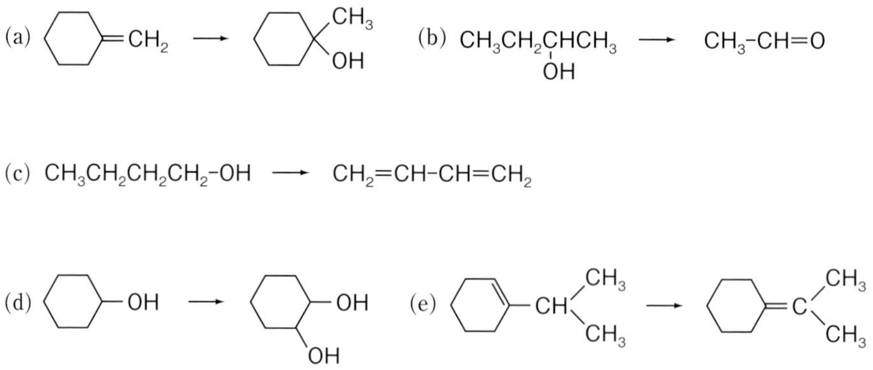

(a) メチレンシクロヘキサン → 1-メチルシクロヘキサノール

(b) $CH_3CH_2CH(OH)CH_3$ → CH_3-CH=O

(c) $CH_3CH_2CH_2CH_2$-OH → CH_2=CH-CH=CH_2

(d) シクロヘキサノール → 1,2-シクロヘキサンジオール

(e) 1-イソプロピルシクロヘキセン → イソプロピリデンシクロヘキサン

7-5 共役ジエンの1,4-付加

二重結合を1個含む脂肪族炭化水素をアルケンと呼ぶのに対し、2個、3個、… を含む炭化水素をそれぞれ、アルカ**ジエン**、アルカ**トリエン**、… と呼ぶ。二重結合が2個以上の単結合で隔てられている場合、それぞれの二重結合の性質は単純なアルケンと同じである。

7-5 共役ジエンの1,4-付加

二重結合が1個の単結合だけで隔てられている −CH=CH−CH=CH− を共役二重結合という。共役二重結合からなるジエンは**共役ジエン**と呼ばれ、一般のアルケンにはない特徴的な付加反応を見せる[*14]

[*14] 共役は二つのものがセットになって作用することを意味する。以前は「共軛」と書かれていた。馬車や荷車の軛（くびき）に由来する用語である。

問題 7-21 次の化合物の中の共役二重結合はどれか。炭素に左から順に番号付けをして、共役している4個の炭素の番号で示せ。

$\overset{1}{C}H_2=\overset{2}{C}H-\overset{3}{C}H_2-CH=CH-CH=CH-CH_2-CH_2-CH=\overset{12}{C}H-CH=CH-CH=CH-CH_2-CH=C-CH=CH-CH_2-CH=\overset{24}{C}H-CH_2CH_3$

1,3-ブタジエンに臭素を1モル付加すると二つの生成物が得られる。

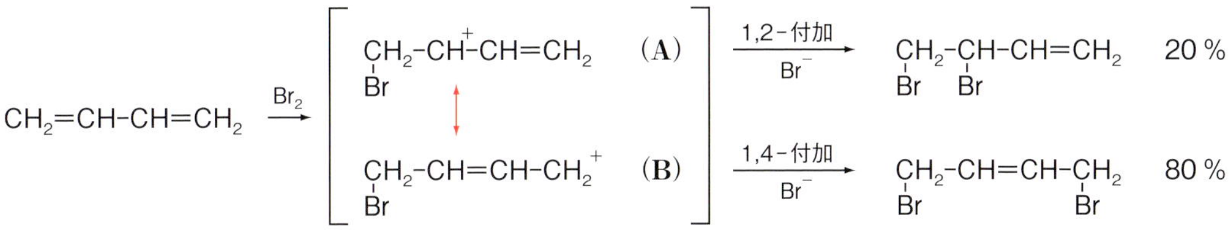

共役ジエン
conjugated diene

1,4-付加反応
1,4-addition reaction

通常の1,2-付加物である3,4-ジブロモ-1-ブテンのほかに、1,4-ジブロモ-2-ブテンが生成する。これを**1,4-付加反応**と呼ぶ。1,4-付加反応は、臭素分子の求電子攻撃で生じるカルボカチオン中間体が A と B の共鳴混成体であることに起因する。

共役ジエンにはもう一つ、**ディールス-アルダー反応**と呼ばれる非常に特徴的な1,4-付加反応がある。たとえば、1,3-ブタジエンとマレイン酸ジメチルとを反応させると、以下のシクロヘキセン誘導体が生成する。

ディールス-アルダー反応
Diels-Alder reaction

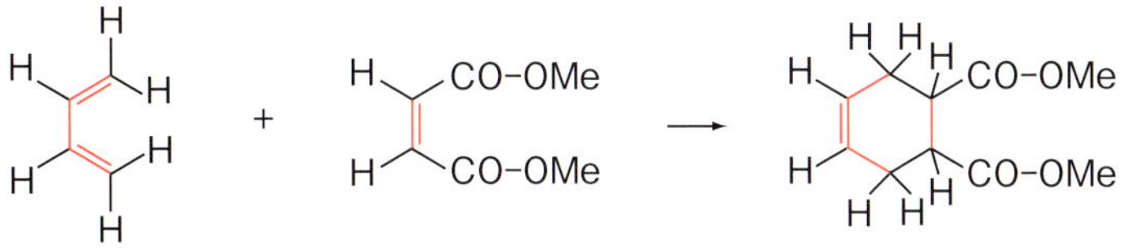

1,3-ブタジエンの1と4の炭素原子は、臭素の1,4-付加と同様に sp^2 混成から sp^3 混成に変化しており、また、マレイン酸ジメチルの側でも二重結合が単結合に変わっているので、この反応は確かに付加反応である。このような環を形成する付加反応を**付加環化**と呼ぶ。

付加環化 cycloaddition

ディールス-アルダー反応に関与する二重結合をもつ化合物は、**ジエノファイル**あるいは**親ジエン試薬**と呼ばれる。ディールス-アルダー反応は、共役ジエンとジエノファイルとの間の付加環化反応ということができる。

ジエノファイル dienophile

問題 7-22 次のディールス-アルダー反応生成物を構造式で書け。

(a) 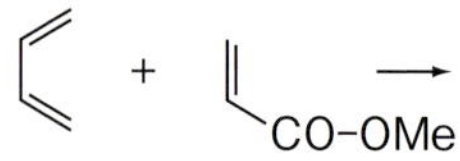
+
CO-OMe

(b) 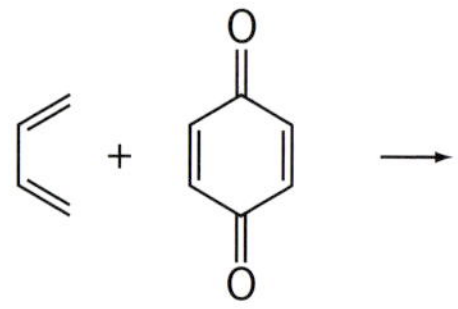
O
+
O

(c) 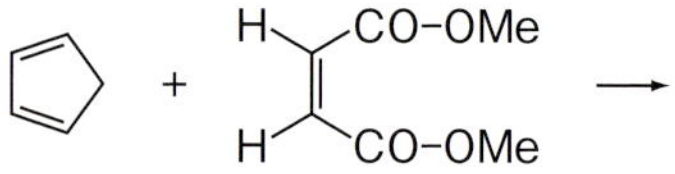
+
H
CO-OMe
H
CO-OMe

ディールス-アルダー反応による 1,4-付加反応の機構は、臭素との反応の機構とだいぶ異なる。環を形成する形で新たにできる C−C 結合や π 結合から σ 結合への変化も含め、すべての結合がタイミングを同じくして形成される。このような同時進行で遷移状態を越える反応を**協奏反応**という。

協奏反応 concerted reaction

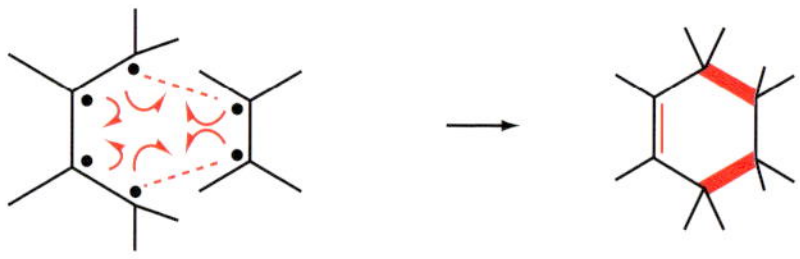

また、協奏反応では新たに形成される C−C の単結合は、ジエン側から見ても、また、ジエノファイル側からみてもシス付加である。したがって、1,3-ブタジエンとマレイン酸ジメチルとの反応の場合、マレイン酸ジメチルの立体配置は保持され、シス二置換体が生成する。

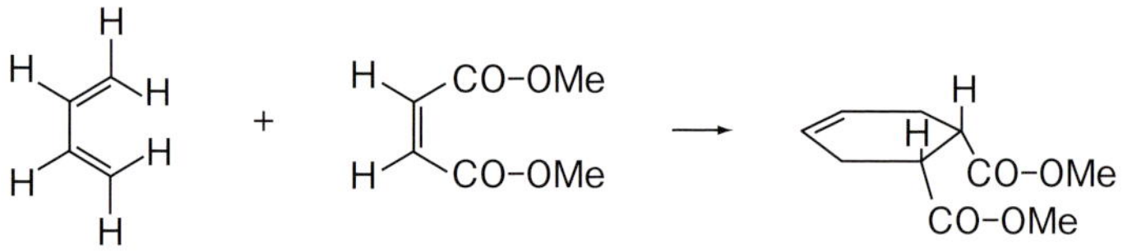
H
H
H
H
H
H
+
H
CO-OMe
H
CO-OMe
H
H
CO-OMe
CO-OMe

問題 7-23　次の反応生成物を立体構造がわかるように描け。

(a) 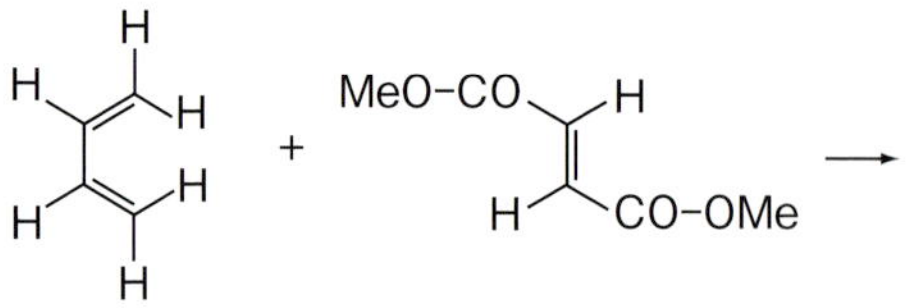
H
H
H
H
H
H
+
MeO-CO
H
H
CO-OMe

(b) 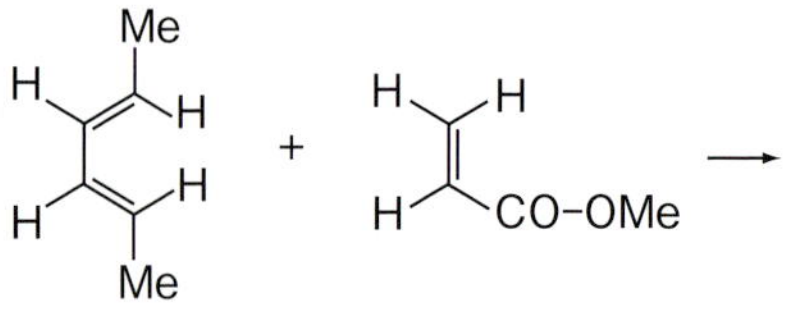
Me
H
H
H
H
Me
+
H
H
H
CO-OMe

(c) 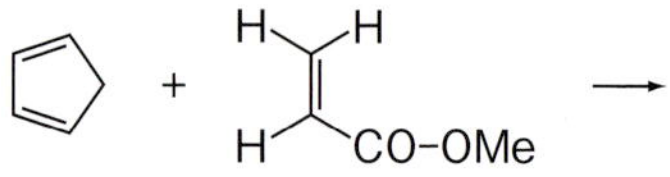
+
H
H
H
CO-OMe

7-6 アルキン

三重結合を1個もつ非環式炭化水素を**アルキン**と呼ぶ。アルキンは一般式 C_nH_{2n-2} で表される。

炭化水素の分子式を C_nH_m としたとき、$m = 2n + 2$ のアルカンに比べて水素が2個足りない、すなわち、$m = 2n$ の化合物は**不飽和度**が1であるという。不飽和度が1の炭化水素にはアルケンのほかにシクロアルカンも含まれる。同様にして、水素が4個足りない $m = 2n - 2$ の場合を不飽和度2という。不飽和度2の炭化水素にはアルキンのほかに、アルカジエン、シクロアルケン、ビシクロ環、スピロ環化合物などがある[*15]。

アルキン alkyne

[*15] 不飽和度が2の C_6H_{10} について、例を以下に示す。ビシクロ環化合物とは二つの環の辺が互いに共有されている環状化合物をいい、スピロ環化合物とは二つの環の頂点が互いに共有されている環状化合物をいう。

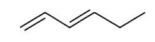

アルカジエン　シクロアルケン

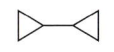

2個の独立な環　ビシクロ環

スピロ環

問題 7-24 C_6H_6、C_6H_8、および C_6H_{10} の分子式で表される化合物の不飽和度は、それぞれいくつか。

問題 7-25 C_5H_6 の分子式で表される化合物の不飽和度はいくつか。また、この分子式で表される化合物を二つ構造式で書け。

アルキンの命名法は、母体骨格のアルカンの語尾 ane を yne に変える。最も簡単なアルキン CH≡CH はエチンとなるが、アセチレンという慣用名で呼んでもよい。

二重結合と三重結合がある化合物では語尾を en-yne とし、多重結合の位置番号ができるだけ小さくなるように付ける。どちらの端から付けても同じ場合は、二重結合の番号が小さくなる方向から付ける。

CH₃-C≡C-CH₂CH₃　　　　　2-ペンチン

CH≡C-CH=CH-CH₃　　　　3-ペンテン-1-イン

CH₂=CH-CH=CH-C≡CH　　1,3-ヘキサジエン-5-イン
　　　　　　　　　　　　　　(3,5-ヘキサジエン-1-インとしない)

問題 7-26 次の化合物を命名せよ。

(a) CH₃-CH₂-C≡C-CH(CH₃)-CH₃　(b) CH≡C-(CH₂)₂-C≡CH　(c) CH₃-C≡C-C≡C-CH=CH₂

問題 7-27 次の化合物の構造式を書け。

(a) 2-ヘキシル-1-ブテン-3-イン

(b) 4-エチル-3-プロピル-1,3-ヘキサジエン-5-イン

アルキン、アルカジエン、シクロアルケンなどの不飽和度が2であることを述べたが、炭素以外の元素を含む分子式でも、不飽和度を計算することができる。ハロゲンは水素1個と交換可能であるから、炭化水素の分子式に書き直してみて判定すればよい。たとえば、$C_6H_4Cl_2$ なら、対

応する炭化水素の分子式は C_6H_6 になるから、不飽和度は4である。Oは OH として含まれると仮定し、Nは NH_2 として含まれると仮定して、分子式を書き直す。次に、(OH)と(NH_2)をそれぞれ1個分のHとして、炭化水素の分子式に書き直す。この分子式について不飽和度を判断すればよい。たとえば、$C_4H_{10}N_2O$ なら $C_4(OH)(NH_2)_2H_5$ と置き換えてみると、仮の炭化水素分子 C_4H_8 と同等である。これで、不飽和度1とわかる。$C_3H_7NO_2$ なら、$C_3(OH)_2(NH_2)H_3$ に置き換えられ、相当する炭化水素は C_3H_6 であるから、不飽和度は1である。

問題 7-28 次の分子式で表される化合物の不飽和度は、それぞれいくつか。

(a) $C_3H_6O_3$ (b) C_3H_7N (c) C_3H_7ClO (d) $C_4H_7NO_2$
(e) $C_6H_3Cl_2BrO$

7-7 アルキンの生成と反応

アルキンは、ハロゲンが 1,2-二置換したアルカンに強塩基を作用してハロゲン化水素を脱離させて得られる。

$$\underset{H\ H}{\overset{Br\ Br}{-\underset{|}{C}-\underset{|}{C}-}} \xrightarrow[-2\,HBr]{KOH} -C\equiv C-$$

アルキンはアルケンと同様に不飽和結合があるので付加反応が起こりやすい。

$$-C\equiv C- \xrightarrow{Br_2} \underset{Br}{\overset{Br}{C=C}} \xrightarrow{Br_2} \underset{Br\ Br}{\overset{Br\ Br}{-C-C-}}$$

$$-C\equiv C-H \xrightarrow{HBr} \underset{H}{\overset{Br}{C=C}}\overset{H}{\underset{H}{}} \xrightarrow{HBr} \underset{Br\ H}{\overset{Br\ H}{-C-C-H}}$$

$$-C\equiv C-H \xrightarrow{H_2O} \left[\underset{}{\overset{HO}{C=C}}\overset{H}{\underset{H}{}}\right] \longrightarrow \underset{}{\overset{O}{-C-C-H}}\overset{H}{\underset{H}{}}$$
エノール

HX 型の求電子試薬の付加は、マルコウニコフ則に従う生成物が主となる。水の付加反応は酸と水銀塩が触媒となる。最初に生じるエノール体が不安定であるため、異性化してカルボニル化合物が得られる[*16]。

[*16] 二重結合の炭素原子にヒドロキシ基がついた化合物は一般にエノールと呼ばれる。エノールとカルボニル化合物との相互変化については、13-7節で詳しく述べる。

問題 7-29 次の反応生成物を書け。

(a) H-C≡C-H $\xrightarrow[H_2SO_4, HgSO_4]{H_2O}$

(b) CH_3-C≡C-H $\xrightarrow[H_2SO_4, HgSO_4]{H_2O}$

アルキンは、水素の付加によりアルケンを経てアルカンに還元される。アルケンの場合と同様にシス付加である。一般には、アルケンの段階で止めるのはむずかしい。

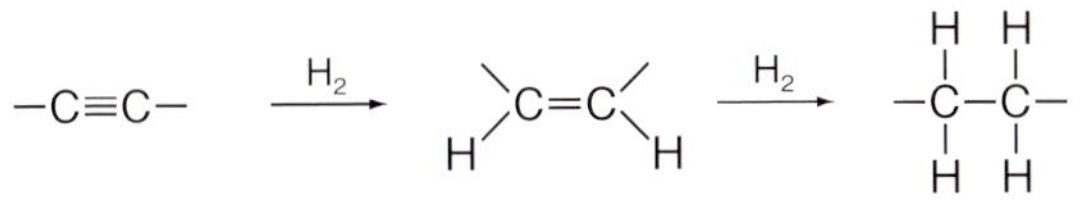

$$-C≡C- \xrightarrow{H_2} \overset{H}{\underset{H}{>}}C=C\overset{H}{\underset{H}{<}} \xrightarrow{H_2} -\overset{H\ H}{\underset{H\ H}{C-C}}-$$

アルキンの sp 混成炭素と結合した水素は、金属と置換して塩となる。

R-C≡C-H $\xrightarrow{NaNH_2}$ R-C≡C$^-$Na$^+$

R-C≡C-H $\xrightarrow{R'MgBr}$ R-C≡C$^-$(MgBr)$^+$

つまり、水素原子がプロトンとして解離しうる、あるいは、酸性をもつといってよい。もちろん酸としての強さは小さなもので、カルボン酸にははるかに及ばない。

イオン化した末端炭素陰イオンは求核試薬として、ハロゲン化アルキルと置換反応をして C–C 結合を形成するので、炭素鎖をのばす合成反応となる[17]。

R-C≡C$^-$Na$^+$ + R'-Br ⟶ R-C≡C-R' + NaBr

[17] sp 炭素から誘導される炭素陰イオンは、一般に**アセチリド**（acetylide）と呼ばれ、カルボアニオンとはいわない。

問題 7-30 次の反応の主生成物は何か。

(a) CH_3CH_2-C≡C-H $\xrightarrow{HBr}$

(b) $CH_3CH_2CH_2CH_2$-C≡C-H $\xrightarrow{NaNH_2}$ $\xrightarrow{CH_3CH_2CH_2Br}$ $\xrightarrow{2\,H_2}$

第8章

ベンゼンの構造と芳香族炭化水素

有機化合物の体系は、脂肪族化合物と芳香族化合物に大別される。そして芳香族化合物の最も基本となる化合物がベンゼンである。ベンゼンとその置換体、複数のベンゼン環が縮合した誘導体なども芳香族化合物に分類される。しかし、ベンゼン環をもたない環状共役化合物でも芳香族の性質をもつものがある。では、そもそも芳香族性とはどのような性質なのだろう。そして、芳香族化合物の構造と反応性にみられる特徴とは、どのようなものだろう。

8-1 ベンゼン

ケクレ Kekulé

ベンゼン C_6H_6 の構造式として、ケクレは図のような**ケクレ構造式**を提案した。しかし、実際のベンゼンの構造や性質はこの構造式から予想されるものとはかなり違っている。3個の二重結合にはアルケンの性質がみられない。すなわち、過マンガン酸カリウム溶液を脱色することはなく、臭素や水素の付加反応も容易には起こさない。ケクレ構造式が正しければベンゼンの二置換体（たとえば o-キシレン）には二重結合の位置の違いによる異性体が存在するはずであるが、現実には異性体は存在しない。ベンゼンは、単純にアルケンの二重結合が3個連なった構造ではないことになる。

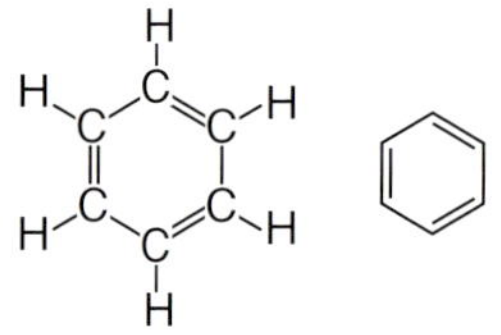

ベンゼンのケクレ構造式 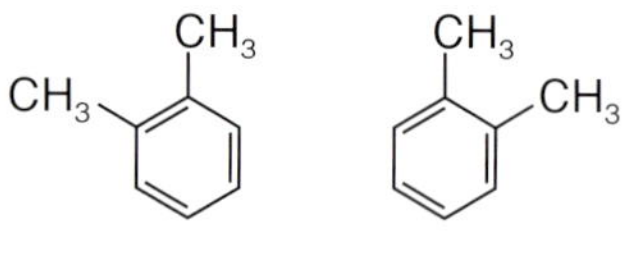　　　ケクレ構造式上で考えられる o-キシレンの異性体

問題 8-1　C_6H_6 の不飽和度はいくつか。
問題 8-2　C_6H_6 が五員環状の構造からなるとすると、どのような構造が可能か。考えられる構造を書け。

ベンゼンの分子構造を見ると、構成原子はすべて同一平面上にあって、炭素原子は正六角形を形成している。炭素-炭素結合の長さは 1.40 Å である。この長さは C–C 単結合と C=C 二重結合の中間の値である（表3-1 参照）。このような実際のベンゼンの構造は、第5章で見た共鳴により説明される。

共鳴の概念によれば、上のケクレ構造式（下図のⅠ）は真の構造の半分しか表していないことになる。もう一つの等価なケクレ構造式ⅡをⅠと重ね合わせた共鳴混成体が実際のベンゼンに最も近いと考える。ⅠとⅡは平衡状態にあるのではなく、同時に重ね合わせた構造である。したがって、どの炭素-炭素結合も等しく、単結合と二重結合の中間的な性質となる。

ベンゼンの共鳴構造に最も近い表現法としてⅢのように表されることがあるが、便宜上、ケクレ構造式ⅠまたはⅡの一方で表記されるのが普通である。

共鳴構造式では原子核の位置は変わらないことに注意しよう。ⅠとⅡが同じ共鳴構造式ではないことは、炭素原子に番号を付けてみると明らかである。ⅠではC^{1}とC^{2}の間に二重結合があるのに対して、Ⅱでは単結合になっている。

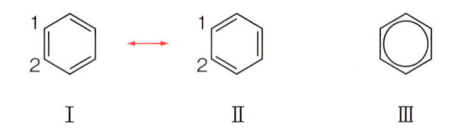

■ **問題 8-3** ベンゼンの炭素-炭素結合は何重結合といえるか。

8-2 ベンゼンの軌道モデルと安定性

ベンゼンの6個の炭素原子はすべてsp^{2}混成で、両隣の2個の炭素原子および1個の水素原子と3本のσ結合をつくっている。混成に加わらないp軌道は環の平面に垂直に立ち、そこにp電子を1個収容している。これら6個のp原子軌道は両隣のp軌道と重なり合って、環状の**分子軌道**を形成する（**図 8-1**）[*1]。これにより、個々の炭素原子に束縛されていたp電子は、π電子として環状のπ軌道に解き放たれ、6個すべての炭素に共有される（**図 8-1**）。これをπ電子の非局在化という。電子は広い空間に非局在している方が安定である。

細かくみると、分子軌道には原子軌道と同様にエネルギー準位があって、それぞれのエネルギー準位によって炭素上の電子分布が異なるが、ここでは視覚的にわかりやすくするため、6個のπ電子が全体としてつくる電子雲を考えよう。この電子雲はp軌道に由来するので、ベンゼン環の平面の上下にドーナツ状に形成される。

では、非局在化して環状にπ電子を分布させることによって、どれほど安定化するのだろう。この安定化エネルギーは、単結合と二重結合で交互につながったケクレ構造式そのものの水素化熱と、実際のベンゼンの水素化熱（208.36 kJ mol^{-1}）とを比較すれば求めることができる。し

分子軌道 molecular orbital

[*1] ベンゼンの電子構造を記述するモデルに、8-1節で説明したケクレ構造式の共鳴という考え方と、本節で説明する軌道モデルという二つの視点があるということであり、本質は同じである。原子では個々の核をめぐる軌道、すなわち、s軌道、p軌道などを考えたが、分子軌道では分子を構成する全原子核を中心にめぐる電子ととらえ、分子軌道は原子軌道の組み合わせからできあがる、と近似することができる。

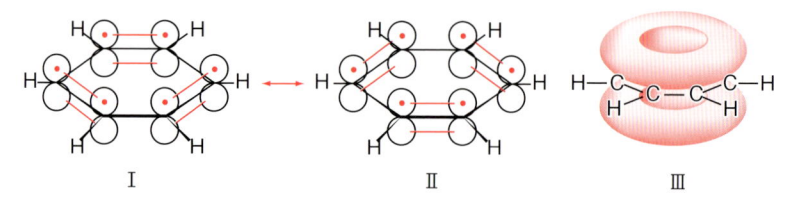

図8-1 ベンゼンのIとIIに対応するπ電子の共鳴（IとII）および分子軌道への非局在化（III）

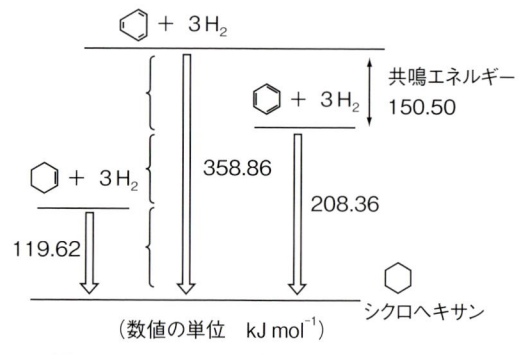

図8-2 ベンゼンの共鳴エネルギーの見積もり

しかし、ケクレ構造式のベンゼンなるものは実在しないので、その水素化熱を実測するわけにはいかない。そこで、ケクレベンゼンの部分構造に相当するシクロヘキセンの実測水素化熱（$119.62\,\mathrm{kJ\,mol^{-1}}$）を3倍してケクレベンゼンの水素化熱（$358.86\,\mathrm{kJ\,mol^{-1}}$）とする。このようにして、ベンゼンは仮想的なケクレ構造のベンゼンよりも$150.50\,\mathrm{kJ\,mol^{-1}}$だけ安定であることがわかる（**図8-2**）[*2]。この安定化エネルギーを**非局在化エネルギー**あるいは**共鳴エネルギー**という。ベンゼンの共鳴エネルギーは、単に二重結合が3個鎖状に共役した場合よりも格段に大きな値である。このことは、環状のπ電子雲が壊れにくいことを意味する[*3]。

■**問題8-4** 8-1節に示したo-キシレンの構造（共鳴混成体）に寄与する共鳴構造式を書け。

8-3 芳香族炭化水素

ベンゼンのように、二重結合が環状に共役した炭化水素の中に大きな安定性をもつ一群の化合物が存在する。それらを**芳香族炭化水素**と呼ぶ。ベンゼン環からなる化合物のほか、2個以上のベンゼン環が辺を共有した構造をもつ**縮合多環芳香族炭化水素**も芳香族炭化水素である。芳香族化合物の構造はいずれも、いくつかの共鳴構造式の混成共鳴体として表され、炭素−炭素結合は単結合と二重結合の中間の性質をもつ。

[*2] ベンゼンの非局在エネルギーをπ結合1個当たりの値に換算すると$50.2\,\mathrm{kJ\,mol^{-1}}$となり、問題5-21の鎖状に2個の二重結合が共役した場合の約$14\,\mathrm{kJ\,mol^{-1}}$と比べて、格段に大きいことがわかる。

[*3] このため、ベンゼンの環状π共役を壊すような付加反応は起こりにくく、環状共役を維持した生成物、たとえばニトロベンゼンを与えるニトロ化のような置換反応が起こることになる。詳しくは後の8-6節で述べる。

芳香族炭化水素
aromatic hydrocarbon

たとえば、ナフタレンは下図の三つの共鳴構造式の1：1：1の共鳴混成体である。すべての炭素原子が sp² 混成で、それぞれ3個の原子と σ 結合で結合している。どの炭素原子にも混成に加わらない孤立した p 軌道と p 電子があり、これらが分子軌道を形成して安定化する。2個のベンゼン環に共有された炭素原子には水素原子がついていないことに注意しよう。10個の孤立電子を、単結合と二重結合が交互に現れるようにつなぐ方法に、これら共鳴構造式のような三つがあると考えればよい。

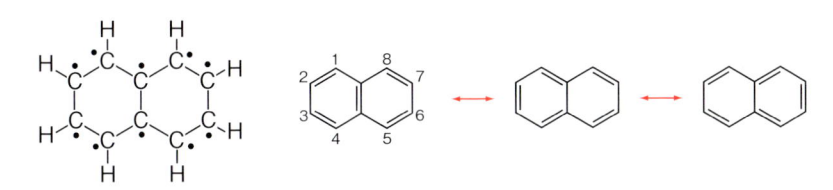

C^1 と C^2 は単結合と二重結合の中間で、5/3重結合に相当する。三つの共鳴構造式のうちの一つが (1/3) 単結合 (1)、二つが (2/3) 二重結合 (2) であるから、荷重平均すると $1 \times (1/3) + 2 \times (2/3) = 5/3$ になるからである。

■**問題 8-5**■ ナフタレンの炭素同士の結合11個のうち、互いに等しい結合はどれか。

■**問題 8-6**■ ナフタレンの C^2 と C^3 の間の結合次数はいくらか。

■**問題 8-7**■ ベンゼン環三つが縮合したアントラセン（本文中のナフタレンの構造式の6と7の辺にさらにもう一つのベンゼン環の辺を共有させた化合物）の共鳴構造式を書け。

■**問題 8-8**■ ベンゾ[a]ピレンの共鳴構造式を、下に示す以外に少なくとも三つ書け。

くどいようだが、共鳴構造式では原子の核の位置は固定させておかねばならない。ナフタレンの炭素に図のように番号を付けて核の位置を固定すれば、三つはすべて異なる共鳴構造式であることがわかるだろう。

■**問題 8-9**■ 次のジメチルナフタレンの構造式のなかに同じ化合物が幾組か含まれる。どれとどれか。

(a) (b) (c) (d) (e) (f) (g) (h) (i) (j)

芳香族性 aromaticity

*4 ヒュッケル則は本来、単環状共役系について成り立つものであるが、以下の本文に示すナフタレンやアズレンなど、複数の環が縮合して周辺π共役が成り立つビシクロ系などについても拡張解釈されている。

ヒュッケル則 Hückel rule

*5 アズレンは下の構造式をもつ青色の化合物である。芳香族性をもつが、ベンゼン環からなる芳香族化合物と違って、様々な点で特徴的な性質を示す。
また、単環状に連なったπ共役化合物を総称してアヌレン (annulene) という。n 個の炭素からなるアヌレンを [n] アヌレンと呼ぶ。

アズレン

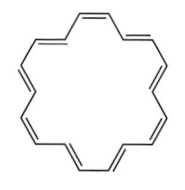

[18] アヌレン

8-4 ヒュッケル則

芳香族炭化水素がもつ特別の安定性や反応性を**芳香族性**という。ベンゼン環からなる化合物だけが芳香族性を示すというわけではなく、ベンゼン環を含まない環状共役系化合物の中にも、大きな共鳴エネルギーをもち、その環状π共役系を壊すような反応は起こりにくいものがある。それらも含めると、芳香族性とは、単環状共役系を構成するπ電子の数が $4n+2$ 個（$n=0, 1, 2, \cdots$）である系に備わった性質であることになる*4。量子化学的考察により導かれたこの一般則は**ヒュッケル則**と呼ばれる。

ベンゼンは $n=1$ の 6π 電子、ナフタレンは $n=2$ の 10π 電子で、それぞれヒュッケル則を満たしている。ベンゼン環をもたないが芳香族性を示す化合物としては、アズレンの 10π 環状共役系、[18] アヌレンのような 18π という大きな環状化合物が知られている*5。

問題 8-10 側注5のアズレンの構造を、水素原子も省略しないで完全な構造式で書け。

問題 8-11 実際のアズレンは、二つの共鳴構造式の共鳴混成体である。側注5の構造式はその一つで示している。もう一つの共鳴構造式を書け。

一方、8π 電子や 12π 電子からなる環状共役系はヒュッケル則を満たさないので、芳香族性による安定化はない。たとえば、8π 電子系のシクロ

オクタテトラエンは曲がった構造をもち、単結合と二重結合ははっきりと区別できる。したがって、その二重結合は独立したアルケンの二重結合と同じ性質をもつ*6。

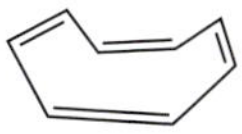

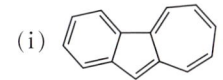

*6 シクロオクタテトラエンに環状のπ共役があるなら、図のような二つの構造の共鳴混成体として存在し、分子は平面構造でなければならない。実際には、環状π共役はないことになる。

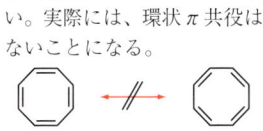

問題 8-12 次の化合物の環状共役に含まれる π 電子の数を数え、芳香族性があるか否かを判定せよ。

(a) (b) (c)
(d) (e) (f)
(g) (h) (i)

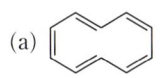

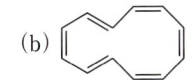

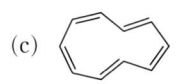

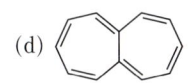

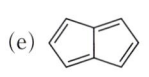

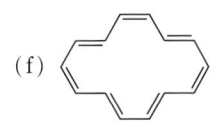

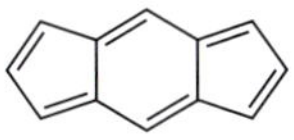

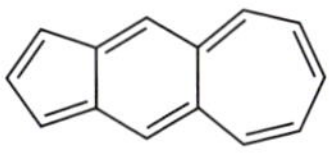

8-5 芳香族炭化水素の命名

芳香族炭化水素はそれぞれ固有の慣用名で呼ばれるものが多い。ベンゼン環では、環の炭素に順番に 1, 2, …, 5, 6 と番号をつけて置換基の位置を示す*7。二置換ベンゼンの場合は、o-(ortho；オルト)、m-(metha；メタ)、p-(para；パラ) で表すこともできる。

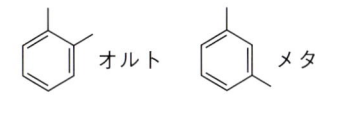

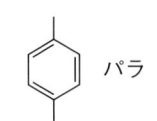

オルト　メタ　パラ

*7 どの炭素を 1 とするかも規則がある。炭化水素基で置換された場合は基名のアルファベット順とする。異なる官能基の場合は、優先順位 (表 1-3 参照) の高い官能基が置換している位置を 1 とする。

置換ベンゼンの固有の慣用名 (トルエン、フェノールなど) を、命名のための母核化合物として扱うこともある。

置換基としてのベンゼンはフェニル基と呼び、C_6H_5- あるいは Ph- と略記されることが多い。

芳香環置換基に対して、アリール基という一般名が用いられる*8。

そのほかのベンゼン環を含む置換基の名称として以下のようなものが用いられる。

*8 アリール (aryl) 基は脂肪族のアルキル基と対比される呼称である。なおアリル (allyl) 基という名称もあるが、これは $CH_2=CH-CH_2-$ に対する基名である。

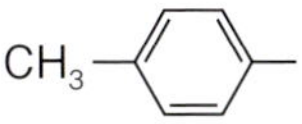

p-トリル 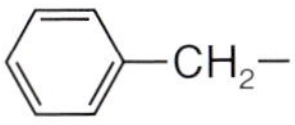　ベンジル 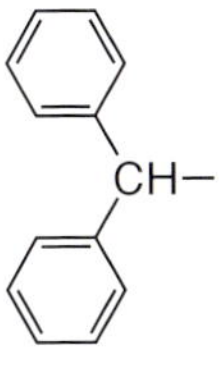　ベンズヒドリル 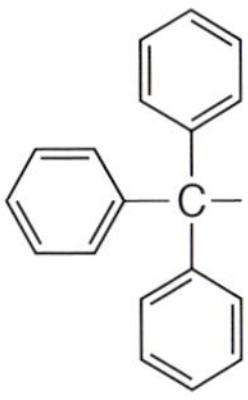　トリチル

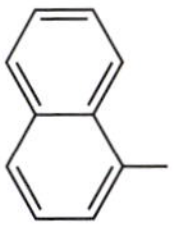

1-ナフチル

問題 8-13 次の化合物を命名せよ。

(a) 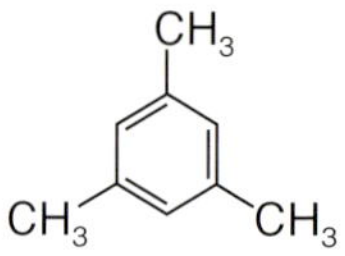 1,3,5-トリメチルベンゼン構造
(b) 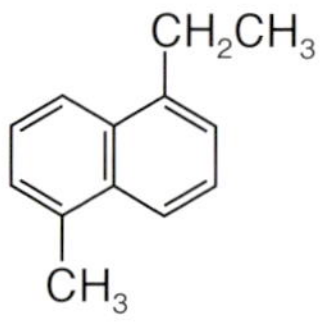 1-エチル-5-メチルナフタレン構造
(c) 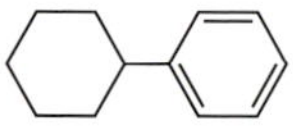 シクロヘキシルベンゼン構造

(d) 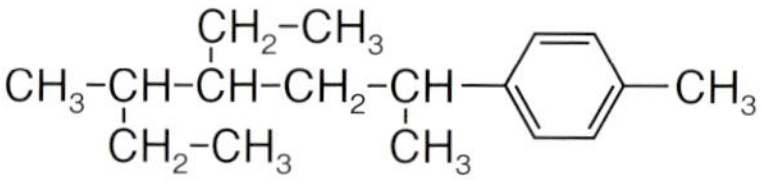 CH₃-CH(CH₂-CH₃)-CH₂-CH(CH₃)-[C₆H₄]-CH₃
(e) 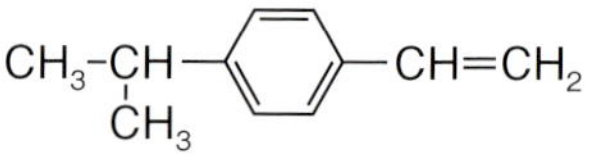 CH₃-CH(CH₃)-[C₆H₄]-CH=CH₂
(f)  CH₂=CH-[C₆H₄]-CH=CH₂

8-6 ベンゼン環への反応

芳香族炭化水素の環上の水素原子は、種々の原子団やハロゲン原子によって置換される。つまり、反応後もベンゼン環の環状共役は壊れない。芳香族炭化水素にとって最も特徴的なこれらの反応は、**求電子芳香核置換反応**という機構によって進行する。ベンゼン環にはπ電子が豊富にあるので、陽イオン、あるいは電子が不足して正電荷を帯びた試薬が、このπ電子を求めて求電子攻撃することによって引き起こされる[*9]。

求電子芳香核置換
electrophilic aromatic substitution

[*9] アルケンへ付加反応を起こす試薬を求電子試薬と呼んだ (7-3 節)。ベンゼン環へ攻撃する試薬も求電子試薬 (E^+) である。

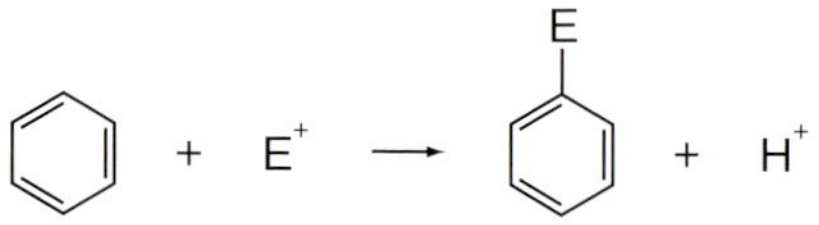

$$C_6H_6 + E^+ \longrightarrow C_6H_5E + H^+$$

以下に示す通り、ハロゲン化、ニトロ化、アシル化、… などがある。

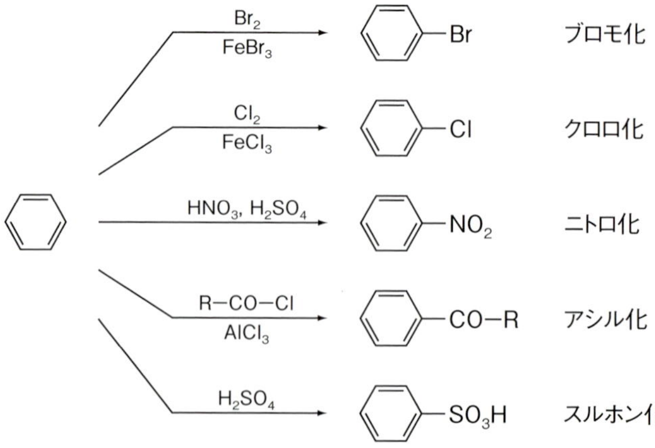

- $\xrightarrow{Br_2 / FeBr_3}$ C₆H₅-Br　ブロモ化
- $\xrightarrow{Cl_2 / FeCl_3}$ C₆H₅-Cl　クロロ化
- $\xrightarrow{HNO_3, H_2SO_4}$ C₆H₅-NO₂　ニトロ化
- $\xrightarrow{R-CO-Cl / AlCl_3}$ C₆H₅-CO-R　アシル化
- $\xrightarrow{H_2SO_4}$ C₆H₅-SO₃H　スルホン化

ブロモ化、クロロ化などのハロゲン化は、臭化鉄、塩化鉄がそれぞれ触媒となる。たとえばブロモ化では、臭素分子がルイス酸である臭化鉄

に配位することにより求電子性が強められベンゼンに求電子攻撃すると、Br^+ がベンゼンに結合した形の陽イオン中間体が生じる（7-3 節）。この中間体は炭素上に正電荷があるからカルボカチオンとみなすことができるが、正電荷は非局在化している。すなわち、下の三つの共鳴構造式の共鳴混成体であるが、これを右下のように一つの構造で表す。この中間体を σ 錯体という。

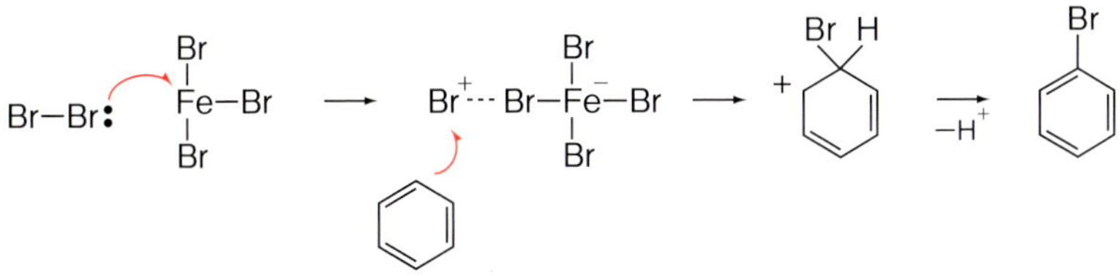

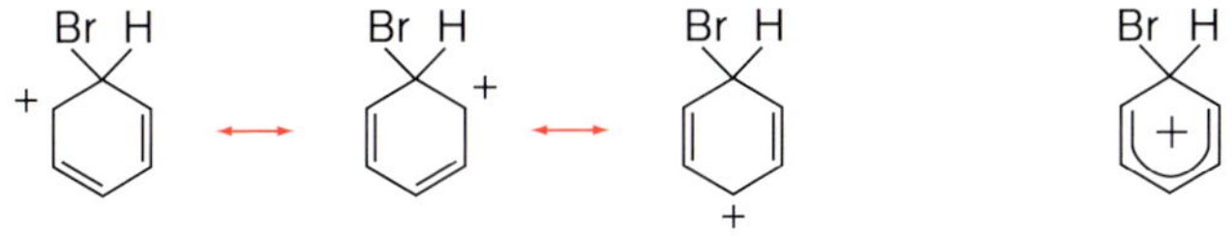

σ 錯体ではベンゼン環の環状共役が途切れて芳香族性が失われている。そこで H^+ を脱離させ、芳香族性を回復した結果がブロモベンゼンということになる。σ 錯体の形成過程に比べて、H^+ の脱離過程すなわち芳香族性の回復はずっと速く進行する。触媒としては鉄粉を用いてもよい。鉄が臭素と反応して臭化鉄が生成するからである。

問題 8-14 ベンゼンのブロモ化の中間体 σ 錯体について、その共鳴構造式を、水素をすべて省略せずに書け。

臭素の求電子反応という点では、ベンゼンのブロモ化とアルケンへの臭素の付加とは似ている。どちらも、第 1 段階では sp^2 炭素が sp^3 炭素となって C–Br 結合が生じる。しかし、その後の段階に決定的な違いがある。求電子置換反応では H^+ が脱離するのに対し、求電子付加反応では臭素分子のかたわれである Br^- が第 2 の C–Br 結合をつくるのである。

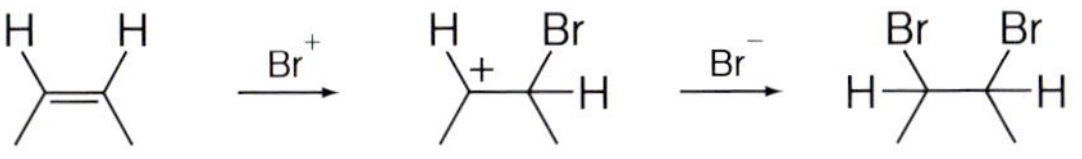

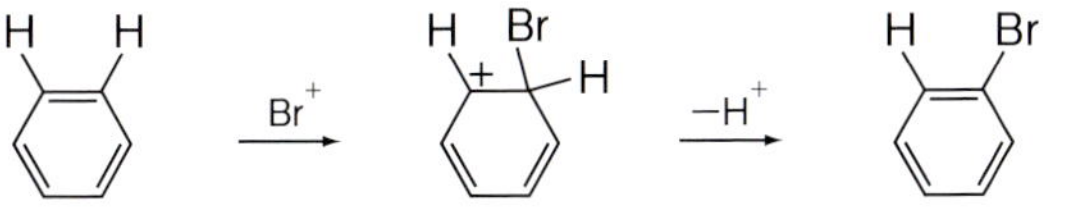

もう一つの違いは触媒の有無にある。ベンゼン環の π 電子に対する臭素の求電子攻撃は臭素分子の分極だけでは不十分で、触媒の助けを借りて正の極性を強めてもらわねばならないのである。

84　第8章　ベンゼンの構造と芳香族炭化水素

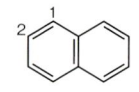

問題 8-15　ナフタレンに対するブロモ化は1または2の位置に起こる。それぞれの場合について、ブロモ化の第1段階に生成するナフタレンのσ錯体を書け。

*10　ニトロニウムイオンあるいはニトリルイオンと呼ばれることもある。

フリーデル-クラフツ反応
Friedel-Crafts reaction

ニトロ化において、求電子試薬として直接に作用しているのは、硝酸が濃硫酸と反応して生じるニトロイルイオン NO_2^+ である[*10]。

塩化アルミニウムを触媒としてカルボン酸の塩化物をベンゼンと反応させると、ベンゼンがアシル化される。この反応は**フリーデル-クラフツ反応**と呼ばれる。カルボン酸塩化物のカルボニル炭素は正の極性がかなり高いが、それだけではベンゼン環を求電子攻撃するには不十分である。そこで、ルイス酸の塩化アルミニウムに配位させ正の極性を強めて反応に導く。

フリーデル-クラフツ反応は、ハロゲン化アルキルを用いても可能で、この場合はベンゼンをアルキル化することができる。

スルホン化で求核試薬となるのは三酸化硫黄 SO_3 である。SO_3 は次のように硫酸2分子から生成する。SO_3 を濃硫酸に溶かした発煙硫酸もスルホン化剤として用いられる。生成物はベンゼンスルホン酸である。

$$2\,H_2SO_4 \longrightarrow H_3O^+ + HSO_4^- + SO_3$$

問題 8-16　ベンゼンへの求電子置換反応に関し、次の表の空欄 (a)〜(m) を埋めよ。

反応	反応試薬	求電子試薬 (E^+)	触媒	生成物
ブロモ化	(a)	(b)	(c)	(d)
ニトロ化	(e)	(f)	H_2SO_4	(g)
アシル化	CH_3-CO-Cl	(h)	(i)	アセトフェノン
アルキル化	CH_3CH_2-Br	(j)	(k)	(l)
スルホン化	(m)	SO_3	—	ベンゼンスルホン酸

問題 8-17 ベンゼンを原料として次の化合物を合成する方法を示せ。ベンゼン以外の試薬を用いてよい。

(a) 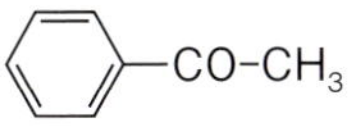 C₆H₅-CO-CH₃ (b) 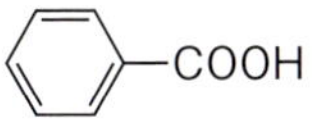 C₆H₅-COOH (c) 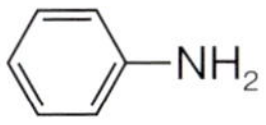 C₆H₅-NH₂

(d) 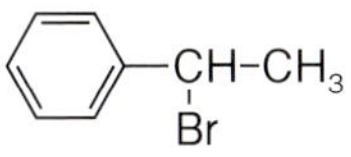 C₆H₅-CH(Br)-CH₃ (e) 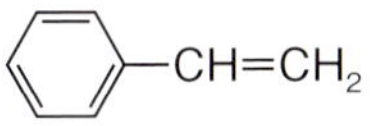 C₆H₅-CH=CH₂ (f) 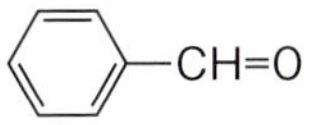 C₆H₅-CH=O

問題 8-18 エチルベンゼンに鉄粉を触媒として臭素を反応させると **A** が、光を照射しながら臭素を作用すると **B** がそれぞれ生成する。それぞれの反応機構の違いを説明せよ。

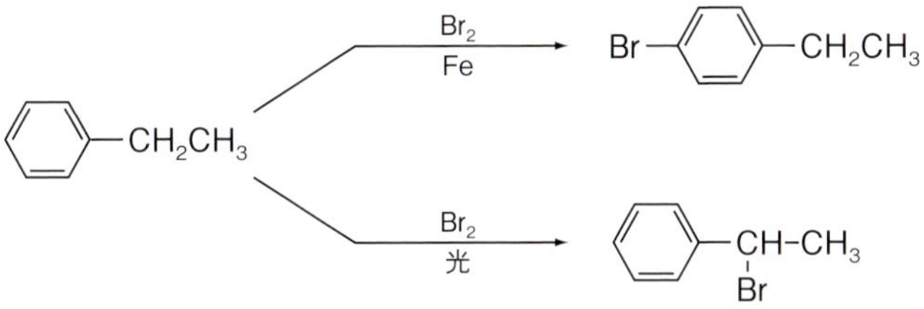

C₆H₅-CH₂CH₃
- →(Br₂/Fe)→ Br-C₆H₄-CH₂CH₃ (A)
- →(Br₂/光)→ C₆H₅-CH(Br)-CH₃ (B)

8-7 芳香族化合物の酸化と還元

アルケンの二重結合と違って、ベンゼンの不飽和結合は酸化されにくい。芳香族性を壊すような反応は起こりにくいということになる。トルエン（メチルベンゼン）やエチルベンゼンを過マンガン酸カリウムで酸化すると、ベンゼン環を保ったまま側鎖のアルキル基の方が酸化され、安息香酸となる。

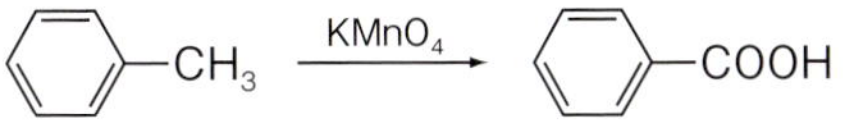

C₆H₅-CH₃ →(KMnO₄)→ C₆H₅-COOH

クメンを空気酸化すると、ラジカル反応の機構によりクメンヒドロペルオキシドが生成する。この反応はフェノールの工業的合成に用いられる。

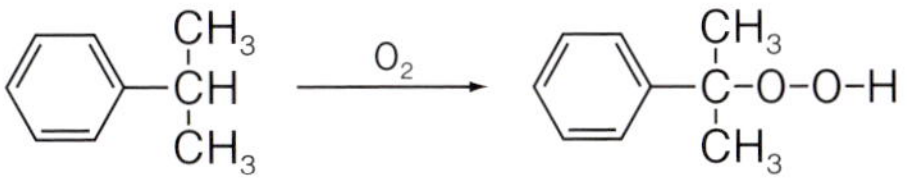

C₆H₅-CH(CH₃)₂ →(O₂)→ C₆H₅-C(CH₃)₂-O-O-H
クメン

ただし、ベンゼン環にアミノ基やヒドロキシ基が付くと、ベンゼン環も酸化されて種々の生成物が得られる[11,12]。

[11] アミノ基やヒドロキシ基はベンゼン環に電子を供給してベンゼンの電子密度を高める働きをする。つまり、ベンゼン環に電子が豊富にあると、酸化されることを意味する。

[12] アニリンの酸化生成物はアニリンブラックあるいはモーブと呼ばれる色素化合物である（次ページ参照）。

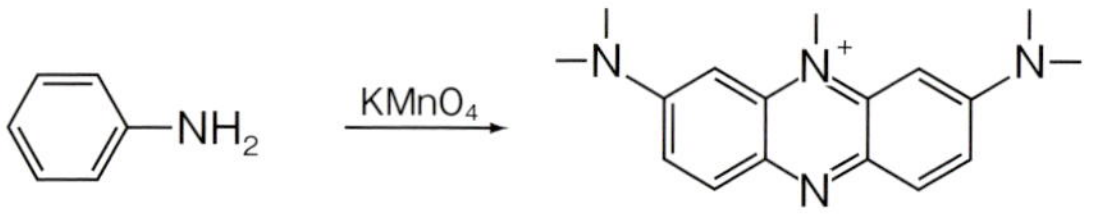

アニリン → (KMnO₄) アニリンブラックの構造の一部

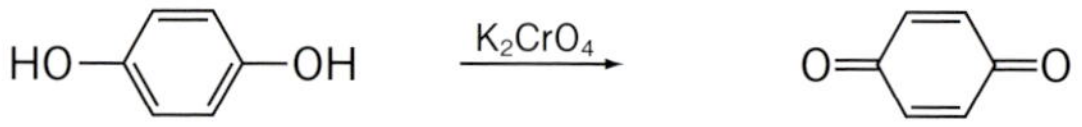

ヒドロキノン → (K₂CrO₄) p-ベンゾキノン

ベンゼンは付加反応を起こしにくいが、高温、高圧の条件下でニッケルを触媒として水素を作用すると還元されてシクロヘキサンになる。

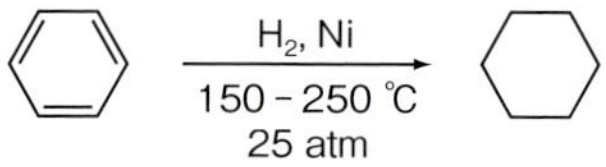

ベンゼン →(H₂, Ni, 150-250 ℃, 25 atm)→ シクロヘキサン

問題 8-19 次の反応生成物を書け。

(a) 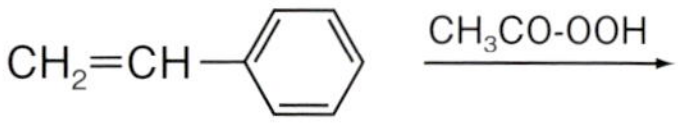 $CH_2=CH-C_6H_5$ →(CH₃CO-OOH)→

(b) 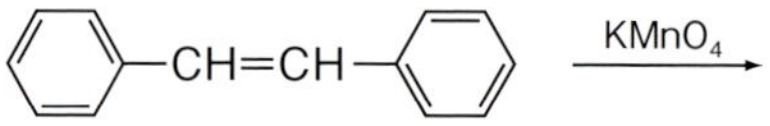 $C_6H_5-CH=CH-C_6H_5$ →(KMnO₄)→

(c) o-キシレン →(KMnO₄)→

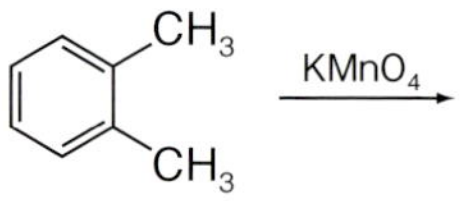

第9章

鏡像異性体

　三次元の立体的な形を鏡に写したとき、実体と鏡の像とが一致しないことがある。たとえば、右手と左手は実像と鏡像の関係にある形の例である。分子においてもこのような構造は頻繁に現れ、それぞれは一対の鏡像異性体と呼ばれる。鏡像異性体が存在する構造の条件はどのようなものだろう。そして、鏡像異性体同士はどのような性質に違いがあるのだろう。鏡像異性体の立体構造の違いを、平面の二次元上に表すにはどのようにしたらよいだろう。あるいは、単に記号で示すだけで区別がつけば、もっと便利である。これらの表示法を理解しよう。

9-1　キラルな形

　二つの分子の構造が同じであるということは、お互いの構造を重ね合わせることができるということである。分子構造は三次元の形であるから、平面的な構造式からは構造が一致しているか否かは判別できない。たとえば、$CHFClBr$ という化合物は、図の構造式で表されるが、これには二つの立体構造がある。これらは互いに重ね合わせることができないので異なる構造であり、互いに異性体の関係となる。この二つの構造は、一方を実体とすると、他方はそれを鏡に写した像である。あるいは、右手と左手の関係といってもよい。このような実像と鏡像の関係にある一対の異性体を**鏡像異性体**あるいは**光学異性体**と呼ぶ[*1]。

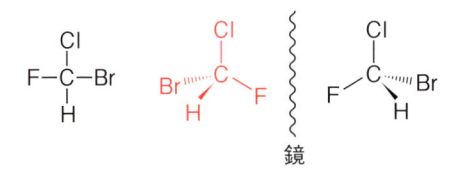

　実像と鏡像を重ね合わすことができない形を**キラル**な形と呼ぶ。単純にいえば、前後・左右・上下すべてが非対称な形ということができる。

　正四面体構造の sp^3 炭素原子が結合する四つの原子や原子団がすべて異なる場合、この sp^3 炭素原子を**不斉炭素原子**と呼ぶ (4-2節)。不斉炭素原子を1個もつ分子の構造は必ずキラルとなり、一対の鏡像異性体が存在する。

　不斉炭素原子がない構造、たとえば次ページの CH_2FCl では、実像と鏡像は重なってしまい同一の構造である。つまり、キラルな形ではなく、鏡像異性体は存在しない。

鏡像異性体　enantiomer

光学異性体　optical isomer

[*1] 本文中の図では鏡を垂直に置いたが、どこに置いても同じことである。水平に置いた場合は下図のように描かれ、やはり重ね合わせることはできない。

キラル　chiral

Cl
F
C
H
Cl
H
C
H
F
Cl
F
C
H
H

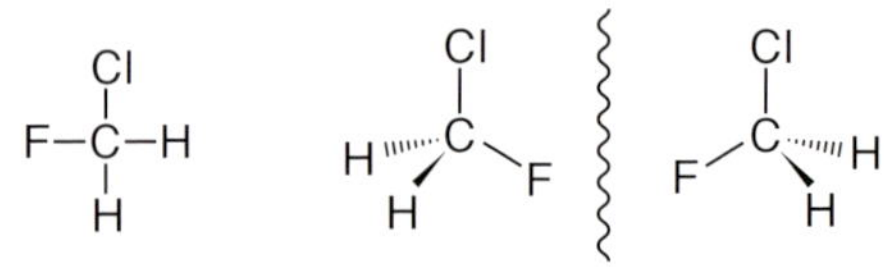

問題 9-1　次の中からキラルな形をもつものを選べ。

(a) やかん　(b) きゅうす　(c) はさみ　(d) ピンセット
(e) ホルン　(f) 靴　(g) ねじ　(h) くぎ　(i) 野球帽
(j) グローブ　(k) 直立不動の人間　(l) 腕組みをした人間
(m) テニスラケット　(n) ゴルフクラブ

問題 9-2　次の構造式で表される化合物のなかから、鏡像異性体が存在するものを選べ[*2]。

(a)

CH3-CH-CH2-CH3
CH3

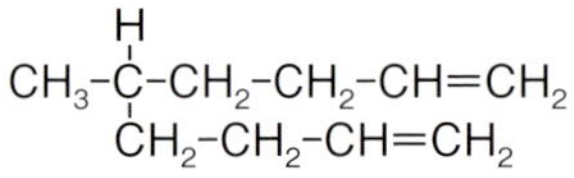

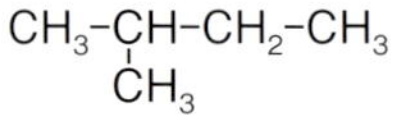

(b)

CH2=CH-CH-CH2-OH
CH3

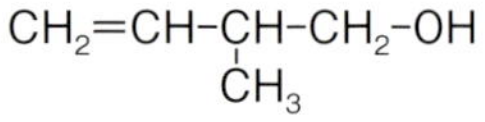

(c)

CH3-C=C-CH-CH2-CH3
H H CH3

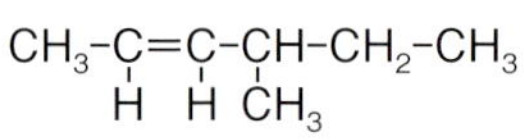

(d)

H O
CH3-CH2-C-C-O-H
CH2-CH3

(e)

H
CH3-C-CH2-CH2-CH=CH2
CH2-CH2-CH=CH2

*2　この問題の解答からもわかる通り、sp^2 混成炭素は平面構造であるから、どんな置換様式であろうと、キラルな形の要素とはならない。また、メチル基やエチル基など不斉炭素原子を含まない原子団は、全体をまとめて一つの原子団とみなせばよい。

フィッシャー投影式
Fischer projection formula

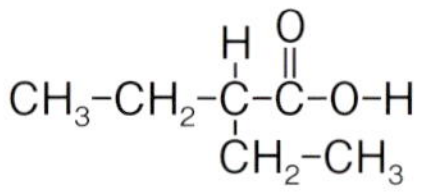

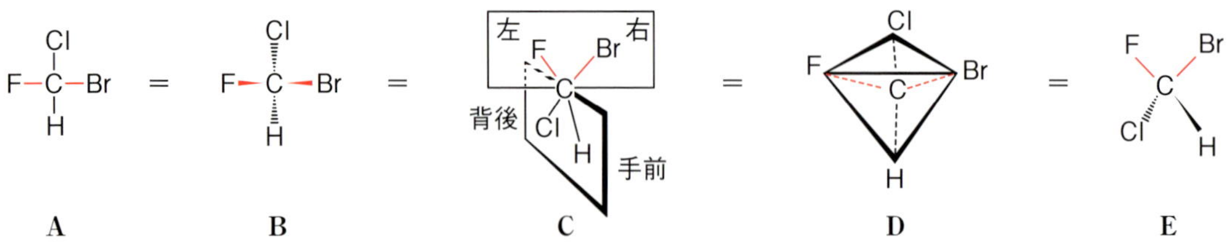

*3　3-2 節の側注 12 に示すフィギュアスケートの姿を正面から見て、左右の手を水平方向の左右の結合、振りあげた足を上向きの結合、氷上の軸足を下向きの結合と考えるとよい。

9-2　フィッシャー投影式

不斉炭素原子から 4 本の結合がどの方向に伸びているかを紙面上で表すために、**フィッシャー投影式**が用いられる。不斉炭素原子を中心に 4 本の結合を書く。このとき、上下垂直方向の結合は紙面の背後に向かって伸び、左右水平の結合は紙面から手前につき出ているとする。このように決めておくと、不斉炭素原子の立体配置を平面上で表すことが可能になる[*3]。

Cl
F
C
Br
H
=
Cl
F
C
Br
H
=
左
F
Br
右
背後
C
Cl
H
手前
=
Cl
F
C
Br
H
=
F
Br
C
Cl
H
A
B
C
D
E

A のように描かれた CHFClBr のフィッシャー投影式は **E** の立体構造をもつ。**A** を **B** のようにフィッシャー投影式の定義により立体的に見て、これを **C** のように、直交させた紙面の上に置いてみれば **E** の立体図となることがわかるだろう。**C** の各原子は、**D** のように置いた正四面体の各頂点に位置することになる。どの結合を左右に置くか（これにより、必然的に上下の結合も決まってしまう）によって透視的な立体図は幾通りも描ける。

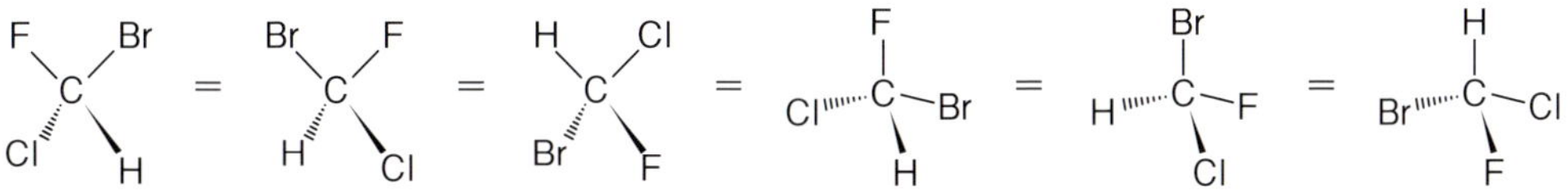

（立体構造式 E およびその等価な表現）

これはフィッシャー投影式においても同じことである。任意の二つの結合を 2 回（偶数回）交換しても不斉炭素原子の立体配置は変わらないので[*4]、下のフィッシャー投影式はすべて同一の立体配置を表している。どの原子を左右（あるいは前後）に置くかだけの違いである。

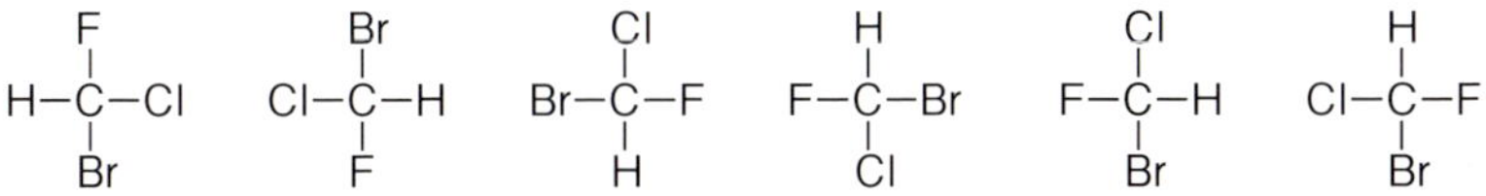

（同一立体配置を表すフィッシャー投影式群）

[*4] つまり、1 回の交換では立体配置は逆転し、実像は鏡像に変換される。2 回の交換で元に戻る。一度入れ換えて別の位置にもってきた結合を、さらに別の位置に移動させても、二度交換したことになる。

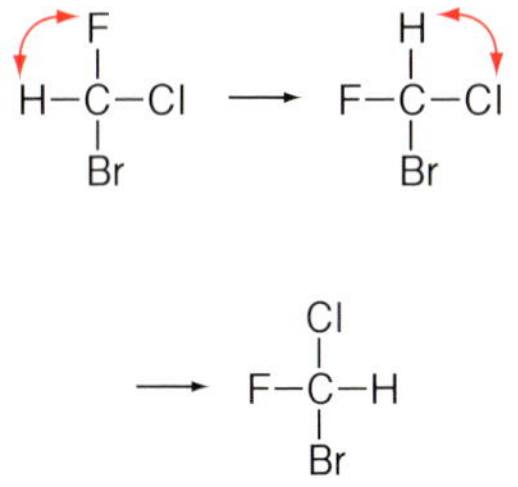

■ **問題 9-3** 次の構造をフィッシャー投影式で表せ。

(a) 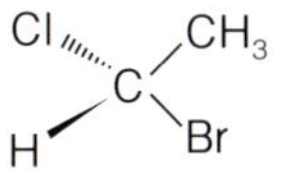　(b)

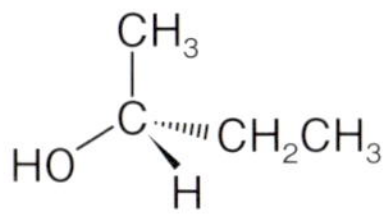

■ **問題 9-4** 以下のフィッシャー投影式のうちで、(a) と同じ立体配置をもつものをすべて選べ。

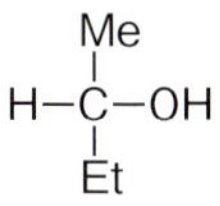

(a) 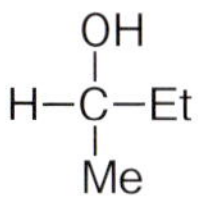　(b) 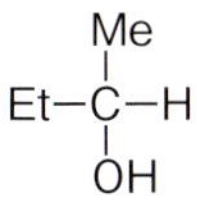　(c) 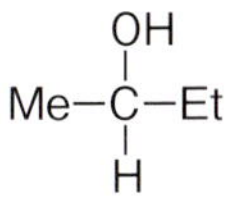　(d) 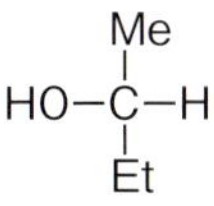　(e) 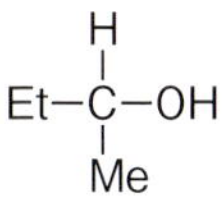　(f)

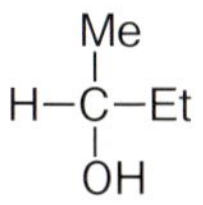

(g) 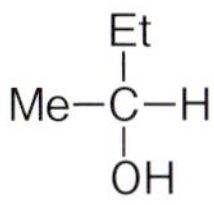　(h) 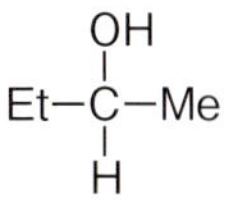　(i) 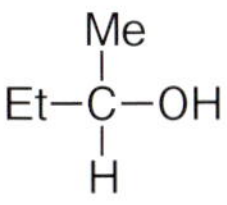　(j) 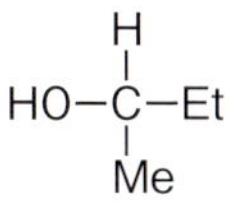　(k)

9-3 光学活性

鏡像異性体のそれぞれは、異性体とはいうものの、化学的性質には違いがない。沸点、密度、溶解度などの物理的性質も同じであるが、ただ一つ、旋光性だけが互いに異なる。**旋光性**とは、ある一定の面内でのみ振動する光、すなわち面偏光を回転させる性質をいう（**図 9-1**）。鏡像異性体のそれぞれの試料溶液に面偏光を当てると、これを通過して出てきた光の振動面は入射したときの面からある角度 θ だけ回転している。この回転角が鏡像異性体のそれぞれで、互いに逆の向きになるという違いがある。

旋光性 optical rotation

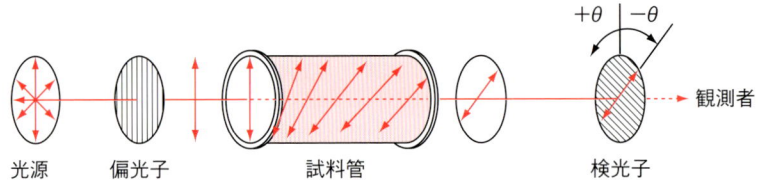

図 9-1 旋光性の測定

偏光子が一定方向に振動する面偏光をとりだす。検光子を偏光面と垂直に置いて視野を暗くしておく。光学活性化合物の試料溶液中を通過する間に偏光面が回転する。試料溶液を通過させた後に、検光子を回転させて、視野を再び暗くさせる。これに要する回転角が θ または $-\theta$ となる。

光学活性 optical activity

旋光性を示すことを**光学活性**をもつという。回転角 θ は、次式のように比旋光度 $[\alpha]$ で表すと、光源の波長と測定温度が一定のもとで個々の光学活性化合物に固有の値になる。

$$[\alpha] = \theta / l \cdot c$$

　l：試料を通る光路の長さ　dm　　　c：試料濃度　g/mL

一対の鏡像異性体のそれぞれが示す比旋光度は等しい。唯一の違いは、回転する面偏光の向きが正反対となることである。偏光面を時計回りに回転させる場合は**右旋性**といい、反時計回りに回転させる場合は**左旋性**と呼ぶ。右旋性の鏡像異性体は $(+)$ または d を、左旋性の鏡像異性体は $(-)$ または l を化合物名の前につけて区別する。

右旋性 dextrorotatory
左旋性 levorotatory

たとえば、乳酸の鏡像異性体については、$+3.82°$ の比旋光度をもつ $(+)$-乳酸と、$-3.82°$ の比旋光度をもつ $(-)$-乳酸の一対の鏡像異性体が存在する。旋光性の $(+)$、$(-)$ と立体配置との間には規則的な関係は何もない。個々の化合物について実験的に決めなければならないことである。乳酸についていえば、$(-)$-乳酸が **A**、$(+)$-乳酸が **B** の立体配置であることが明らかにされている。

```
     COOH              COOH             COOH              COOH
      |                 |                |                 |
  H—C—OH          HO⋯C⋯H          HO—C—H           H⋯C⋯OH
      |                 |                |                 |
     CH₃              CH₃              CH₃              CH₃
     A                                   B
```

（＋）と（−）の鏡像異性体の1：1混合物は、旋光性が打ち消されて光学活性を示さない。このような等量混合物を**ラセミ体**または**dl体**と呼ぶ。固体では、ラセミ体に、**ラセミ混合物**と**ラセミ結晶**の二つの状態がある。

ラセミ混合物は文字通り d と l の混合物であり、d と l の微小な結晶同士が混在し全体として1：1の混合物となっている。それぞれの結晶が十分に大きいと、拡大鏡を使って手作業で鏡像異性体を分離できることもある*5。

一方、ラセミ結晶は d と l の分子が対をなして結晶を形成している*6。ラセミ結晶は d 体のみ、あるいは、l 体のみの結晶とは融点、溶解度、密度などが異なり、（d 体と l 体の2成分にもかかわらず）一つの純物質のような固有の固体の性質をもつ。

ラセミ混合物	ラセミ結晶
$d\,d\,d$　$l\,l\,l$	$d\,l\;d\,l\;d\,l$
$d\,d\,d$　$l\,l\,l$	$l\,d\;l\,d\;l\,d$
$d\,d\,d$　$l\,l\,l$	$d\,l\;d\,l\;d\,l$
結晶の粒により、どちらか一方。しかし全体としては1：1の混合物	どの部分を見ても d, l の対

＊ **問題 9-5** ラセミ混合物とラセミ結晶ではどちらの融点が高いと予想されるか。（ヒント：右の靴と左の靴をそれぞれ別々に積み重ねて整理する場合と、左右の靴をペアーにして積み重ねて整理する場合で、どちらが安定か。）

9-4　立体配置の RS 表示

フィッシャー投影式は不斉炭素原子の立体配置を図で表す方法であったが、記号によって立体配置を表示する方法もある。

不斉炭素原子に結合している四つの原子あるいは基に、以下に示す順位則に従って①、②、③、④と番号をつける。最下位の④を最も遠くに置いて見たとき、手前に位置する三つの基の ①→②→③ の並びが右回り（時計回り）であれば R 配置、左回り（反時計回り）であれば S 配置とする。一方の鏡像異性体の立体配置が S であれば他方は R となり、それぞれの立体配置がフィッシャー投影式のどちらに対応するかが示されるわけである。

ラセミ体
racemic modification

ラセミ混合物　conglomate
ラセミ結晶　racemic crystal

*5　このような方法により、パストゥール（L. Pasteur）は酒石酸アンモニウムナトリウムの鏡像異性体を分離した。酒石酸アンモニウムナトリウムの結晶像は図のように右手と左手の関係で区別することができる。

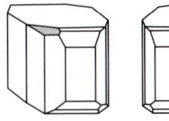

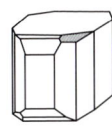

*6　ラセミ混合物とラセミ結晶は模式的に左図のように理解できる。パストゥールが酒石酸アンモニウムナトリウムの鏡像異性体を分離できたのは、これがラセミ混合物として結晶化したからである。ラセミ結晶ならば、原子1個1個を摘みだせる魔法のピンセットがない限り、d と l の分子を選り分けることはできない。

順位則の要点は次のようなものである。

(a)：不斉炭素原子に直接結合している原子の中で、原子番号の大きい方が順位は上とする。

たとえば、9-2節の E のような透視的立体構造の CHFClBr の立体配置は、原子番号が最も小さい H を遠くに見て残りの三つの原子の並びが反時計方向であるから、S 配置と記すことができる。

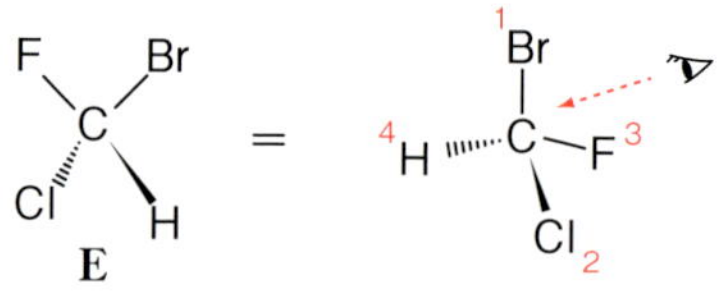

手前から見て、H (4) を遠くに置くため、H と Cl、また F と Br を入れ換えている (結合を 2 回交換している)。

(b)：順位が同じ場合は、その次の原子、すなわち不斉炭素原子から数えて 2 番目の原子同士を比較して (a) に従って順位を付ける。2 番目でも決まらない場合は 3 番目、4 番目、… で比較する。

たとえば、下の図の化合物では、OH 基が最高順位であることはすぐわかるが、CH_3- と CH_3CH_2- は不斉炭素原子に直接結合する原子がどちらも炭素であり順位が決まらない。しかし 2 番目の原子は、CH_3- では H, H, H, CH_3CH_2- では C, H, H であるから[*7]、CH_3CH_2- の方が順位は高く、S 配置と決まる。

*7 つまり、3 人兄弟 (または姉妹でも) の長男同士、次男同士、三男同士の順に比べる。この場合、長男同士を比べて順位が決まったことになる。

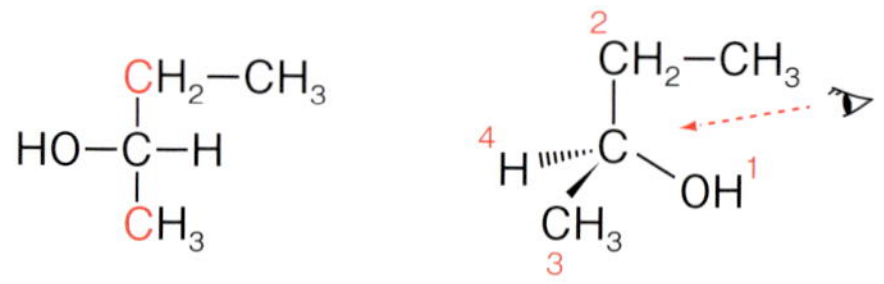

(c)：二重結合や三重結合の原子は、それぞれ結合相手の原子が 2 個あるいは 3 個結合しているとみなし、(b) に従って順位を付ける。たとえば、$-CH=O$ 基であれば、炭素原子に 2 個の O と 1 個の H が結合しているとみなす。また、$-CH=CH_2$ 基ならば、2 個の C と 1 個の H が結合していると考える。

次ページ図のグリセルアルデヒドの不斉炭素原子には H, $-OH$, $-CH_2OH$, $-CHO$ の四つの置換基が付く。原子番号の最も小さい H が最下位 ④、最も大きい O が最上位 ① であることはすぐわかる。しかし、$-CH_2OH$ と $-CHO$ はどちらも C が直接不斉炭素原子に付いているので、順位は決まらない。そこで、(b) に従って 2 番目の原子で比較する。$-CH_2OH$ の方は O, H, H, $-CHO$ の方は C=O 二重結合に (c) を適用して O, O, H となるから、$-CHO$ の方が高順位 ② となる[*8]。①、②、③

*8 この場合は、長男同士では決まらず、次男同士を比べて勝負がついたことになる。

は右回りであるから R 配置と決まる。

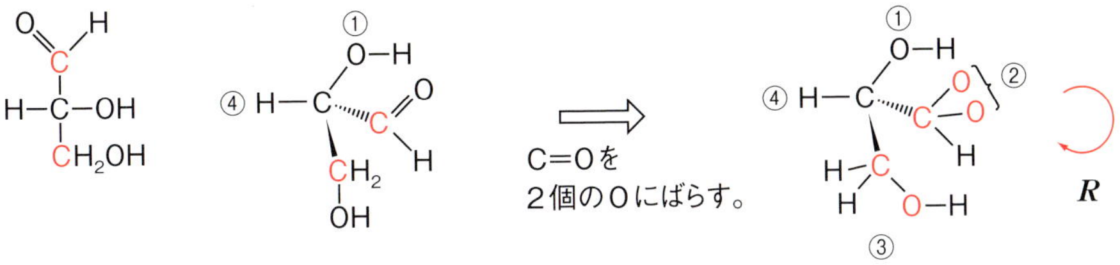

問題 9-6 次の基を順位則の高い方から低い方に順に並べよ。

(a) $-CH=CH_2$ (b) $-C\equiv N$ (c) $-\underset{\underset{O}{\parallel}}{C}-H$ (d) $-\underset{\underset{O}{\parallel}}{C}-OH$

(e) $-\underset{\underset{O}{\parallel}}{C}-NH_2$ (f) $-\underset{\underset{O}{\parallel}}{C}-CH_3$ (g) —C₆H₅(フェニル基)

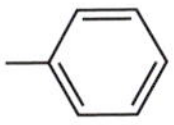

問題 9-7 次の化合物の不斉炭素原子の立体配置を RS 表示で表せ。

(a), (b), 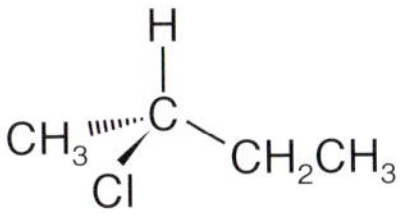 (c), 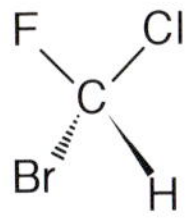 (d) 構造式

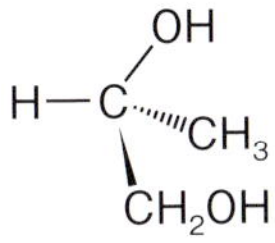

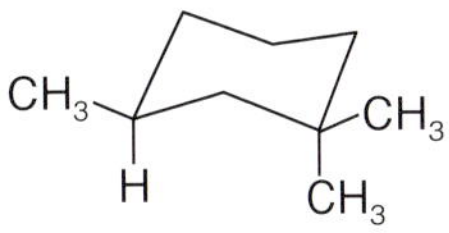

　上の問題のように、透視的立体構造から RS 表示を示すのは視覚的感覚に頼らねばならないが、フィッシャー投影式への変換は機械的にできる。フィッシャー投影式において下向きの結合は、紙面の背後に向かった結合であるから、ここに④の置換基を置くと、残り①、②、③の結合は、④を最も遠くに見たときの手前の結合の並び方になる。つまり、①、②、③の並びを紙面上で直接に判定できる。④の結合が下方にない場合は、フィッシャー投影式において結合を偶数回入れ換えても元の立体配置を表しているので、④を下向きに入れ換えて、さらにどこかもう一つの結合を適当に入れ換えておけばよい。これらの結果生じた①、②、③の並びを紙面上でなぞるだけで R か S かを判定することができる。

　逆に、RS 表示で与えられた立体配置をフィッシャー投影式に描き起こすことも、同じ手法を使って容易にできる。

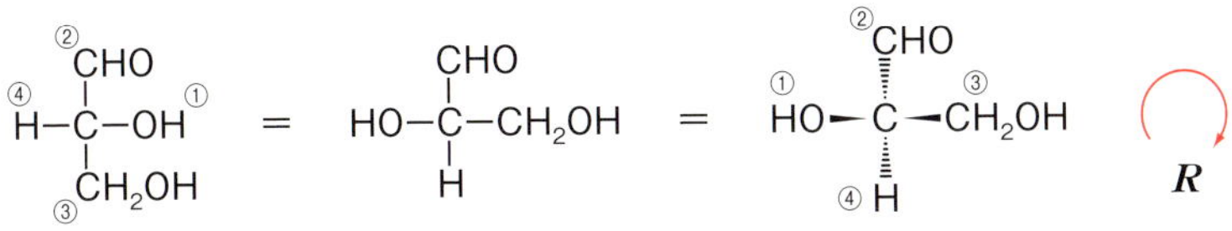

結合を2回入れ換えて④を下向きに　　①②③の並びを紙面上で判定

問題 9-8 次のフィッシャー投影式で示される化合物の不斉炭素原子の立体配置を RS 表示で表せ。

(a) 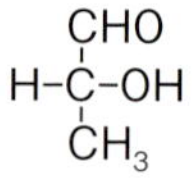 　　CHO
　　H-C-OH
　　　CH₃

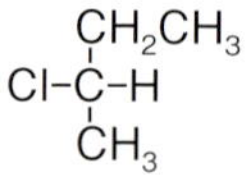

(b) 　　CH₂CH₃
　　Cl-C-H
　　　CH₃

(c) 　　CH₂-OH
　　H-C-OH
　　　CH₃

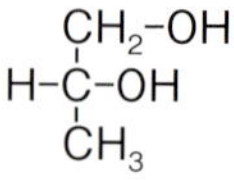

問題 9-9 次の RS 表示で表された化合物をフィッシャー投影式で表せ。

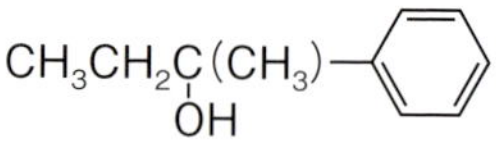

(a) (R) CH₃CH₂-CH-C-CH₃
　　　　　　　 |　 ||
　　　　　　　OH　O

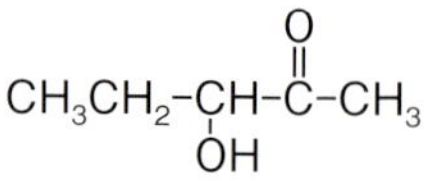

(b) (S) CH₃CH₂C(CH₃)-C₆H₅
　　　　　　　　　　|
　　　　　　　　　　OH

(c) (R) C₆H₅-CH(CH₃)-C₆H₁₁

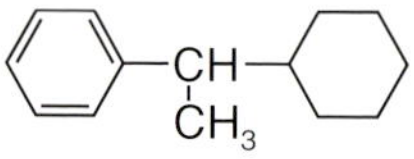

9-5 DL 表示

　測定によって鏡像異性体の旋光度の符号がわかったからといって、その異性体が R と S のどちらの立体配置をもつのかは直ちに明らかになるわけではない。X 線回折などの実験により、個々の光学活性体について調べなければならない。そのための研究方法が確立する以前は、DL 表示と呼ばれる相対的立体配置の表示法が、主に糖類やアミノ酸などの天然物に対して用いられていた[*9]。

　DL 表示は、右旋性の（＋）-グリセルアルデヒドの立体配置を下図のように仮定し、この不斉炭素原子とそれに結合する炭素との結合を保持したまま関係づけられる光学活性体をすべて D 系列に属するとし、D の記号をつける。この逆、すなわち（－）-グリセルアルデヒドと関係づけられる鏡像体は L 系列と呼び、L の記号をつける。

　図の一連の変化はどれも（＋）-グリセルアルデヒドの立体配置を保ったままで関係づけられるので D 系列の鏡像異性体である[*10]。ここからもわかる通り、D 系列の配置が必ずしも右旋性というわけではない。

　DL 表示の基準を決めた当時は、（＋）の旋光度をもつ鏡像体が本当に D-グリセルアルデヒドに対して仮定した立体配置をもつのかは不明であった。しかし後になって、仮定が正しかったことが確かめられた。

[*9] この DL の表記は、先に述べた右旋性、左旋性を示す d, l の記号とは無関係である。DL の表記はスモールキャピタルを用いる。

[*10] すなわち、どの反応も不斉炭素原子との結合を開裂させることなく進行する。

　　CHO　　　　　COOH　　　　COOH　　　　COOH
　H-C-OH　→　H-C-OH　→　H-C-OH　←---　H-C-OH
　　CH₂OH　　　CH₂OH　　　　CH₃　　　　　C₆H₅

D-(＋)-グリセルアルデヒド　D-(－)-グリセリン酸　D-(－)-乳酸　D-(－)-マンデル酸

問題 9-10 次の反応により得られる化合物 (**a**), (**b**) の立体配置を DL- および RS-表示で示せ。

```
    COOH              COOCH₃             COOCH₃
H—C—OH   CH₃OH    H—C—OH    CH₃COCl    H—C—OCOCH₃
    CH₃      H⁺       CH₃      ピリジン      CH₃
```

D-(−)-乳酸　　　　　　　(a)　　　　　　　　　(b)

9-6　ジアステレオマー

化合物によっては，分子の中に不斉炭素原子を複数個含むものもある。n 個の不斉炭素原子をもつ分子には，原則として 2^n 種類の立体異性体が存在する。複数の不斉炭素原子がある場合，フィッシャー投影式は不斉炭素原子を縦に並べて置く[*11]。

不斉炭素原子を 2 個もつ化合物では，それぞれの不斉炭素原子について R か S かの立体配置を記述する必要がある。2,3,4-トリヒドロキシブタナールを考えよう。この化合物には，図のフィッシャー投影式に示すように **A**、**B**、**C**、**D** 4 種類の立体異性体が存在する。つまり，二つの不斉炭素原子の立体配置のすべての組み合わせ，SS, SR, RS, RR である。

```
     CHO              CHO              CHO              CHO
H—²C—OH          HO—C—H           HO—²C—OH          H—C—H
H—³C—OH          HO—C—H           H—³C—OH           HO—C—H
     CH₂—OH           CH₂—OH           CH₂—OH           CH₂—OH
      A                B                C                D
```

問題 9-11 **A** の C^2 と C^3 の立体配置を RS 表示で示せ。
問題 9-12 **C** の C^2 と C^3 の立体配置を RS 表示で示せ。

4 種類の異性体のうち，**A** と **B**，および **C** と **D** はそれぞれ鏡像異性体の関係にある。それ以外の異性体同士（たとえば **B** と **C**）は鏡像の関係にはない。2 個の不斉炭素原子のうちの一方は同じ立体配置であるが，他方は異なるという関係である。このように，互いに鏡像関係にない立体異性体を**ジアステレオマー**と呼ぶ。

ジアステレオマー同士は旋光性，融点，沸点，溶解度など物理的性質，および化学的性質がすべて異なり，別個の化合物である。したがって，化合物名も別々につけられる。2,3,4-トリヒドロキシブタナールの場合，慣用名では **A** と **B** はトレオース，**C** と **D** はエリトロースである。

[*11] 両眼の間に紙面を立てて，どの不斉炭素原子についても左右の結合が手前を向くように置けば，上下の炭素の結合は背後に向かうから，炭素骨格は必然的にブレスレットのように湾曲する。このように炭素骨格を置いても，立体配座を変えているだけであり，それぞれの炭素原子の立体配置は固定されたままである。

C^1–C^4 すべての炭素が面にのる。この面を立てて上から見る。

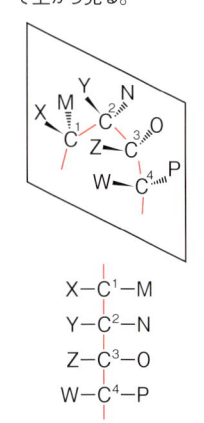

$X—C^1—M$
$Y—C^2—N$
$Z—C^3—O$
$W—C^4—P$

ジアステレオマー
diastereomer

問題 9-13
次の各二組の化合物のうち、互いにジアステレオマーの関係である組み合わせはどれか。

(a) 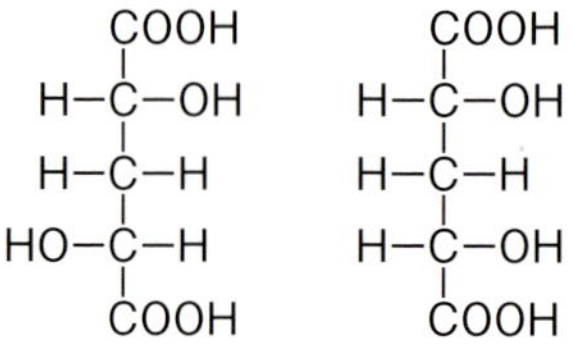 (構造式)

(b) 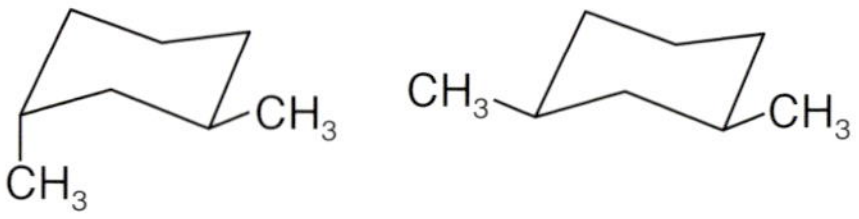 (構造式)

(c) 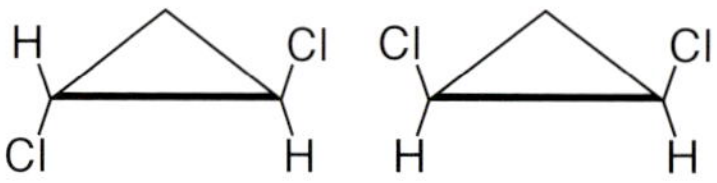 (構造式)

(d) 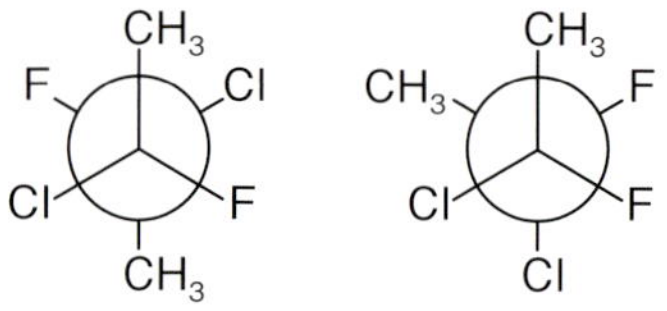 (構造式)

(e) 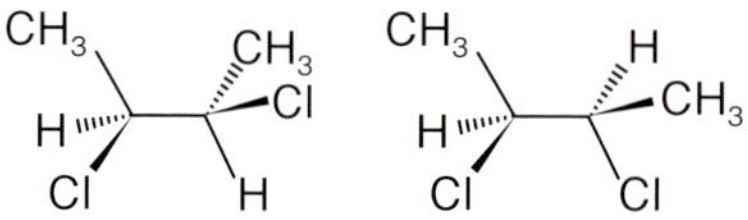 (構造式)

9-7 メソ形

メソ形 *meso* form

　酒石酸には不斉炭素が2個含まれるにもかかわらず、立体異性体は3種類しか存在しない。四つの構造のうち一対は同一構造になっているからである。立体配置のすべての組み合わせ、*SS*, *SR*, *RS*, *RR* は下図のようになる。**A** と **B** は鏡像異性体の関係であるが、**C** と **D** は鏡像の関係ではなく、同一の化合物を表している。したがって、**C**（＝**D**）は光学的に不活性で旋光性を示さない。このように、不斉炭素原子をもつにもかかわらず対応する鏡像異性体が存在しない立体異性体を**メソ形**という。メソ形の化合物はメソ体と呼ばれることもある。酒石酸で、なぜこのようなことが起こったかというと、2個の不斉炭素原子につく置換基がそれぞれ同一であったことに起因する。あるいは、分子自身にすでに対称面が存在するためといってもよい。

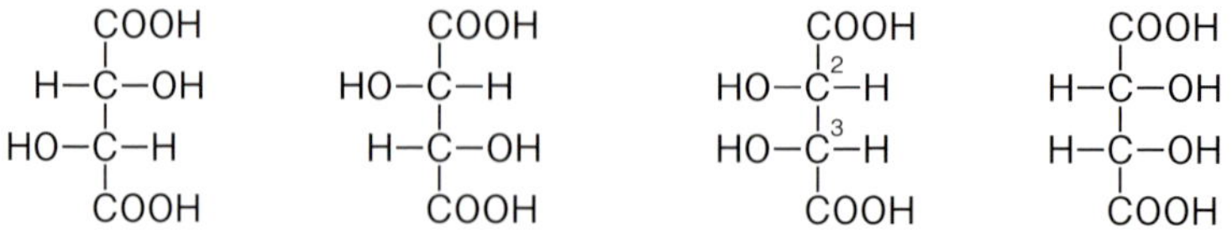

　　　　　A　　　　　　B　　　　　　C　　　　D
　　　(+)-酒石酸　　(−)-酒石酸　　　*meso*-酒石酸

酒石酸には一対の鏡像異性体と、そのジアステレオマーであるメソ形の異性体が一つ存在するということになる。

問題 9-14 メソ形酒石酸のC（前ページ）のC^2とC^3の立体配置を*RS*表示で示せ。

問題 9-15 次の化合物の中からメソ形を選べ。

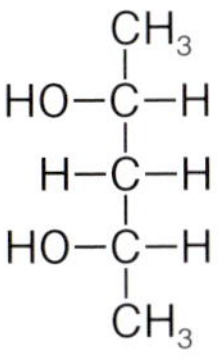

```
    CH3           CH3           CH3           CH3           CH3
HO-C-H         H-C-OH         H-C-H         HO-C-H        HO-C-H
 H-C-H         H-C-H         H-C-OH         H-C-H         HO-C-H
HO-C-H         HO-C-H        HO-C-H         H-C-OH         H-C-H
    CH3           CH3           CH3           CH3           CH3
    (a)           (b)           (c)           (d)           (e)
```

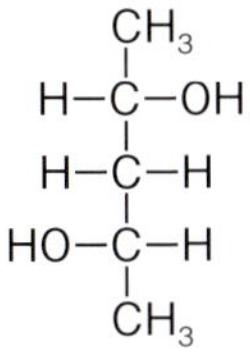

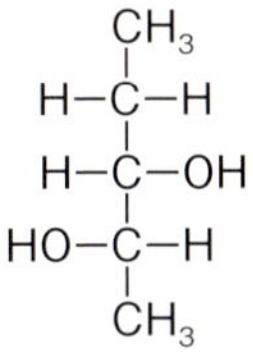

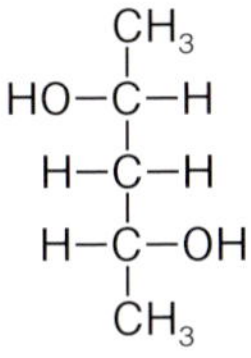

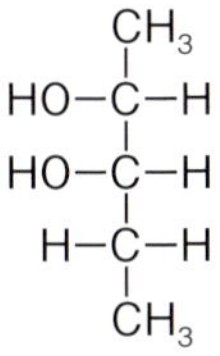

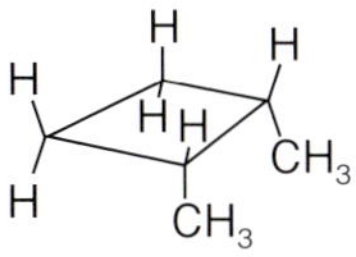

(f), 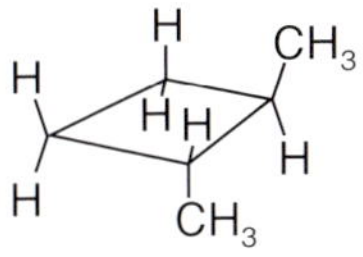 (g), 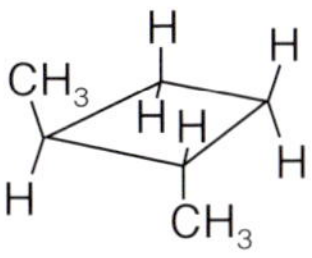 (h): シクロヘキサン環上に2つのメチル基をもつ異性体

9-8 光学分割

ラセミ体をその成分の鏡像異性体に分離することを**光学分割**という。鏡像異性体同士は旋光性を除いてすべての性質が同じなので、光学分割には特別の工夫が必要となる。最も一般的な光学分割の方法は、ジアステレオマーに変換して分離する方法である。

たとえば、光学活性なカルボン酸の*d*形と*l*形の等量混合物、すなわちラセミ体を光学分割する場合、光学活性なアミンを塩基として作用し、すべてを塩に変換する。この一対の塩は、カルボン酸陰イオン中の不斉炭素原子の配置は鏡像関係にあるが、アンモニウム陽イオン中の不斉炭素原子については同一であるからジアステレオマーである。ジアステレオマー同士は別個の化合物であるから、再結晶などによって分離することができる。分離後、酸を作用してカルボン酸を遊離させれば純粋な光学活性体が得られる。

光学分割 optical resolution

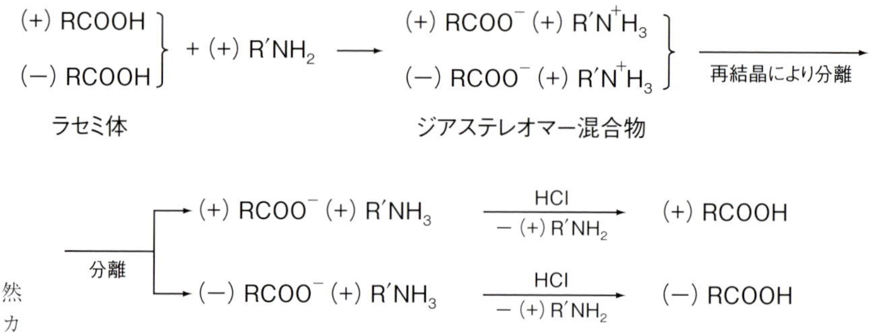

第9章　鏡像異性体

$$\left.\begin{array}{l}(+)\ RCOOH \\ (-)\ RCOOH\end{array}\right\} + (+)\ R'NH_2 \longrightarrow \left.\begin{array}{l}(+)\ RCOO^-\ (+)\ R'N^+H_3 \\ (-)\ RCOO^-\ (+)\ R'N^+H_3\end{array}\right\} \xrightarrow{\text{再結晶により分離}}$$

ラセミ体　　　　　　　　　　　　　　　　ジアステレオマー混合物

$$\text{分離}\left\{\begin{array}{l}(+)\ RCOO^-\ (+)\ R'NH_3 \xrightarrow[-(+)\ R'NH_2]{HCl} (+)\ RCOOH \\ (-)\ RCOO^-\ (+)\ R'NH_3 \xrightarrow[-(+)\ R'NH_2]{HCl} (-)\ RCOOH\end{array}\right.$$

光学活性なアミンとしては、天然物由来のキニーネ、ブルシン、ストリキニーネなどが用いられる*12。

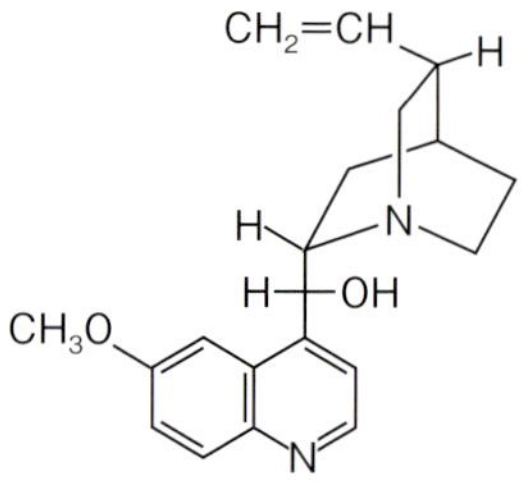

問題 9-16　側注 12 のキニーネには何個の不斉炭素原子が含まれるか。

問題 9-17　ラセミ体のアミンを光学分割するにはどのようにすればよいか。

＊**問題 9-18**　光学活性なアルコールを用いてカルボン酸を光学分割するにはどのようにすればよいか。

9-9　不斉合成

　光学不活性な原料化合物から光学活性な化合物を合成すること、つまり鏡像異性体の一方のみを選択的に合成することを**不斉合成**という。たとえば、非対称なケトンを還元して第二級アルコールを合成する場合、ケトンのカルボニル基の炭素原子は sp^2 混成から sp^3 混成への変化に伴って不斉炭素原子となるから、第二級アルコールはキラルな構造である。通常の還元方法、たとえば、$LiAlH_4$*13 を用いると、還元剤の攻撃はカルボニル平面の左右どちら側からも等しい確率で起こるので、得られる第二級アルコールはラセミ体となる*14。キラルで光学活性な還元剤を用いれば、カルボニル平面の左右で反応性が異なるので不斉反応を誘起することができる。

*12　これらの化合物は自然界の植物から得られ、アルカロイドと総称される、窒素を含む塩基性有機化合物である（15-5 節）。たとえば、キニーネは下図のような構造である。

不斉合成
asymmetric synthesis

*13　$LiAlH_4$ 水素化アルミニウムリチウムは、還元剤としてよく用いられる市販の試薬である。11-2 節を参照。

*14　還元試薬（図の中ではわかりやすいように H_2 と表している）が右側から攻撃した場合 d、左側から攻撃した場合その鏡像異性体 l がそれぞれ生成する。一般の還元試薬を使うと、左右からの攻撃の確率が等しいからラセミ体が生成する。左右どちらか一方からの攻撃が優先されれば、不斉合成反応となる。

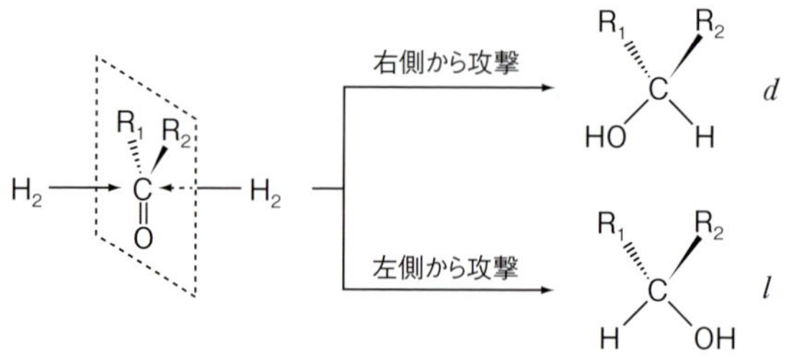

生体物質の多くは光学活性な有機化合物である。アミノ酸、糖、テルペン、アルカロイドなど、この自然界は鏡像異性体の一方からのみ成り立つ世界である。このため、生体反応ではラセミ体を摂取しても、その一方の鏡像異性体のみが生体内で利用される。生体内では常に不斉合成が行われているといってもよい。これは光学分割にも利用することができる。たとえば、ある種の微生物にラセミ体を与えても、鏡像異性体の一方のみを代謝するので、もう一方の鏡像異性体は変化を受けずに純粋に手に入ることになる。

問題 9-19 次の反応のうち、生成物に新たな不斉炭素原子が生じるものはどれか。すなわち、不斉合成の対象となる反応はどれか。

(a)
$$\text{H}-\underset{\underset{\text{OH}}{|}}{\overset{\overset{\text{CH}_3}{|}}{\text{C}}}-\text{COOH} + \text{CH}_3\text{CH}_2-\text{OH} \longrightarrow \text{H}-\underset{\underset{\text{OH}}{|}}{\overset{\overset{\text{CH}_3}{|}}{\text{C}}}-\text{COOC}_2\text{H}_5 + \text{H}_2\text{O}$$

(b) $\text{CH}_3\text{CH}=\underset{\underset{\text{CH}_3}{|}}{\text{C}}-\text{CH}_2\text{CH}_2\text{CH}_3 \xrightarrow{\text{H}_2}$

(c)
$$\underset{\underset{\text{CH}_2}{\|}}{\overset{\overset{\text{CH}_2}{\|}}{\text{CH}}}\text{CH} + \underset{\text{H}\quad\text{COOH}}{\overset{\text{H}\quad\text{H}}{\underset{\|}{\text{C}=\text{C}}}} \longrightarrow$$

問題 9-20 次の天然化合物の不斉炭素原子はどれか。

(a) 4-イソプロペニル-1-メチルシクロヘキセン

(b) メントール (HO 置換シクロヘキサン, イソプロピル・メチル置換)

(c) $\text{CH}_3-\underset{\underset{\text{CH}_3-\text{NH}}{|}}{\text{CH}}-\underset{\underset{\text{OH}}{|}}{\text{CH}}-\text{C}_6\text{H}_5$

(d) α-ピネン (Me 3個置換二環式)

第 10 章

ハロゲン化合物

ハロゲン原子をもつ有機化合物は、自然界では海に生きる生物を除いて、あまり見当たらない。したがって、合成されたハロゲン化合物は生体に対して影響を与えるという点から、殺虫剤や医薬品として利用され、環境問題に登場することもあった。ハロゲン化合物の sp^3 混成炭素とハロゲン原子との結合は極性が高いので、高いイオン反応性を示し、その反応機構にはイオン反応の基本となる種々の考え方が凝縮されている。本章では、置換反応と脱離反応を例に、反応機構に対する理解を一層深めていこう。

10-1 命名法と性質

炭化水素の水素をハロゲンで置換した構造の化合物を、炭化水素のハロゲン置換体と呼び、母体炭化水素の名称に、フルオロ (F)、クロロ (Cl)、ブロモ (Br)、ヨード (I)、などをつけて命名する。また、炭化水素基の名称に官能基の種類名（塩化物 chloride、臭化物 bromide、ヨウ化物 iodide など）を添えて命名する方式も用いられる[*1]。

CH₃–CH–CH₃   2-ブロモプロパン   臭化イソプロピル
  |
  Br   isopropyl bromide

Cl–CH₂–CH₂–Cl   1,2-ジクロロエタン   二塩化エチレン
                       ethylene dichloride

CH₂=CH–CH₂–I   3-ヨード-1-プロペン   ヨウ化アリル[*1]
                       allyl iodide

問題 10-1 次の化合物を命名せよ。

(a) CH₃–C=CH–CH₂–CH₂–Cl   (b) Cl–CH₂–CH₂–CH₂–Br
   |
   Cl

(c) （1-クロロ-6-メチルシクロヘキセンの構造式）

[*1] 語尾を変えるのではなく、官能基の種類を表す名前を後に置く命名法で、**基官能命名法**と呼ばれる。官能基の種類を表す名前とは、塩化物、臭化物などのほか、アルコール、エーテル、ケトンなどもある。したがって、アルコール、エーテル、ケトンなどにも基官能命名法は用いられる。詳しくはそれぞれの節で述べる。
基官能命名法ではヨウ化…とし、ヨー化…ではない。

炭化水素にハロゲンが置換すると、一般に、密度は大きく、沸点は高くなる。この効果は、ハロゲン原子の原子量が大きくなるほど、また置換するハロゲン原子の数が多くなるほど大きくなる[*2]。

10-2 ハロゲン化合物の合成と反応

ラジカル置換反応

光照射により Cl_2 や Br_2 のラジカル連鎖反応を誘起することで、C–H

[*2] 沸点に関しては、5-2節に例を記した通り、分極されやすいほど、つまり原子が大きくなるほど、ファンデルワールス力が大きくなることと関係している。

結合を直接に Br や Cl に置換することができる（6-6 節）*³。

問題 10-2　次の反応生成物を書け。

(a) C₆H₅-CH(CH₃)₂ $\xrightarrow{\text{Br}_2}_{\text{光照射}}$　　(b) シクロヘキサン $\xrightarrow{\text{Br}_2}_{\text{光照射}}$

*³ メタンの例が高校化学教科書に必ずといってよいほど出ているが、C–H 結合が多数ある一般のアルカンの場合は反応位置を制御できないので、あまり実用的な合成反応ではない。

付加反応

ハロゲン分子やハロゲン化水素の不飽和結合への求電子付加反応によってもハロゲン化合物が得られる（7-3 節）。

問題 10-3　次の反応生成物を書け*⁴。

(a) $CH_2=C(CH_3)-CH_3$ $\xrightarrow{\text{HCl}}$　(b) $CH_3CH_2C{\equiv}CH$ $\xrightarrow{\text{2 HBr}}$　(c) C₆H₅-CH=CHCH₃ $\xrightarrow{\text{HCl}}$

置換反応

アルコールのヒドロキシ基をハロゲンに置換するという官能基の変換反応により、ハロゲン化合物を合成することができる。塩素化では塩化チオニル SOCl₂、ブロモ化では三臭化リン PBr₃ などが用いられる*⁵。

R–OH $\xrightarrow{\text{SOCl}_2}$ R–Cl
R–OH $\xrightarrow{\text{PBr}_3}$ R–Br

*⁴ アルキンと臭化水素の反応も、マルコウニコフ則による生成物が主となる。

*⁵ 塩化チオニル SOCl₂ は下の構造式で表される。アルコールとの反応により HCl と SO₂ が発生する。

$$\text{Cl}-\underset{\underset{\text{O}}{\|}}{\text{S}}-\text{Cl}$$

問題 10-4　アルコールと SOCl₂ との反応を、係数も考慮して完全な反応式で書け。

ハロゲン化合物の C–X 結合は、種々の陰イオンや、アミンのような非共有電子対をもつ試薬により置換反応を受ける。ハロゲン原子は陰イオンとして離れていく*⁶。

R–X + OH⁻ ⟶ R–OH + X⁻
R–X + R'O⁻ ⟶ R–OR' + X⁻
R–X + CN⁻ ⟶ R–CN + X⁻
R–X + NH₃ ⟶ R–NH₂ + HX

*⁶ 10-3 節で述べる S_N2 反応の機構で主に進行する。

問題 10-5　臭化ブチル CH₃CH₂CH₂CH₂–Br と次の試薬との主生成物を書け。

(a) NaOC₆H₅　(b) NaCN　(c) NaC≡CH　(d) CH₃CH₂CH₂CH₂–NH₂

脱ハロゲン化水素

ハロゲン化アルキルに塩基を作用すると脱ハロゲン化水素が起こりアルケンを与える（7-2節参照）。この脱離反応は置換反応と競争して起こる。脱離反応を優先させるには、水酸化カリウムのエタノール溶液やカリウム t-ブトキシド KOt-Bu のような強い塩基を用いる。

$$CH_3CH_2\text{-}X \xrightarrow[\text{EtOH}]{\text{KOH}} CH_2=CH_2$$

問題 10-6 次の各段階の反応を経たのちに得られる最終主生成物を書け。

(a) $CH_3CH_2CH_2CH=CH_2 \xrightarrow{\text{HBr}} \xrightarrow{\text{NaCN}}$

(b) $Br\text{-}CH_2CH_2CH_2\text{-}Br \xrightarrow{CH_3ONa}$

(c) ⟨C₆H₅⟩−CH=CH₂ $\xrightarrow[\text{H}^+]{\text{H}_2\text{O}} \xrightarrow{SOCl_2}$

(d) ⟨cyclohexylidene⟩=CH₂ $\xrightarrow{\text{HCl}} \xrightarrow{\text{KO}t\text{-Bu}}$

グリニャール試薬の生成

ハロゲン化アルキル (R-X) は乾燥エーテル中で金属マグネシウムと反応し、ハロゲン化アルキルマグネシウム RMgX を生成する。このマグネシウム化合物を**グリニャール試薬**と呼ぶ。R-X としては、臭化アルキルがよく用いられる。グリニャール試薬はエーテル溶液から単離されることなく、そのまま様々な合成反応に利用される（11-2節）。

グリニャール試薬
Grignard reagent

$$R\text{-}Br + Mg \longrightarrow RMgBr \quad \text{あるいは} \quad R^{\delta-}(MgBr)^{\delta+}$$

グリニャール試薬のように炭素原子と金属原子が直接に結合した有機化合物を**有機金属化合物**という。炭素と金属との結合は、イオン結合と共有結合との中間的な結合と理解してよいだろう。陽性の金属原子と結合した炭素原子は、強い負の極性をもち、カルボアニオンに近い求核性を示す（11-2節）。

有機金属化合物
organometallic compound

問題 10-7 グリニャール試薬は水に対して非常に不安定で、すぐに分解してしまう。水との分解反応を化学反応式で書け。

10-3 置換反応の機構

反応が起こるとき、どんなタイミングで、どんな過程を経て結合の組み換えが起こるのであろうか。それらの詳細を分子のレベルで解き明かしたものが**反応機構**である。反応機構を明らかにすることは、数多い反

反応機構
reaction mechanism

応を整理し、体系化するための基礎になるだけでなく、新しい反応を予測する助けともなる。たとえば、上に記したハロゲン化合物と種々の陰イオンやアミンとの反応は、**脂肪族求核置換反応**という分類でまとめることができる。

下の反応を例に置換反応の機構を調べてみよう。

$$\text{H}_3\text{C-Br} + \text{MeO}^-\text{Na}^+ \longrightarrow \text{H}_3\text{C-OMe} + \text{Na}^+\text{Br}^-$$

C−Br 結合の極性が高いため、炭素原子には正電荷が発現している。この炭素原子に向かってメトキシド陰イオン（MeO⁻）が攻撃する。正電荷を帯びているということは、電子密度が低く原子核（陽子）がかなりむき出しの状態になっていることに相当する。その炭素の核に向かって電子のあり余った陰イオンが結合の手を差し伸べるという意味で、このタイプの反応を**求核反応**と呼び、MeO⁻ は**求核試薬**という。CH₃-Br への置換の結果追い出された臭化物イオンを**脱離基**と呼ぶ。

反応が始まるにはまず、臭化メチル分子とメトキシド陰イオンとが衝突しなければならない。このとき、求核試薬の MeO⁻ が脱離基の背面から向かってくると、C−O 結合が形成されるにつれ、押し出されるように C−Br 結合も切れ始める。これにより、新しい C−O 結合はもとの C−Br 結合の反対側に生じることになる。つまり、立体配置の反転を伴って進行する*⁷。反応位置の炭素原子が、形成しかかった C−O 結合とも、また、切れかかった C−Br 結合とも、同程度に結合をしている状態が反応の遷移状態である。この遷移状態の山を越えると、新たな結合 C−O の方が強くなり、立体配置の反転へと向かう。

このような機構で進行する sp³ 混成炭素上の置換反応を**二分子求核置換反応**あるいは **S$_N$2 反応**と呼ぶ。二分子という語句は、求核試薬とハロゲン化アルキルの二分子同士が衝突する必要があることを意味している。したがって、S$_N$2 反応の反応速度 v は、ハロゲン化アルキル R−X と求核試薬 N の両方の濃度に依存して、次のように**二次反応速度式**で表される*⁸。

$$v = k[\text{R-X}][\text{N}]$$

S$_N$2 反応の遷移状態

求核反応
nucleophilic reaction

求核試薬
nucleophilic reagent

脱離基 leaving group

*⁷ 臭化メチルの反応側では、実験的に反転を確かめられない。問題 10-8 に見るように、光学活性体あるいは立体異性体に対する反応からわかることである。

二分子求核置換反応
bimolecular nucleophilic substitution

*⁸ A→B（生成物）の反応において、反応速度
 $v = -d[\text{A}]/dt = k[\text{A}]$
の関係が成り立つ反応を一次反応、
 $v = -d[\text{A}]/dt = k[\text{A}]^2$
が成り立つ反応を二次反応という。一次反応では、反応物質 A が半分に減るまでの時間（半減期）は A の初濃度に無関係である。
A＋B→C のタイプの反応では、$v = -d[\text{A}]/dt = -d[\text{B}]/dt = k[\text{A}][\text{B}]$
で与えられ、二次反応である。

問題 10-8 次の S_N2 反応で生じる生成物を、上の例に倣って、立体配置がわかるように描け。

(a) CH₃CH₂–C(H)(CH₃)–Cl →(NaOMe)

(b) t-Bu–[シクロヘキサン環]–Cl(H) →(NaOEt)

第三級のハロゲン化アルキル、たとえば臭化 t-ブチルに対して S_N2 反応は起こりにくい。分子の背面がメチル基で込み合っているため求核試薬が炭素原子に衝突できない、つまり立体障害が大きいからである。しかし、第三級ハロゲン化アルキルでも S_N2 反応とは異なる機構で脂肪族求核置換反応は起こる。すなわち、衝突を必要とせずに、ハロゲン化アルキルが自発的にイオン解離して進行する機構である。これを、**一分子求核置換反応**あるいは **S_N1 反応**と呼ぶ。たとえば、臭化 t-ブチルとナトリウムメトキシド（NaOMe）は次のような置換反応を起こす。

一分子求核置換反応
unimolecular nucleophilic substitution

$$\text{Me–C(Me)(Me)–Br} \xrightarrow{\text{NaOMe}} \text{Me–C(Me)(Me)–OMe} + \text{NaBr}$$

臭化 t-ブチル

この反応では、C–Br 結合が開裂してカルボカチオンが中間体として生成する段階が律速段階となる[*9]。したがって反応速度は $v = k[\text{R–X}]$ で表される一次反応である。いったんカルボカチオンが生じれば、求核試薬のメトキシドイオンと速やかに反応して C–O 結合が生じる。カルボカチオンは sp^2 混成の平面構造であるから、平面のどちら側からも求核試薬の攻撃を受ける。この攻撃が C–Br 結合の反対側から起これば立体配置は反転し、同じ側から起これば立体配置は保持される。どちらも同じ確率で起こるから、反転と保持は同量ずつ起こる[*10]。

[*9] 生成物に至る一連の反応過程の中で、反応速度に最も大きく影響する過程を律速段階（rate-determining step）という。S_N1、S_N2 いずれにおいても、最も反応速度の遅い、つまり最も高い遷移状態を越える段階が律速段階となる。遷移状態を越えるのに要するエネルギーを活性化エネルギーという。
右図の (a) は S_N1 の、(b) は S_N2 のそれぞれ反応座標

[*10] 臭化 t-ブチルの反応例では、実験的にこれを確かめられない。光学活性体の不斉炭素原子への置換反応を行ったとき、生成物はラセミ化することになる。

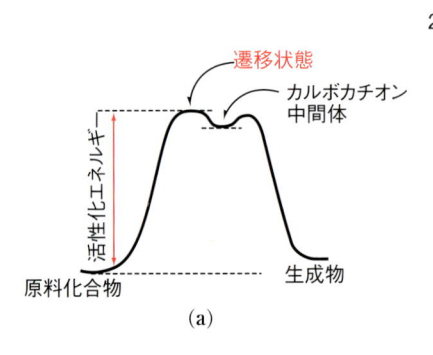

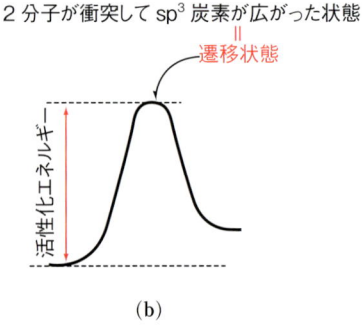

(a) 遷移状態／カルボカチオン中間体／活性化エネルギー／原料化合物／生成物

(b) 2分子が衝突して sp^3 炭素が広がった状態＝遷移状態／活性化エネルギー

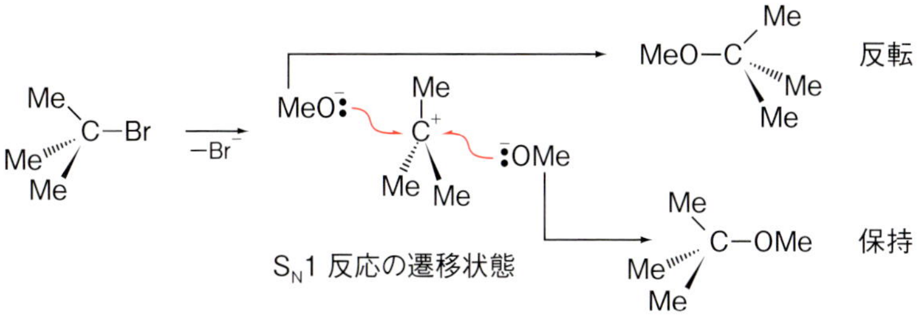

S_N1 反応の遷移状態 より 反転 / 保持

* **問題 10-9** 次の各反応は S_N1 と S_N2 のどちらの機構で起こっているか。また、そう判断した理由を述べよ。

(a)　$CH_3CH_2CH_2Br + CH_3CH_2O^- \rightarrow CH_3CH_2CH_2\text{-}O\text{-}CH_2CH_3$

1-ブロモプロパンの濃度を 2 分の 1 にして、$CH_3CH_2O^-$ の濃度を 3 倍にしたところ、反応速度は 1.5 倍になった。

(b)　$(CH_3)_3C\text{-}Cl + CH_3CH_2OH \rightarrow (CH_3)_3C\text{-}O\text{-}C_2H_5$

$(CH_3)_3C\text{-}Cl$ の濃度を 2 倍にしても、50 % が反応するまでの時間は変わらなかった。

(c)　次の A、B、C 各ハロゲン化アルキルに対してナトリウムメトキシドを作用して、対応するエーテルに導く反応の反応速度を比べたところ、A＞B＞C の順に反応は速かった。ただし、A、B、C いずれも同じ反応機構で進行するものとする。

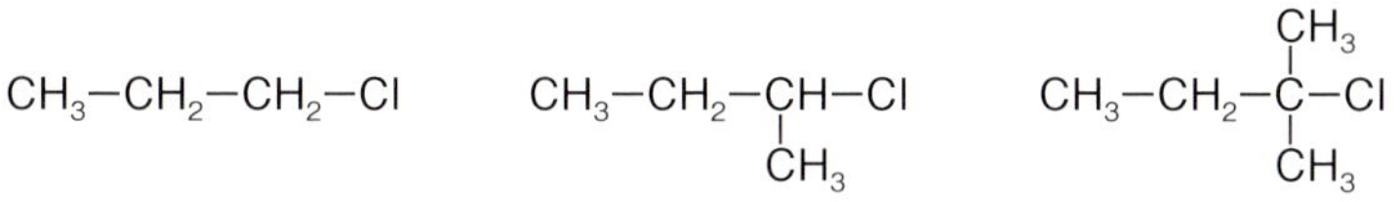

$CH_3\text{-}CH_2\text{-}CH_2\text{-}Cl$　　$CH_3\text{-}CH_2\text{-}CH(CH_3)\text{-}Cl$　　$CH_3\text{-}CH_2\text{-}C(CH_3)_2\text{-}Cl$
　　A　　　　　　　　　　B　　　　　　　　　　　　C

(d)　光学活性な 1-ヨード-1-フェニルエタンをナトリウムエトキシドと反応させたところ、1-エトキシ-1-フェニルエタンのラセミ体が得られた。

10-4　カルボカチオンと反応機構

カルボカチオンは様々な反応において中間体として現れるイオン種である。

ハロゲン化アルキルは C–X 結合の極性が高いため、イオン化を促進する極性溶媒中で加熱することによりイオン開裂してカルボカチオン中間体を生成する。この、イオンのまわりを取り囲む無数の溶媒分子それ自身が求核試薬として作用すると、置換反応が起こる。溶媒は、イオン化を助ける役割と求核試薬としての役割を担ったことになる。このような極性溶媒中での置換反応は S_N1 反応となり、**ソルボリシス**と呼ばれる[*11]。

ソルボリシス solvolysis

*11　solvolysis の音訳で、加溶媒分解反応ともいう。溶媒 (solvent) が試薬となって分解を促す反応という意味をもつ。水が溶媒の場合は加水分解 (hydrolysis)、エタノールではエタノリシス (ethanolysis)、酢酸ではアセトリシス (acetolysis) とそれぞれ呼ばれる。

$$R\text{-}X + H_2O \longrightarrow R\text{-}OH + HX \quad \text{加水分解}$$

$$R\text{-}X + EtOH \longrightarrow R\text{-}OEt + HX \quad \text{エタノリシス}$$

$$R\text{-}X + MeCOOH \longrightarrow R\text{-}OCOMe + HX \quad \text{アセトリシス}$$

カルボカチオン中間体の生成しやすさは、脱離基の種類にも依存する[*12]。ハロゲンとの結合に関しては、最もイオン開裂しやすいのは C-I 結合で、C-I > C-Br > C-Cl > C-F の順である。電気陰性度から予測される極性の高さの順ではなく、その逆であるのは、求核試薬が近づいたときの結合の分極の起こりやすさが関係しているためである。

S_N1 反応の起こりやすさは、脱離基が置換する炭素原子の構造にも依存する。カルボカチオンは、イオン開裂への遷移状態とほぼ同程度のエネルギー状態にある中間体である。したがって、このイオン開裂の起こりやすさは、カルボカチオンの安定性により見積もることができる（6-7 節を参照）。

カルボカチオンが安定であるほど、その生成に至る遷移状態も低くなる[*13]。一般にカルボカチオンの安定性は 第三級 > 第二級 > 第一級 の順である。これは、アルキル基から電子が押し出されて、正電荷での電子不足が補われ、安定化を受けるためと考えられる。

第三級ハロゲン化アルキルは、立体障害のために S_N2 反応が起こりにくい一方で、S_N1 反応が有利になる構造的要因もあることになる。第一級のアルキル基でも、イオンとなる炭素原子にフェニル基やビニル基が結合するとカルボカチオンは安定となるので、S_N1 反応は起こりやすくなる。これは、カルボカチオン中間体に次のような共鳴安定化があるためである[*14]。

[*12] 炭素とハロゲンの結合を自力でイオン解離させられるか、あるいは求核試薬の助けを借りなければ開裂させられないかが、S_N1 と S_N2 の分かれ道ということになる。

[*13] 7-3 節で学んだ付加反応においても、カルボカチオンが反応中間体となる反応機構があったことを思いだそう。マルコウニコフ則は、より安定なカルボカチオンを与える方向に進んだ結果である、と説明されたはずである。

[*14] 二重結合のπ電子や非共有電子対が共鳴に寄与するだけでなく（5-6 節、6-7 節）、二重結合に隣接した空の p 軌道も共鳴に寄与するのである。すなわち、空の軌道に電子を受け入れてπ電子の非局在化を促し、共鳴安定化に導いている。

問題 10-10 次のカルボカチオンの共鳴構造式を書け。

(a) $CH_2=CH\text{-}\overset{+}{C}H\text{-}CH=CH\text{-}CH_3$

(b) $C_6H_5\text{-}\overset{+}{C}H\text{-}CH=CH_2$

問題 10-11 次の (a) ～ (c) 各三組のハロゲン化物を、S_N1 反応の起こりやすさの順番に並べよ。

(1) 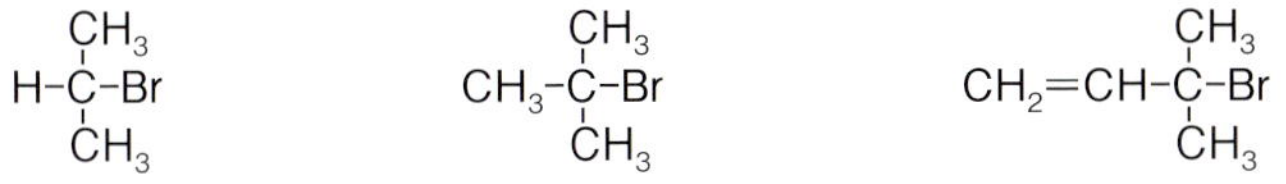
(a) $(CH_3)_2CHBr$
(b) $(CH_3)_3CBr$
(c) $CH_2=CH-C(CH_3)_2-Br$

(2) 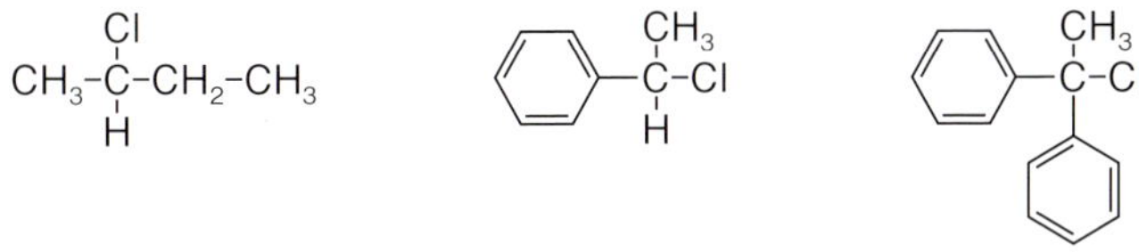
(a) $CH_3-CHCl-CH_2-CH_3$
(b) $C_6H_5-CHCl-CH_3$
(c) $(C_6H_5)_2C(CH_3)Cl$

問題 10-12 次の付加反応の中間体を構造式で示せ。

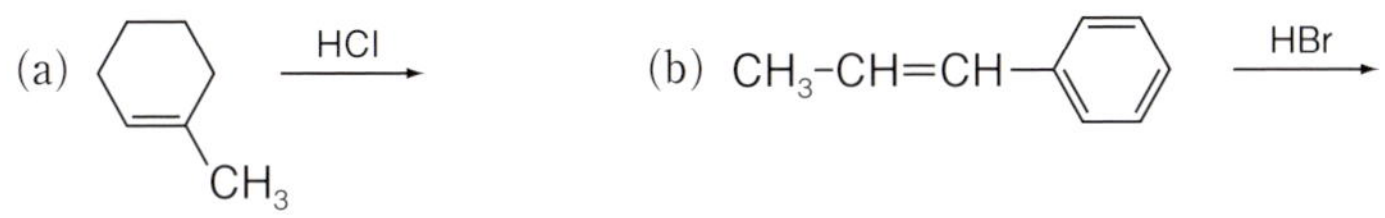

(a) 1-メチルシクロヘキセン $\xrightarrow{HCl}$

(b) $CH_3-CH=CH-C_6H_5 \xrightarrow{HBr}$

付加反応でカルボカチオンが反応中間体となることは、次のような反応が起こることで確かめられる。すなわち、臭化物イオンがカルボカチオンを求核的に攻撃して結合するよりも溶媒分子の MeOH による求核攻撃の方がまさって、メトキシ基が結合したと説明できる。二段階目の反応はメタノリシスに相当することになる。

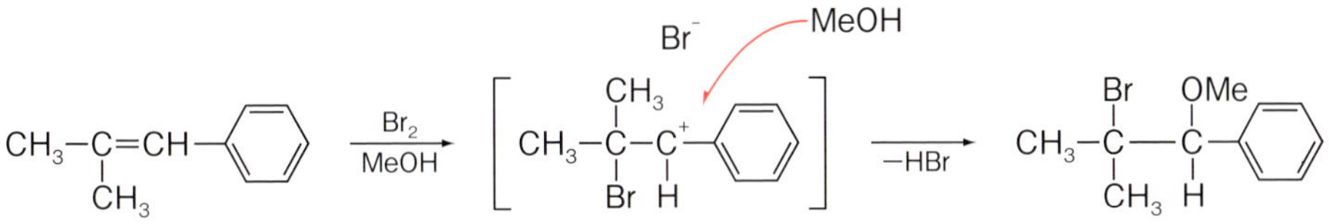

$CH_3-C(CH_3)=CH-C_6H_5 \xrightarrow{Br_2/MeOH} [CH_3-C(CH_3)(Br)-C^+H-C_6H_5]\ Br^- \xrightarrow[-HBr]{MeOH} CH_3-C(CH_3)(Br)-CH(OMe)-C_6H_5$

***問題 10-13** 次の各反応生成物の生成機構を説明せよ。

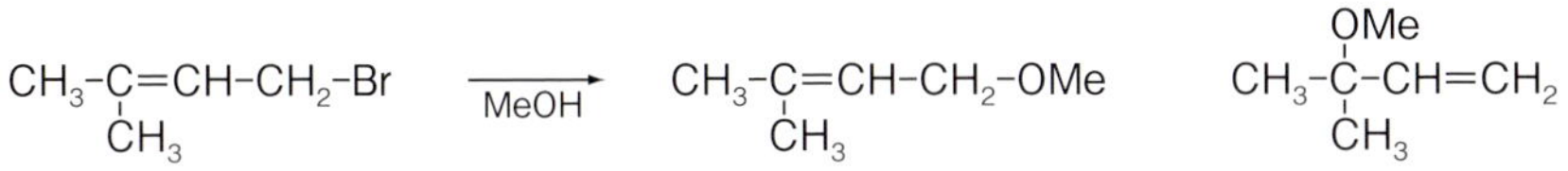

$CH_3-C(CH_3)=CH-CH_2-Br \xrightarrow{MeOH} CH_3-C(CH_3)=CH-CH_2-OMe \quad CH_3-C(OMe)(CH_3)-CH=CH_2$

$\qquad\qquad\qquad\qquad\qquad\qquad\qquad$ **A** $\qquad\qquad$ **B**

問題 10-14 次の各反応生成物の生成機構を説明せよ。

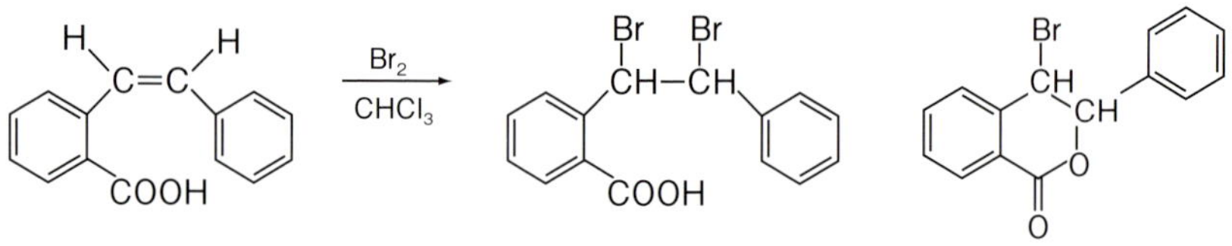

SN1 反応で生じたカルボカチオンでは、置換反応と競争して脱離反応も起こる。カルボカチオンがイオンから中性分子に戻る経路として、この炭素の隣からプロトンが自発的に外れれば脱離生成物を与えることになる[*15]。このタイプの脱離反応を**一分子脱離反応**あるいは **E1 反応**と呼ぶ。

[*15] この脱離反応でもザイツェフ則に従う生成物が主となる。

一分子脱離反応
unimolecular elimination

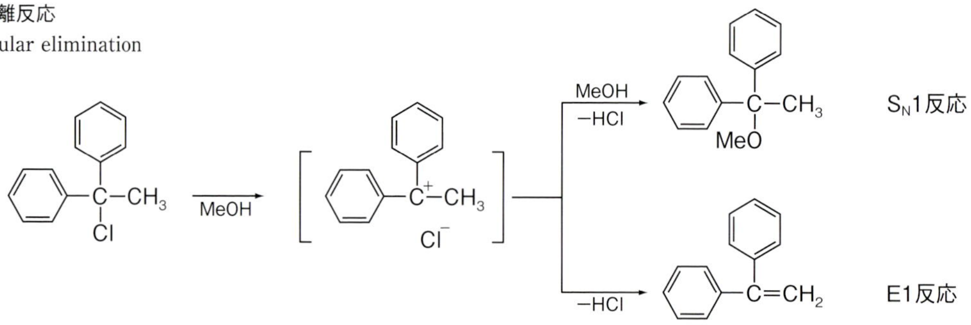

問題 10-15 エタノール中で次の塩化物と臭化物をそれぞれ加熱したところ、これらが減少する反応の速度に違いが観測された。しかし、置換反応生成物 A と脱離反応生成物 B の生成比は変わらなかった。塩化物と臭化物の減少速度はどちらが速いと予想されるか。また、塩化物と臭化物で A と B の生成比に違いがない理由を説明せよ。

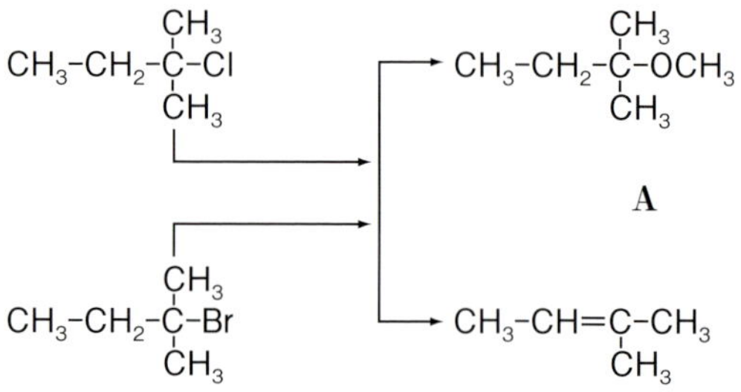

第11章

アルコールとエーテル

水分子 H_2O の H を一つ炭化水素基に変えた構造をもつ化合物 ROH がアルコールである。アルコールがもつ官能基、ヒドロキシ基 −OH は非常に極性が高いため、水との相性もよい。また、酸素原子上の非共有電子対は塩基の役割を担うので、水素陽イオン（プロトン）が触媒になる反応の例が多い。

水の H を二つとも炭化水素基で置き換えた構造の化合物 R-O-R′ はエーテルである。エーテルはアルコールと似た点もあるものの、その性質の多くはアルコールとは異なる。どのような違いがあるのだろう。そして、その理由はどこにあるのだろう。

11-1 命名法と性質

ヒドロキシ基 −OH をもつ脂肪族炭化水素を**アルコール**と呼ぶ[*1]。ヒドロキシ基が1分子中に何個あるかによって、一価、二価、三価、… などに分類される。

また、ヒドロキシ基が結合している炭素原子が第一級か、第二級か、第三級か（6-2節を参照）に応じて、第一級アルコール、第二級アルコール、第三級アルコールと呼ぶ。

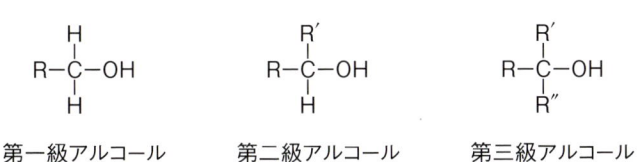

アルコール alcohol

[*1] すなわち、正四面体形の炭素原子（sp^3 混成の炭素原子）に OH 基が置換した化合物である。ベンゼン環に OH 基が置換した化合物はフェノール類という。

第一級アルコール　　第二級アルコール　　第三級アルコール

問題 11-1 次の各化合物は何級のアルコールか。

(a) $CH_2=CH-CH_2-OH$　　(b) （図）　　(c) CH_2-OH / CH_2 / CH_2-OH

アルコールの命名法は、OH 基の付く炭素原子を含む最も長い炭素鎖を選び、それに相当する炭化水素の名称の語尾 e を除いて、ol, diol などのアルコールの接尾語を付ける。炭素鎖の番号は、OH の付いている炭素の番号が小さくなるように付ける。

5-メチル-2-ヘプタノール　　3-ブテン-1-オール　　1,3-プロパンジオール

問題 11-2 次の化合物を命名せよ。

(a) CH₃-CH=CH-CH-CH₃
              |
              OH

(b) HO-CH₂-CH₂-CH-OH
                |
                CH₃

(c) CH₃-⌬-OH

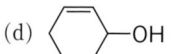

(d) ⌬=-OH

炭化水素基 ＋ アルコールとする命名法も用いられる*²。

CH₃-CH₂-OH： エチルアルコール

(CH₃)₂CH-OH： イソプロピルアルコール

O と H の電気陰性度の差が大きいため、O−H 結合の極性は非常に高い。このため、アルコールは分子間で水素結合をしており、炭素数の少ないアルコールでは、同程度の分子量をもつアルカンやエーテルと比べ沸点が高い（**表 11-1**）。炭素数が 3 までのアルコールは水と任意の割合で溶け合う。これも、水とアルコール分子の間の分子間水素結合が可能であることによる。炭素数が増えると炭化水素基の疎水性が優先し始めて、水溶性は急激に低下する。

*² 10-1 節の側注 1 に述べた基官能命名法である。

表 11-1 アルカン、エーテル、アルコールの沸点の比較例

		分子量	溶解度 (g/100 mL 水)	沸点 (℃)
ペンタン	CH₃CH₂CH₂CH₂CH₃	72	0.004	36.1
ブチルアルコール	CH₃CH₂CH₂CH₂-OH	74	7.9	117.3
ジエチルエーテル	CH₃CH₂-O-CH₂CH₃	74	7.5	34.5

問題 11-3 次の各二組の化合物のうち、沸点が高いのはどちらか。

(a) CH₃CH₂CH₂-Cl と CH₃CH₂CH₂-I

(b) CH₃-CH(CH₃)-CH₃ と CH₃-CH(OH)-CH₃

(c) CH₃CH₂CH₂CH₂-OH と (CH₃)₃C-OH

(d) HO-CH₂CH₂-OH と CH₃CH₂CH₂-OH

O−H 結合の極性が高いため、金属ナトリウムのような陽性金属と反応すると、水素を発生してアルコキシドとなる。

$$\text{R-OH} + \text{Na} \longrightarrow \text{R-O}^-\text{Na}^+ + \frac{1}{2}\text{H}_2$$

11-2 アルコールの合成

[1] アルケンへの硫酸の付加と加水分解（7-3節）

$$CH_3-CH=CH-CH_3 \xrightarrow{H_2SO_4} \underset{CH_3-CH-CH_2-CH_3}{HO-SO_2-O} \xrightarrow{H_2O} \underset{CH_3-CH-CH_2-CH_3}{OH}$$

[2] ハロゲン化アルキルの加水分解（10-4節）

$$R-Br + H_2O \longrightarrow R-OH + HBr$$

問題 11-4 シクロヘキセンからシクロヘキサノールを得る合成経路を二つ考案せよ。

〇 → 〇-OH

[3] カルボニル化合物の還元

カルボニル基 $\diagup C=O$ は金属水素化物試薬によってヒドロキシ基に還元される。カルボニル基がアルデヒド、エステル、あるいはカルボン酸に組み込まれている場合は第一級アルコールが生成し、ケトンのカルボニル基の場合は第二級アルコールが生成する。実験室で最も普通に用いられる還元試薬は水素化アルミニウムリチウム $LiAlH_4$ である。$C=C$ 二重結合とは反応しないので、分子内に $C=O$ と $C=C$ の二重結合がともに存在する化合物では、$C=O$ 二重結合だけが選択的にアルコールへと還元される。

水素化ホウ素ナトリウム $NaBH_4$ もよく用いられるが、$LiAlH_4$ よりも反応性が低い。$LiAlH_4$ はカルボキシル基の還元にも用いられるが、$NaBH_4$ はカルボン酸とは反応しない。

$$\underset{O}{R-\overset{\|}{C}-R'} \xrightarrow{LiAlH_4} \underset{OH}{R-\overset{|}{C}H-R'} \quad \text{第二級アルコール}$$

$$\underset{O}{R-\overset{\|}{C}-H} \xrightarrow{LiAlH_4} R-CH_2-OH \quad \text{第一級アルコール}$$

$$\underset{O}{R-\overset{\|}{C}-OR'} \xrightarrow[-R'OH]{LiAlH_4} R-CH_2-OH \quad \text{第一級アルコール}$$

$$\underset{O}{R-\overset{\|}{C}-OH} \xrightarrow{LiAlH_4} R-CH_2-OH \quad \text{第一級アルコール}$$

金属水素化物試薬との反応は、生成物が形式上 $C=O$ 二重結合への水素分子の付加物であることから、還元反応であることがすぐわかる[*3]。

[*3] 実際に水素分子が関与しているわけではない。金属水素化物試薬からは、水素陰イオン（ヒドリドイオン H^-）が発生する。H^- は電子を放出し（酸化されたことになる）、カルボニル基は電子を受け取り（還元されたことになる）アルコキシドとなる。この反応で Li^+ や Al^{3+} の酸化数は変わらない。

問題 11-5 次の反応生成物を書け。

(a) $CH_3-CH=CH-\underset{O}{\overset{\|}{C}}-O-CH_3 \xrightarrow{LiAlH_4}$

(b) シクロヘキサノン $\xrightarrow{NaBH_4}$

(c) $CH_3-\underset{O}{\overset{\|}{C}}-CH_2-CH_2-\underset{O}{\overset{\|}{C}}-H \xrightarrow{LiAlH_4}$

(d) $C_6H_5-\underset{O}{\overset{\|}{C}}-CH_3 \xrightarrow{LiAlH_4}$

*4 臭化アルキル R-Br あるいは臭化アリール Ar-Br をエーテル中で金属マグネシウム Mg と反応させると、ハロゲン化アルキルマグネシウム RMgBr あるいはハロゲン化アリールマグネシウム ArMgBr が生成する。これらマグネシウム化合物をグリニャール試薬という。10-2 節で述べたように、Mg との結合は純粋な共有結合ではないが、本書では価標を用いて R-MgBr と記すこともある。

[4] グリニャール反応

グリニャール試薬（ハロゲン化アルキルマグネシウム RMgBr あるいはハロゲン化アリールマグネシウム ArMgBr：10-2 節参照）をカルボニル化合物と反応させたのち、薄い酸で処理するとアルコールが得られる。これをグリニャール反応という*4。

$R'-\underset{O}{\overset{\|}{C}}-R'' \xrightarrow{RMgBr} R'-\underset{O-MgBr}{\overset{R}{\underset{|}{C}}}-R'' \xrightarrow[H^+]{H_2O} R'-\underset{OH}{\overset{R}{\underset{|}{C}}}-R''$ 　第三級アルコール

$R'-\underset{O}{\overset{\|}{C}}-H \xrightarrow{RMgBr} R'-\underset{O-MgBr}{\overset{R}{\underset{|}{C}}}-H \xrightarrow[H^+]{H_2O} R'-\underset{OH}{\overset{R}{\underset{|}{C}}}-H$ 　第二級アルコール

$R'-\underset{O}{\overset{\|}{C}}-OR'' \xrightarrow[-MgBr(OR'')]{2\,RMgBr} R'-\underset{O-MgBr}{\overset{R}{\underset{|}{C}}}-R \xrightarrow[H^+]{H_2O} R'-\underset{OH}{\overset{R}{\underset{|}{C}}}-R$ 　第三級アルコール

グリニャール試薬の炭素原子は、陽性の金属と結合したことにより負の極性をもつ。カルボアニオンに近い状態といってもよいだろう。一方、カルボニル基の炭素は正の極性をもつので、グリニャール試薬の炭素原子はカルボニル炭素に向かって求核攻撃をする。正電荷を帯びた Mg の側は、負の極性をもつ酸素原子との結合に向かう。結果的には、グリニャール試薬は全体をそっくり C=O 二重結合に付加させた形になる。この付加反応の後で、水で分解すれば遊離のアルコールが得られる。

$\overset{R'}{\underset{R''}{>}}\overset{\delta+}{C}=\overset{\delta-}{O} \;\; \overset{\delta-}{R}-(MgBr)^{\delta+} \longrightarrow R'-\underset{R''}{\overset{R}{\underset{|}{C}}}-\overset{MgBr}{O} \xrightarrow{H_2O} R'-\underset{R''}{\overset{R}{\underset{|}{C}}}-\overset{H}{O} + MgBr(OH)$

グリニャール試薬は水、アルコール、カルボン酸などの OH 水素と反応して分解する。

$R-MgBr + H_2O \longrightarrow R-H + MgBr(OH)$

このため、溶媒のエーテルは十分に乾燥したものを用いなければならない。

グリニャール反応は、アルコールの合成反応というだけでなく、新しい炭素–炭素結合の形成反応という点でも利用価値があり、いろいろな炭素骨格を構築する合成法としても用いられる。

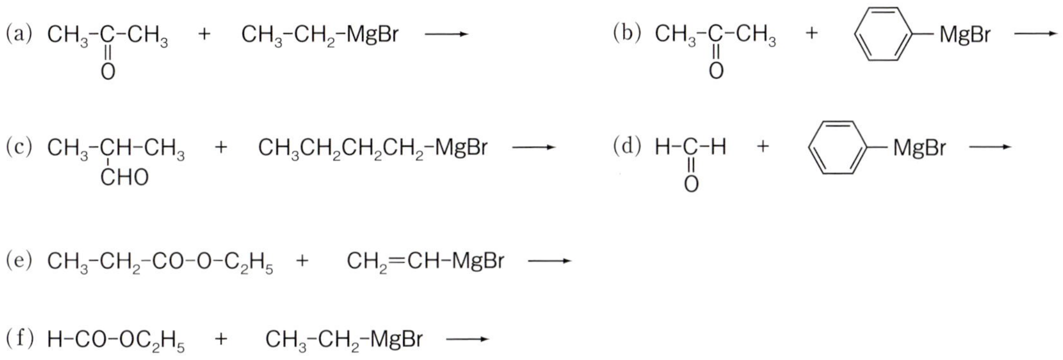

*5 グリニャール試薬の付加物を水で分解する過程を記すことなく、いきなりアルコールの生成を示してもよい。

問題 11-6 次のグリニャール反応で生成するアルコールを書け[*5]。

(a) CH$_3$-C(=O)-CH$_3$ + CH$_3$-CH$_2$-MgBr ⟶

(b) CH$_3$-C(=O)-CH$_3$ + C$_6$H$_5$-MgBr ⟶

(c) CH$_3$-CH(CHO)-CH$_3$ + CH$_3$CH$_2$CH$_2$CH$_2$-MgBr ⟶

(d) H-C(=O)-H + C$_6$H$_5$-MgBr ⟶

(e) CH$_3$-CH$_2$-CO-O-C$_2$H$_5$ + CH$_2$=CH-MgBr ⟶

(f) H-CO-OC$_2$H$_5$ + CH$_3$-CH$_2$-MgBr ⟶

問題 11-7 次のアルコールをグリニャール反応により合成したい。原料となるグリニャール試薬とカルボニル化合物を書け。二組以上の組み合わせがあり得るものもある。

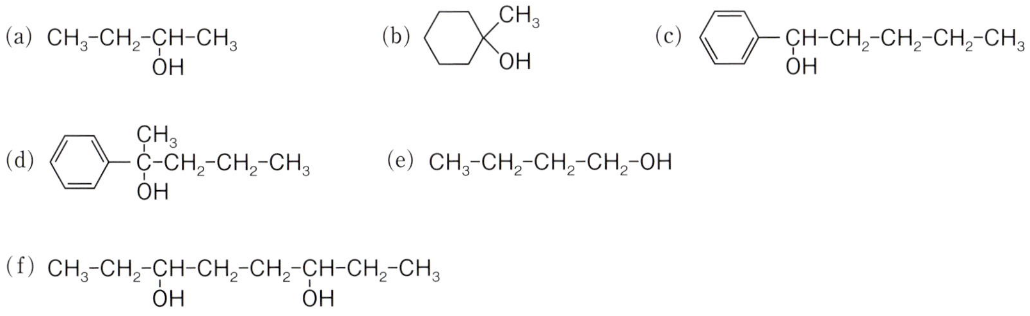

(a) CH$_3$-CH$_2$-CH(OH)-CH$_3$

(b) 1-メチルシクロヘキサノール (cyclohexane with CH$_3$ and OH on same carbon)

(c) C$_6$H$_5$-CH(OH)-CH$_2$-CH$_2$-CH$_2$-CH$_3$

(d) C$_6$H$_5$-C(CH$_3$)(OH)-CH$_2$-CH$_2$-CH$_3$

(e) CH$_3$-CH$_2$-CH$_2$-CH$_2$-OH

(f) CH$_3$-CH$_2$-CH(OH)-CH$_2$-CH$_2$-CH(OH)-CH$_2$-CH$_3$

[5] ヒドロホウ素化

ボラン BH_3 をアルケンに作用させると、付加反応によりトリアルキルホウ素化合物 R_3B が生成する。この反応を**ヒドロホウ素化**と呼ぶ。生じた C–B 結合は過酸化水素とアルカリにより C–O 結合に変換されアルコールになる。トリアルキルホウ素化合物が生成するのは、1 分子の BH_3 が 3 分子のアルケンと反応して、すべての B–H 結合を付加反応に使うためである。BH_3 の付加は、H の置換の多い炭素の方に B が結合す

ヒドロホウ素化
hydroboration

*6 ヒドロホウ素化において B–C 結合は、二重結合の二つの炭素のうち立体障害の小さな方に形成される。すなわち、立体障害を受けやすい反応ということになる。

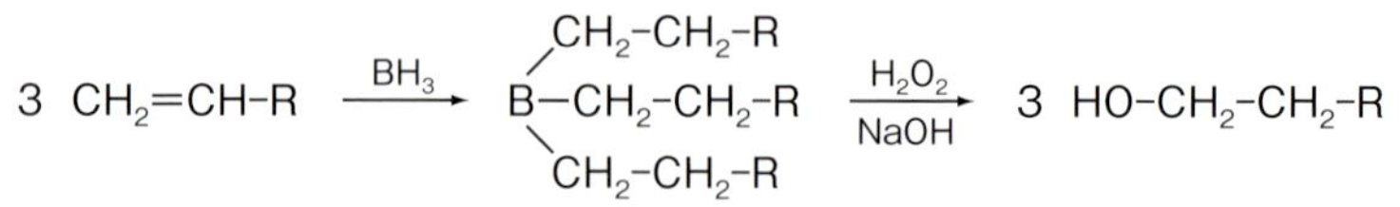

る。したがって、この付加物をアルカリ性過酸化水素と処理して得られるアルコールは、マルコウニコフ則の逆の位置選択性を示すことになる*6。

$$3\ CH_2=CH-R \xrightarrow{BH_3} B(-CH_2-CH_2-R)_3 \xrightarrow{H_2O_2/NaOH} 3\ HO-CH_2-CH_2-R$$

問題 11-8 同一の原料化合物を使って次の二つの化合物を合成せよ。

$$CH_2-CH_2-CH_2-CH_2-CH_3 \qquad CH_3-CH-CH_2-CH_2-CH_3$$
$$OH OH$$

11-3 アルコールの反応

［1］アルコキシドの生成（11-1 節）
［2］ハロゲン化アルキルへの官能基変換（10-2 節）
［3］エステルの生成

アルコールは酸触媒のもと、カルボン酸と反応してエステル（14-7 節参照）を生成する。

$$R'COOH + R-OH \xrightleftharpoons{H^+} R'-CO-O-R + H_2O$$

エステルの生成は平衡反応であり、逆反応はエステルの加水分解である。どちらも酸が触媒となる。

［4］脱水反応

アルコールを濃硫酸と加熱すると、分子内脱水反応によりアルケンが生成する。

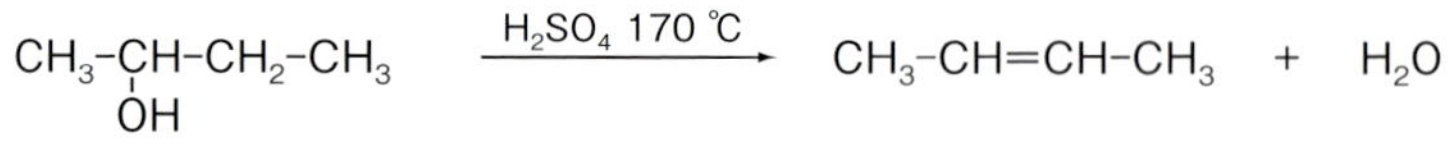

$$CH_3-CH-CH_2-CH_3 \xrightarrow{H_2SO_4\ 170\,°C} CH_3-CH=CH-CH_3 + H_2O$$
$$OH$$

第二級および第三級アルコールでは、次のようにカルボカチオンを中間体とする反応機構で進行する。

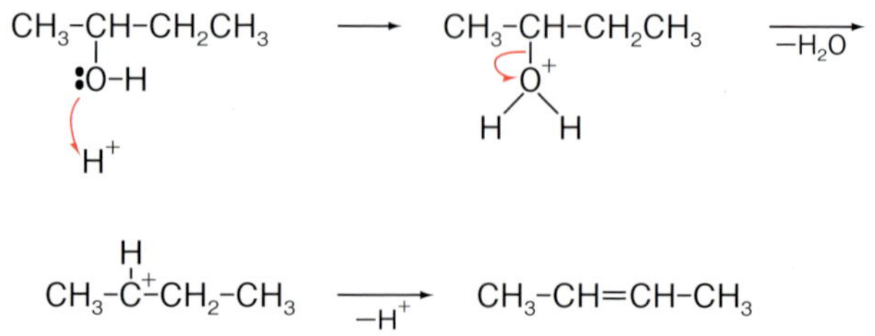

$$CH_3-CH-CH_2CH_3 \longrightarrow CH_3-CH-CH_2CH_3 \xrightarrow{-H_2O}$$
$$\ddot{O}-H \overset{+}{O}-H$$
$$\phantom{CH_3-\ddot{O}-}H^+ \phantom{CH_3-\overset{+}{O}-}H$$

$$CH_3-\overset{+}{C}H-CH_2-CH_3 \xrightarrow{-H^+} CH_3-CH=CH-CH_3$$

酸素の非共有電子対は水素陽イオン（プロトン）に対して塩基として

作用し、まずオキソニウムイオンを生成する[*7]。

　酸素原子上に正の電荷が生じたことにより、C–O 結合の共有電子対はずっと酸素の方に引き寄せられ、さらには結合開裂にまで進む。すなわち、水が脱離してカルボカチオン中間体が生じる。ここから後は脱離反応の E1 機構そのものである（10-4 節）。プロトンが脱離して電荷は消えアルケンが生成する。アルコールの脱離反応もザイツェフ則に従う（7-2 節）。

　カルボカチオン中間体にもう 1 分子のアルコールが求核試薬として反応すると、10-4 節でみたソルボリシスと同じことである。すなわちエーテル（11-5 節）が生成する。一般的には、反応温度が高いと分子内の脱水によるアルケンの生成が主となり、低い温度では分子間脱水によるエーテルの生成が主となる。

$$2\ CH_3CH_2\text{-}OH \xrightarrow{H_2SO_4\ 130\ ℃} CH_3\text{-}CH_2\text{-}O\text{-}CH_2\text{-}CH_3 + H_2O$$

[*7] このようなプロトンの作用は、酸素原子を含む官能基のほぼすべての酸触媒反応に共通する過程である。

[5] アルコールの酸化

　アルコールは種々の酸化剤により酸化されカルボニル化合物となる。第一級アルコールはアルデヒドを経てカルボン酸に、第二級アルコールはケトンになる。いずれも形式的には水素の脱離反応である（それゆえ、酸化反応である）。第三級アルコールは OH 基の置換した炭素に水素がないので特別な条件でないと反応しない。

$$R\text{-}CH_2\text{-}OH \longrightarrow R\underset{O}{\text{-}C\text{-}H} \longrightarrow R\underset{O}{\text{-}C\text{-}OH}$$

$$R\underset{OH}{\text{-}CH\text{-}R'} \longrightarrow R\underset{O}{\text{-}C\text{-}R'}$$

　酸化剤としては、二クロム酸カリウム $K_2Cr_2O_7$ の希硫酸溶液、三酸化クロム(VI) CrO_3 の希硫酸溶液などが用いられる[*8]。

[*8] 三酸化クロム(VI) CrO_3 をもとにして改良された酸化法として、ジョーンズ酸化（アセトンを溶媒とする）、コーリー酸化（ピリジンの錯体とし反応させる）などが開発されている。

問題 11-9　次の反応生成物を書け。

(a) C₆H₅–CH₂–OH + SOCl₂ ⟶

(b) H–CO–H + C₆H₅–CH₂–MgBr

(c) シクロヘキサノン + CH₃CH₂–MgBr ⟶

(d) $CH_3\underset{OH}{\overset{CH_3}{\text{-}C\text{-}}}CH_2CH_2CH_3 \xrightarrow{H_2SO_4}$

(e) $CH_3\text{-}CH=C\underset{CH_3}{\text{-}}\underset{CH_3}{\text{-}CH}CH_3 \xrightarrow[(2)\ H_2O_2]{(1)\ BH_3}$

(f) $CH_3CH_2CH_2\text{-}CO\text{-}O\text{-}CH_2CH_3 \xrightarrow{NaBH_4}$

(g) δ-バレロラクトン $\xrightarrow{LiAlH_4}$

(h) $CH_3CH_2CH_2\text{-}OH \xrightarrow[(2)\ CH_3CH_2CH_2\text{-}Br]{(1)\ Na}$

第11章 アルコールとエーテル

問題 11-10 次のアルコールの酸化生成物を書け。

(a) 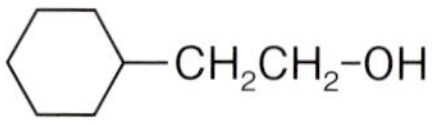 ⬡-CH₂CH₂-OH   (b) 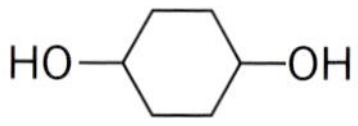 HO-⬡-OH

(c) 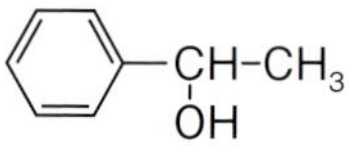 ⬡-CH-CH₃ (d) 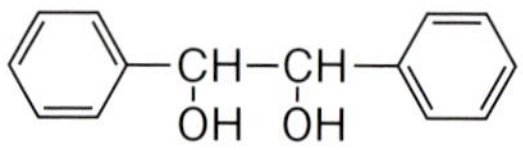 ⬡-CH-CH-⬡
       | | |
       OH   OH OH

11-4 エーテル

2個の炭化水素基が酸素原子に結合したR-O-R′の構造をもつ化合物を**エーテル**と呼ぶ。炭素原子を結びつける－O－の部分はエーテル結合と呼ばれる。

エーテル ether

エーテルの命名法は、結合している2個の炭化水素基名をアルファベット順に並べ、その後にエーテルを付ける。

$$CH_3CH_2-O-CH_2CH_2CH_3 \quad エチルプロピルエーテル$$

$$C_6H_5-O-CH_2CH_2CH_2CH_3 \quad ブチルフェニルエーテル$$

RO－の基名はアルコキシ基と呼ぶ。Rが簡単な炭化水素基の場合には、次のような個別の名称が用いられることが多い。

CH_3O- メトキシ　　CH_3CH_2O- エトキシ　　C_6H_5O- フェノキシ
$(CH_3)_2CHO-$ イソプロポキシ

問題 11-11 次の化合物を命名せよ。

(a) 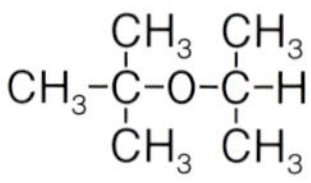 CH₃-C(CH₃)₂-O-C(CH₃)₂-H   (b) 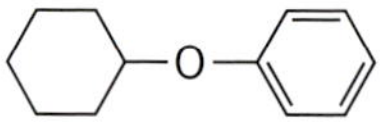 ⬡-O-⬡

(c) $CH_2=CH-O-CH_2-CH_2-CH_2-CH_3$　(d) $CH_3-O-CH_2-CH_2-CH_2-O-CH_3$

エーテル分子同士で水素結合することはないので、エーテルはアルカンと同程度の沸点をもつ。しかし、エーテルの酸素原子はわずかに負の極性をもち、また酸素原子上には非共有電子対があるので、水素結合のH供与体とは相互作用ができる。このため、エーテルは炭化水素に比べるとはるかに水に溶けやすい（**表 11-1**）。環状の骨格にエーテル結合が取り込まれた環状エーテルは、特に水への溶解度が高い。テトラヒドロフランやジオキサンは水とどんな割合でも混ざり合う。エーテル結合をいくつも含む環状エーテルは**クラウンエーテル**とも呼ばれる[9]。酸素原子の非共有電子対を環の内側に向けて金属陽イオンに配位させることに

クラウンエーテル
crown ether

[9] 王冠（クラウン）に似た形であることから、こう呼ばれる。

より、環のなかに金属陽イオンを取り込む。環がつくる内孔の広さにフィットするイオン半径をもつ金属陽イオンだけを選択的に取り込むことができる。

一方、エーテルは有機化合物もよく溶かす。しかも反応性は乏しいので、有機反応の溶媒としてよく用いられる。特に有機金属化合物に対する優れた溶媒となり、グリニャール反応はジエチルエーテルやテトラヒドロフラン中で行うのが普通である。

*10 ポリオキシエチレンアルキルエーテルは、長いアルキル鎖の一端に多数のエーテル結合をもつ化合物である。イオン性の部位がなくともエーテル結合の部分が親水性部位となるので、石けんと同様に界面活性剤となる。非イオン性界面活性剤としてシャンプーなどに用いられる。

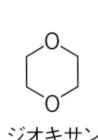

テトラヒドロフラン　　ジオキサン　　18-クラウン-6（クラウンエーテルの例）　　ポリオキシエチレンアルキルエーテル*10

問題 11-12　次の各二組の化合物で、水への溶解度が大きいのはどちらか。

(1) (a) $CH_3-CH_2-O-CH_2-CH_3$　　(b) テトラヒドロフラン

(2) (a) $CH_3-O-CH_2-CH_2-O-CH_2-CH_2-O-CH_3$　　(b) $CH_3-O-CH_2-CH_2-CH_2-CH_2-CH_2-O-CH_3$

11-5　エーテルの製法と反応

ハロゲン化アルキルへの求核置換反応

$$R-Br\ +\ R'O^-Na^+\ \longrightarrow\ R-O-R'\ +\ NaBr$$

ウィリアムソンのエーテル合成と呼ばれる脂肪族求核置換反応の代表的な例で、ハロゲン化第一級および第二級アルキルに対してS_N2反応で進行する。ハロゲン化第三級アルキルに対しては脱離反応が優先してアルケンが生成する。

第三級アルキル基からなるエーテルは、相当するハロゲン化アルキルをアルコール中で加熱することによりソルボリシスが起こり、容易に生成する。

問題 11-13　次のエーテルを合成せよ。経路は一つとは限らない。

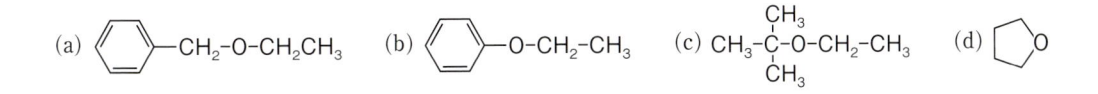

(a) $C_6H_5-CH_2-O-CH_2CH_3$　(b) $C_6H_5-O-CH_2-CH_3$　(c) $(CH_3)_3C-O-CH_2-CH_3$　(d) テトラヒドロフラン

エーテルからのオキソニウムイオンの生成

エーテルは酸に溶ける。これは、エーテル酸素の非共有電子対にプロトンが付加し、オキソニウムイオンが生成して溶けるためである。オキソニウムイオンをさらに加熱すると、C−O結合が開裂してアルコールが生成する。この反応をヨウ化水素酸を用いてメトキシ基に対して行うと、**保護基**[*11] として導入したメトキシ基 CH_3-O をはずして H−O に戻すことができる。

[*11] 分子内に OH 基や NH_2 基などの反応性の高い基が存在すると、目的の反応にとって不都合なことがある。このような場合、これらの官能基を一時的にほかの官能基に換えておいて、目的の反応を終えた後で元に戻すことがある。この一時的に変換された官能基を保護基という。もとの官能基に戻すことを脱保護という。

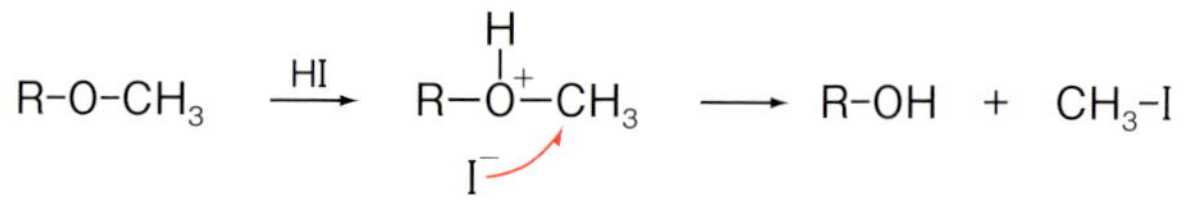

$$R-O-CH_3 \xrightarrow{HI} R-\overset{H}{\underset{I^-}{O^+}}-CH_3 \longrightarrow R-OH + CH_3-I$$

反応性の低いエーテル類の中で、酸素を含む三員環状エーテル、すなわちエポキシド類は例外といえる。炭素原子は sp^3 混成でありながら、本来の 109.5° から大きく歪んでいるため、環を開いて歪みを解消しようとして高い反応性を示す。たとえば、酸触媒で以下のように開環する。

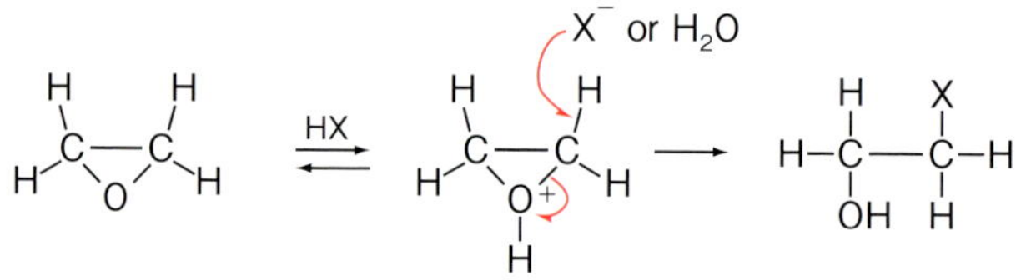

X = Cl, Br, OH

問題 11-14 次の反応生成物を書け。

(a) 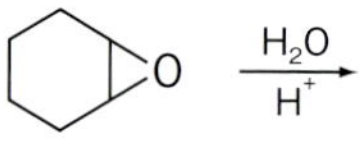 シクロヘキセンオキシド + H_2O / H^+ →

(b) 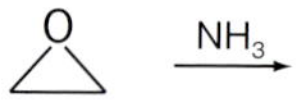 エチレンオキシド + NH_3 →

(c) 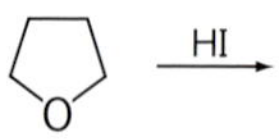 テトラヒドロフラン + HI →

(d) 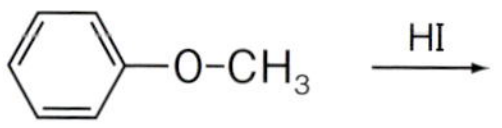 アニソール (C₆H₅-O-CH₃) + HI →

(e) 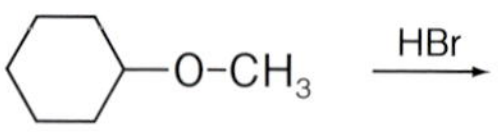 シクロヘキシル-O-CH_3 + HBr →

第12章

芳香環に置換した官能基

　ハロゲンやOH基がベンゼン環に置換した化合物、すなわち芳香族ハロゲン化合物やフェノール類は、これらがsp³炭素に置換した脂肪族化合物とは化学的性質に違いがでる。その原因は、ベンゼン環に置換した場合には、ベンゼン環のπ電子と共鳴が可能になるためである。ベンゼン環に置換した官能基は、求電子置換反応においても共鳴の効果を発揮することにより置換位置を規定する。これを、配向性の問題として理解していこう。

12-1　芳香族ハロゲン化合物

　芳香族のハロゲン化合物は水に溶けにくく、脂肪族のハロゲン化合物に比べて反応性に乏しい[*1]。これは、求核置換反応を起こしにくいことによる。ハロゲンと結合した脂肪族sp³炭素原子は、電気陰性度の効果により正の極性をもつため求核攻撃を受けるが、ハロゲンと結合した芳香族のsp²炭素原子では、ベンゼン環π電子とハロゲン原子の非共有電子対との間の共役の効果がまさり、正の極性が薄れるからである。また、共役の結果、C(sp²)−Cl結合にはむしろ二重結合性が加わって、その結合は開裂しにくくなっている[*2]。

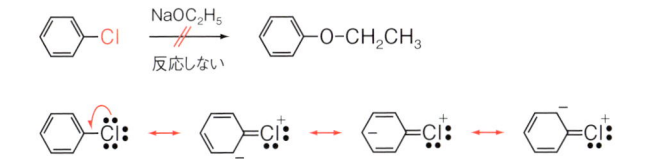

　あるいは、S_N1反応と似た機構を考えた場合、想定される中間体のsp²混成炭素の陽イオンは、構造的にも電子的にも安定性に欠け、非常に生成しにくい不安定なイオンである[*3]。

■問題 12-1　側注3の正電荷をもつベンゼン環炭素原子がsp²混成軌道であるとして、軌道の成り立ちと電子の収容の様子を示せ。

■問題 12-2　上の二重結合からなる塩素陽イオンの構造=Cl⁺を、電子式を書いて説明せよ。

　ベンゼン環に付いたハロゲンの最も有用な官能基変換は、10-2節で記したグリニャール試薬への変換である。これにより、ベンゼン環に炭素側鎖を導入することができる。

[*1]　分解しにくいため、蓄積性有機ハロゲン化合物として、環境問題でしばしばやり玉にあげられたものがある。ダイオキシン類、PCBなどである。

[*2]　芳香族ハロゲン化合物と同様の理由により、二重結合に置換したハロゲンについても、求核試薬による直接置換は起こりにくい。

[*3]　ベンゼン環とハロゲンとの結合がイオン開裂しても、カルボカチオンの構造とはならない。下のようにsp²混成軌道の一つが空の陽イオン構造にならざるをえない。

$$\text{C}_6\text{H}_5\text{-Br} \xrightarrow[\text{エーテル}]{\text{Mg}} \text{C}_6\text{H}_5\text{-MgBr} \xrightarrow{\text{R-CO-R'}} \text{C}_6\text{H}_5\text{-C(R)(R')-OH}$$

問題 12-3 次の反応 (a)、(b) はどちらも Cl を OH 基に変換する置換反応である。どちらが容易に起こるか。また、その理由を説明せよ[*4]。

[*4] (b) の反応は多くの高校の教科書に載っているが、高校化学では、芳香環への求核反応についてはむしろ触れない方がよいだろう。解答を参照。

(a) $(\text{CH}_3)_3\text{C-Cl} \xrightarrow{\text{HO}^-} (\text{CH}_3)_3\text{C-OH}$ (b) $\text{C}_6\text{H}_5\text{-Cl} \xrightarrow{\text{HO}^-} \text{C}_6\text{H}_5\text{-OH}$

12-2 フェノール

フェノール phenol

ヒドロキシ基 −OH がベンゼン環に結合した化合物を**フェノール**という。フェノールは少し水に溶け、ヒドロキノン、1,2,3-ベンゼントリオールなど多価フェノール類は水によく溶ける。

フェノール類は同じく OH 基をもつ点で、脂肪族アルコールと同様の性質を示す。たとえば、ナトリウムと反応してフェノキシドイオンを生成する。

しかし、一方でアルコールとは異なる大きな特徴がある。フェノールの OH 基は、脂肪族アルコールと異なり、OH 基が脱離基となる求核置換反応を起こさない。

$$-\text{C-OH} \xrightarrow[\text{or HCl}]{\text{SOCl}_2} -\text{C-Cl} \qquad \text{C}_6\text{H}_5\text{-OH} \xrightarrow[\text{or HCl}]{\text{SOCl}_2} \!\!\!/\!\!\!/ \; \text{C}_6\text{H}_5\text{-Cl}$$

この理由も、芳香族ハロゲン化合物におけるハロゲン原子と同様に考えることができる[*5]。

また、フェノールは脂肪族のアルコールと異なり酸性を示し、塩基と反応してフェノキシドと呼ばれる陰イオンを生成する[*6]。しかし、その酸性度はカルボン酸 (R-COOH) ほど高くないので、炭酸水素ナトリウム NaHCO_3 のような弱い塩基とは反応しない。

[*5] すなわち、酸素の非共有電子対がベンゼン環のπ電子と共役し、C−O 結合の二重結合性が増加するからである。

[共鳴構造図: C₆H₅-Ö-H ↔ C₆H₅⁻=O⁺-H]

[*6] フェノールは、以前、石炭酸と呼ばれていたことがある。石炭の乾留生成物の中に見出される酸性物質であることに由来する。

$$\text{C}_6\text{H}_5\text{-OH} \xrightarrow[\text{NaOH}]{\text{Na}, -\text{H}_2} \text{C}_6\text{H}_5\text{-O}^-$$

問題 12-4 次の三つの化合物 (a)、(b)、(c) の混合したエーテル溶液がある。これら三つを分離する方法を考案せよ。

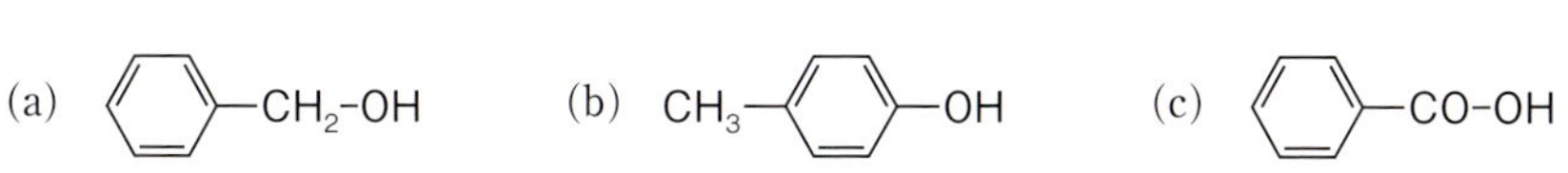

(a) ⟨benzene⟩–CH₂–OH (b) CH₃–⟨benzene⟩–OH (c) ⟨benzene⟩–CO–OH

フェノールが酸性を示すことも、先の、芳香環と共役した酸素原子という点で説明できる。酸素原子の非共有電子対がベンゼン環の π 電子と共役すると、酸素原子上には正の電荷が発現する。OH 結合の共有電子対はこの正電荷に引き寄せられて、水素原子がプロトンとして解離しやすくなっている[*7]。

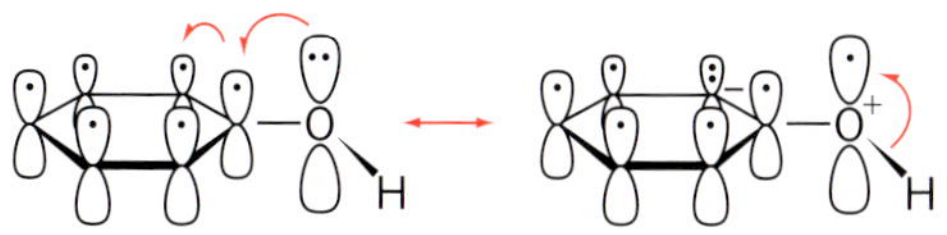

[*7] フェノールの酸性には解離後のフェノキシドイオンの共鳴安定化の方が大きく効いている（12-4 節）。フェノキシドイオンでの、次のような共鳴による安定化が、解離前の共鳴安定化よりもずっと大きいということになる。

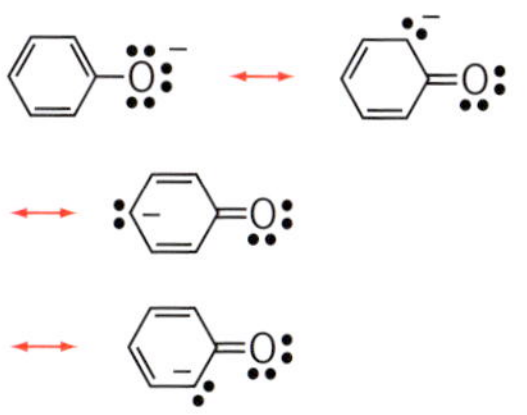

フェノールはクメンを原料にしてクメン法により工業的に合成される。クメンヒドロペルオキシドは、酸で処理するとフェニル基の転位が起こってフェノールとともにアセトンも生成する[*8]。

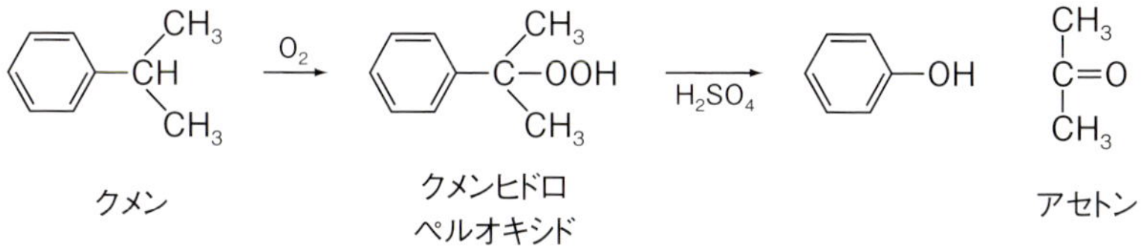

クメン → クメンヒドロペルオキシド → フェノール + アセトン

[*8] 転位反応は、分子内の原子や原子団が移動して並び方が変化する反応をいう。クメン法の反応では、フェニル基が C との結合から O への結合へと移り変わっている。

問題 12-5 クメンからクメンヒドロペルオキシドが生成する機構を考えよ。

12-3 ベンゼン環への置換基効果 —共鳴効果

12-1 節と 12-2 節で記したとおり、ベンゼン環に付く官能基はベンゼン環の環状 π 共役系と共鳴して、脂肪族とは少し異なる性質を表す。

すでにみた Cl と OH のように、非共有電子対をもつ原子や官能基は、ベンゼン環にその非共有電子対を染み出させて、自らは正の電荷を帯びて共鳴に寄与する。

同様の効果は、アミノ基、アルコキシ基などにもある。フェノキシドイオンのようにもとに正の電荷をもてば、さらに共役により負電荷はベンゼン環の方にまで流れ出ることになる。

このように π 共役を介して官能基側から π 共役側 (ベンゼン環に限ら

メソメリー効果
mesomeric effect

ず）に電子を供与する効果を、電子供与性の**共鳴効果**あるいは**メソメリー効果**と呼ぶ。

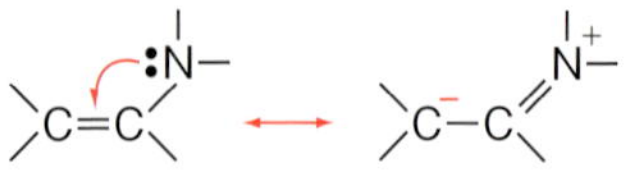

二重結合に対するアミノ基の電子供与性共鳴効果

ベンゼン環に対するアミノ基の電子供与性共鳴効果

電子供与性の共鳴効果に対する逆の効果として、電子求引性の共鳴効果もある。すなわち、ベンゼン環や鎖状共役系から電子を引き寄せ、その共役系に正の電荷を発現させる共鳴構造式を書くことができる場合である。

電子求引性共鳴効果を示す官能基には、カルボニル基、ニトロ基、シアノ基などがある[*9]。

[*9] これら官能基の中には、電気陰性度の大きな原子と結合したπ電子が存在する。電気陰性度の大きな原子はπ電子を引き付け、官能基それ自身がすでに大きな極性をもっている。

カルボニル基自身の共鳴

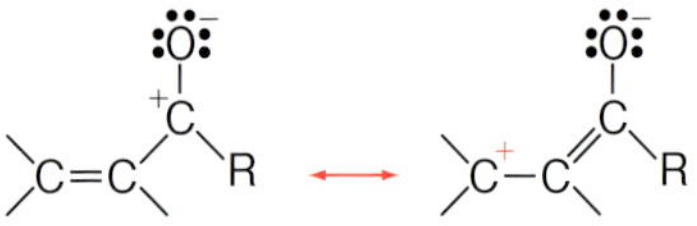

二重結合に対するカルボニル基の電子求引性共鳴効果

ベンゼン環に対するカルボニル基の電子求引性共鳴効果

ニトロ基を構造式で書けば、下のような二つの共鳴構造式の共鳴混成体である。窒素原子の上には正の電荷が発現している。このため、π共役系が隣接すればπ電子を引き寄せて電荷を打ち消そうとする。しかしその隣にはさらに電気陰性度の大きな酸素原子が待ち構えているので、結局この酸素原子に電子を奪い取られたかたちに落ち着く。

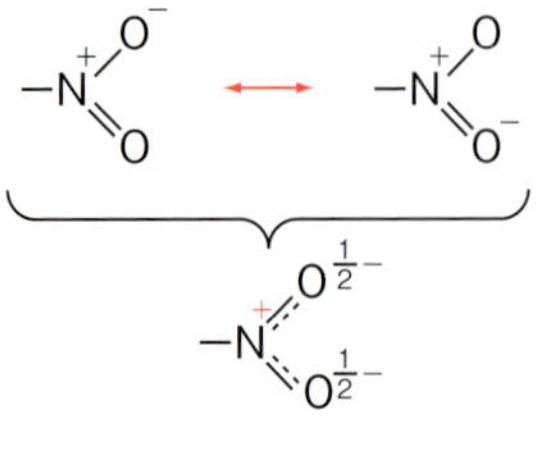

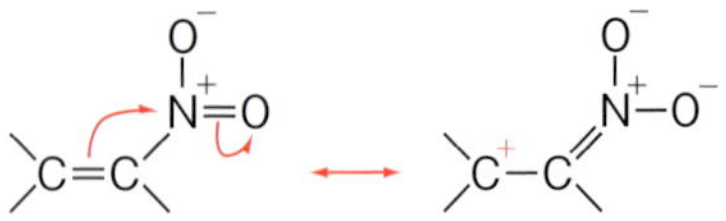

共鳴効果を発揮した π 共役系には正負の電荷が発現する共鳴構造式があるが、分子全体としては中性であることに注意しよう。

問題 12-6 ニトロベンゼンの共鳴構造式を書け。

最後に、共鳴効果について**表 12-1** にまとめておく。

表 12-1　置換基の共鳴効果とその大小関係

電子求引性($-\overset{|}{C}=X$)	電子供与性($-\ddot{X}$)
$-\overset{|}{C}=\overset{+}{N}\overset{R}{\underset{R}{}}$ > $-\overset{|}{C}=N\overset{R}{\underset{}{}}$	$-\ddot{\underset{..}{O}}{}^{-}$ > $-\ddot{\underset{..}{O}}-R$
$-\overset{|}{C}=O$ > $-\overset{|}{C}=N\overset{R}{\underset{}{}}$ > $-\overset{|}{C}=C\overset{R}{\underset{R}{}}$	$-\ddot{\underset{..}{O}}{}^{-}$ > $-N\overset{R}{\underset{R}{}}$ > $-\ddot{\underset{..}{O}}-R$
	$-\ddot{\underset{..}{F}}{:}$ > $-\ddot{\underset{..}{Cl}}{:}$ > $-\ddot{\underset{..}{Br}}{:}$ > $-\ddot{\underset{..}{I}}{:}$

問題 12-7 次の (a) と (b) の構造について、それぞれ共鳴構造式を書き、イミノ基（$-N=$）およびイミニウム基（$>N^+=$）が電子求引性共鳴効果を発揮することを説明せよ。

(a) $\boxed{N=C}\diagdown C=C\diagdown$　　(b) $\boxed{\overset{+}{N}=C}\diagdown C=C\diagdown$

問題 12-8 次の各化合物において、色文字で記した原子の極性を答えよ。正の極性の場合は $\delta+$、負の場合は $\delta-$ で示せ。

(a) $CH_2=CH-CH=CH-CHO$（最初の C が色文字）

(b) $H-\underset{}{C}$ がベンゼン環の para 位（OCH$_3$ 置換）

(c) ベンゼン環の para 位の C（NO$_2$ 置換）

(d) フラン環の α 位の C

(e) $(CH_3)_2 N-CHO$ の N

(f) 1-アミノナフタレンの 4 位の C

以上で学んだようなベンゼン環への共鳴効果は、実際にフェノールの酸性度や求電子置換反応の配向性を考えるうえで、基本的な要因となる。これらについて、以下 12-4 節と 12-5 節でみていこう。

12-4 フェノールの酸性度

12-2節の側注7にも記したとおり、酸の解離しやすさは、解離前のO–H結合の極性と解離後の陰イオンの安定性が目安となる。特に、後者の方が影響は大きい。p-ニトロフェノールのpK_aは7.15で、フェノール自身のpK_a 9.998と比べて著しく小さい。これもニトロ基の共鳴効果で説明できる[*10]。

解離後の陰イオンは図の**A～D**の共鳴構造式で表される。これは、ニトロ基が置換しようがしまいが、母体フェノール自身の共鳴構造式となんら変わらない。しかし、このうちの**C**の構造は、ニトロ基の共鳴効果を考えると、さらに下段のような構造式**E**を書くことができる。この分だけ、電荷(電子)の非局在化が広がっていて、陰イオンの電子状態は安定化している。したがって、フェノールに比べて、p-ニトロフェノールは酸性が強いことになる[*11]。

[*10] pK_aについては第14章で詳しく学ぶ。pK_aの値が小さいほどイオン解離しやすく、酸性度が高い。

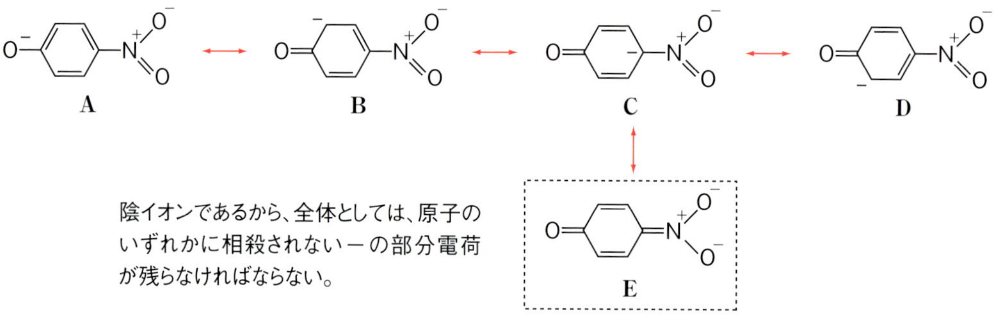

陰イオンであるから、全体としては、原子のいずれかに相殺されない−の部分電荷が残らなければならない。

問題 12-9 o-ニトロフェノールの解離後の陰イオンの共鳴構造式を書け。その結果から、母体フェノールよりも酸性度は高いか低いか推定せよ。

問題 12-10 m-ニトロフェノールの解離後の陰イオンの共鳴構造式を書け。その結果から、p-ニトロフェノールよりも酸性度は高いか低いか推定せよ。

問題 12-11 次の各二組のフェノールはどちらが酸性が強いか。理由とともに答えよ。

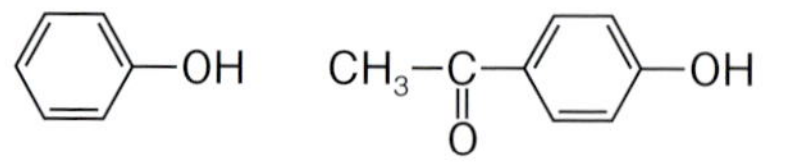

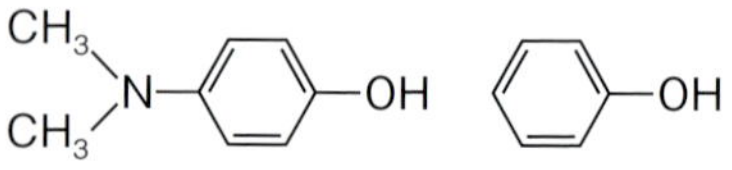

12-5 求電子置換反応における置換基効果

　置換基が1個付いたベンゼン誘導体に対して求電子置換反応を行うときは、置換反応の起こる位置によって3種類の異性体が生成する可能性がある。これらの異性体が統計的に生成するとすれば、オルト：メタ：パラの比は2：2：1となるはずである。ところが、実際は統計的な比にならない。すでに置換している基により異性体の生成比はかなり変化する。

　たとえば、トルエンをニトロ化した場合は、オルトが約60％、パラが約30％で、m-ニトロトルエンはたかだか1％程度である。また、ニトロベンゼンをニトロ化するとm-ジニトロベンゼンが93％も得られて、オルトとパラは合わせても7％に満たない。

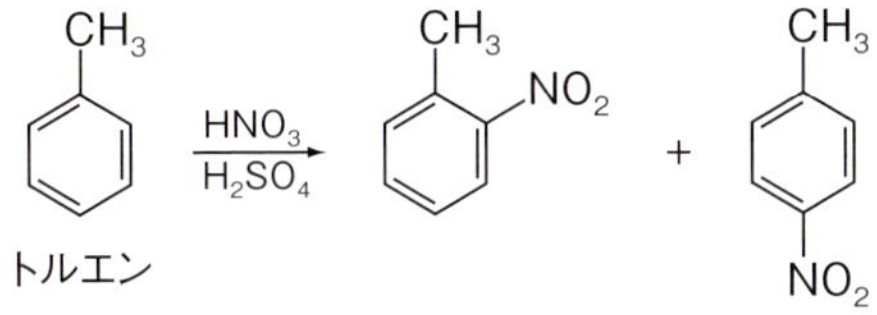

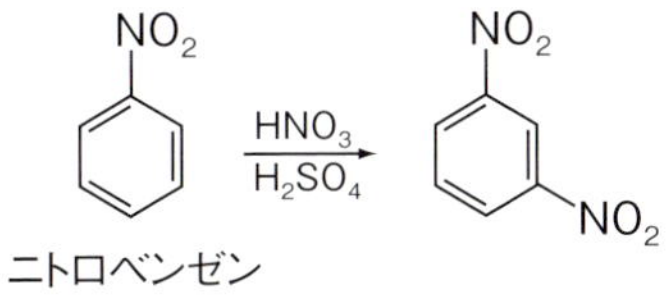

　メチル基のように、メタ位よりもオルト・パラ位への求電子置換反応性を高める置換基を、**オルト・パラ配向性**の置換基という。一方、ニトロ基のように、オルト・パラ位に比べてメタ位の置換生成物を多く与える置換基を、**メタ配向性**の置換基という。代表的な置換基を配向性に従って分類すると**表12-2**のようになる。

　表12-1と表12-2を見比べるとわかるとおり、電子供与性共鳴効果をもつ置換基はオルト・パラ配向性である。一方、電子求引性共鳴効果をもつ置換基はメタ配向性である。

[*11] オルト位とパラ位にニトロ基が複数個置換したフェノールは酸として強く、特にピクリン酸(2,4,6-トリニトロフェノール)は、フェノール類にもかかわらず酸と呼ばれるくらいであるから、かなりの強酸である。

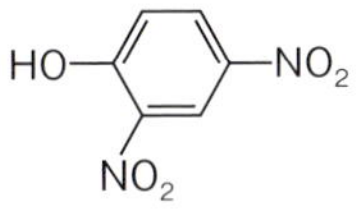

pK_a 4.11

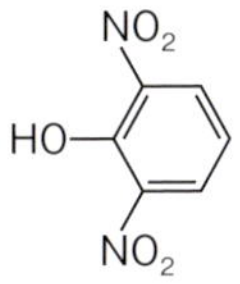

pK_a 3.71

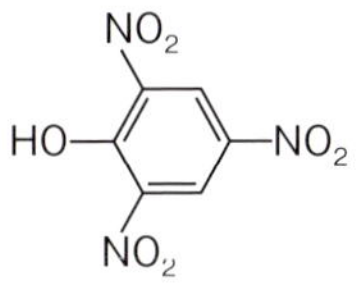

pK_a 0.29

配向性 orientation

表12-2　芳香族求電子置換反応における官能基の配向性支配

オルト・パラ配向性	メタ配向性
−OH　　−OR	−NO$_2$
−NH$_2$　−NHR　−NR$_2$	−CO-R
−アルキル	−COOR
−F　−Cl　−Br　−I	−CN
	−SO$_3$H

求電子置換反応性の遷移状態はσ錯体（8-6節）の生成段階である。遷移状態の構造はσ錯体の構造に近いので、遷移状態の代わりに、この中間体の安定性で活性化エネルギーを見積もっても定性的には誤りでない。σ錯体は環のπ共役系に正電荷をもつので、電子供与性の置換基が付くと安定化し、活性化エネルギーは小さくなる。電子供与性置換基が置換位置のオルト位、パラ位にあるときは、下のフェノールの例のように、置換基自身が電子を押し出した形の共鳴効果による共鳴寄与（色で示した二つ）が付け加わるので、σ錯体は安定化され活性化エネルギーは小さくてすむ。すなわち、反応が起こりやすくなる。しかし、メタ位の場合は、OHの方に正電荷が移る共鳴構造式は書けない。

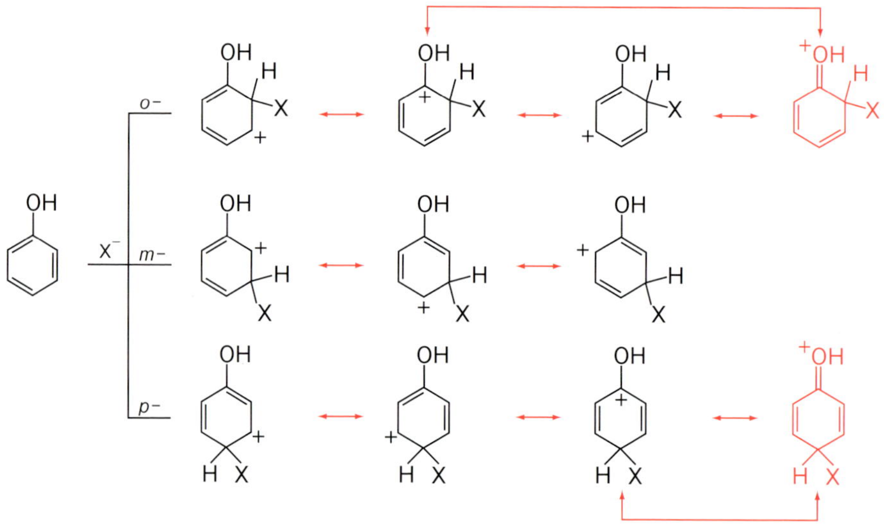

問題 12-12 アニリンのオルト、メタ、およびパラの三つの位置に求電子置換する場合、それぞれのσ錯体に寄与する共鳴構造式をすべて書け。

一方、電子求引性の置換基はσ錯体の正電荷をますます増幅させることで不安定化し、この中間体生成の活性化エネルギーを大きくする。特に、置換位置に対してオルト・パラ位に電子求引基が付くと、次ページの共鳴構造式に示されるように、正電荷と直接に隣り合わせる共鳴構造式（色で示した二つ）の不安定化への寄与が大きいため、相対的にメタ位の置換体が増えてメタ配向性となる。

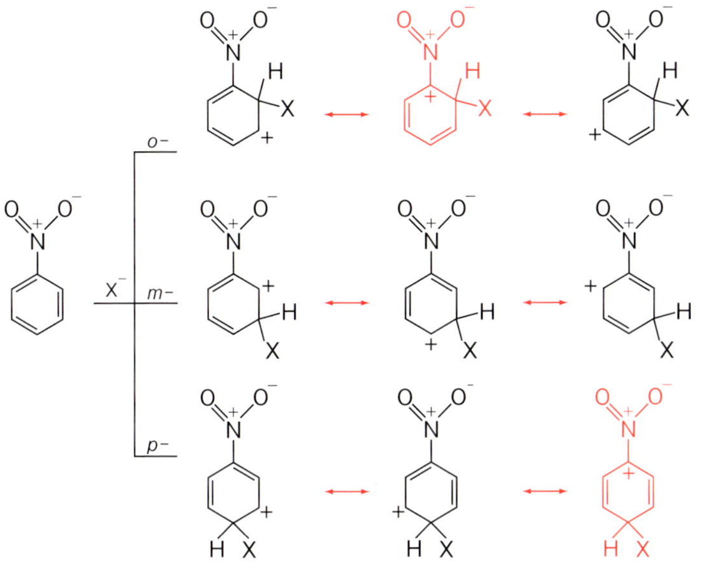

問題 12-13 t-ブチルベンゼンをブロモ化したところ、t-ブチル基はオルト・パラ配向性の置換基にもかかわらず、p-ブロモ-t-ブチルベンゼンのみが生成し、オルト置換体は生成しなかった。この理由を述べよ。

配向性の説明でも明らかなように、パラ配向性の置換基は無置換のベンゼンに比べて、求電子芳香核置換反応の活性化エネルギーを下げて、反応を起こりやすくしている。これらの置換基を、求電子芳香核置換反応を活性化する置換基と呼ぶ[*12]。逆にメタ配向性の置換基はベンゼンよりも求電子置換反応を起こりにくくしているので、不活性化の置換基である。

ただし、ハロゲンは幾分特殊な性格をもつ。ハロゲンは、非共有電子対が電子供与性の共鳴効果を発揮してσ錯体を安定化するため、オルト・パラ配向性である。しかし、ハロゲンの電子求引性誘起効果のため、σ錯体はベンゼンよりも不安定になる。そのため、ハロゲンは不活性化の置換基に分類される。

[*12] ここでいう活性化は、反応性を高めて、反応を起こりやすくするという意味である。したがって、活性化されるほど、活性化エネルギーは小さくなる。反応の活性化と活性化エネルギーとの関係に注意しよう。

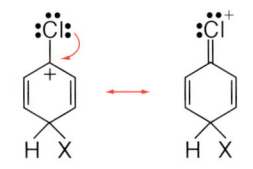

電子供与性共鳴効果による
σ錯体の安定化

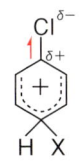

電子求引性誘起効果による
σ錯体の不安定化

問題 12-14 ベンゼンとトルエンの1:1混合物に対してブロモ化を行った。最も多量に得られる化合物は何か。

問題 12-15 ニトロベンゼンとベンゼンとの1:1混合物に対してブロモ化を行った。最も生成量の多いと予想される化合物は何か。また、最も少ないと考えられる生成物は何か。

ベンゼン環に2個以上の置換基が付いていて、これらに求電子置換反応を受ける場合は、それぞれの置換基の重ね合わせで置換位置が決まる。相反する配向性の置換基の場合は、より強い効果を発揮する置換基が置換位置を決めると考えてよい。また、二つの置換基に挟まれた位置は立体障害が大きいため、反応性は乏しい。

問題 12-16 ベンゼンを原料にして次の化合物を合成する方法を答えよ。

(a) 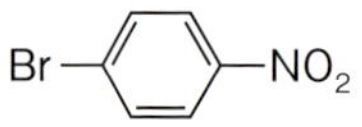 Br–C6H4–NO2 (para)
(b) 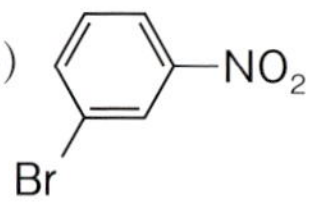 1-Br, 3-NO2 ベンゼン
(c) 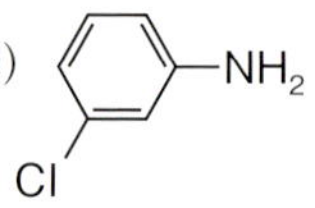 1-Cl, 3-NH2 ベンゼン
(d) 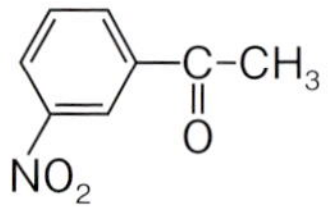 1-COCH3, 3-NO2 ベンゼン
(e) 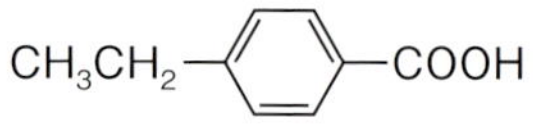 CH3CH2–C6H4–COOH (para)

問題 12-17 ベンゼンを原料にして次の化合物を合成する方法を答えよ。

(a) 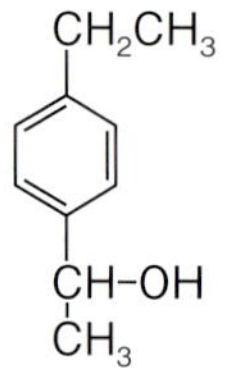 1,4-位に CH2CH3 と CH(OH)CH3 をもつベンゼン
(b) 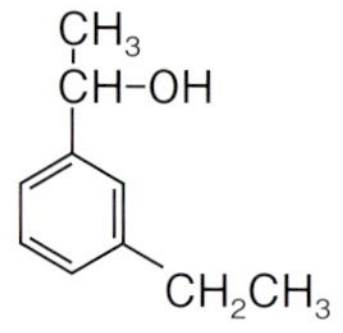 1,3-位に CH(OH)CH3 と CH2CH3 をもつベンゼン
(c) 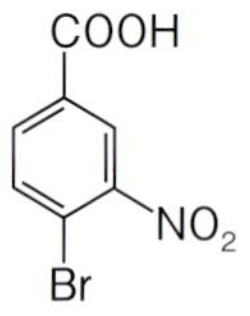 1-COOH, 3-NO2, 4-Br ベンゼン

問題 12-18 アニリンに臭素を用いてブロモ化したところ、2,4,6-トリブロモアニリンが生成した。この理由を述べよ。

***問題 12-19** 次の化合物に対して求電子置換反応を行った場合、どの位置の置換生成物が主となると考えられるか[13]。

(a) 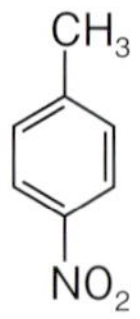 4-ニトロトルエン (CH3, NO2 para)
(b) 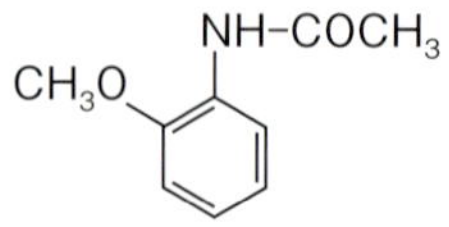 2-メトキシアセトアニリド (OCH3, NH-COCH3 ortho)
(c) 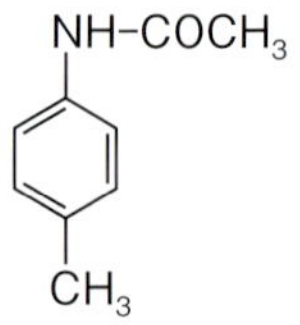 4-メチルアセトアニリド (NH-COCH3, CH3 para)

[13] アミノ基の求電子置換反応に対する活性化効果は非常に大きいので、ベンゼン環そのものを壊すような反応が起こることがある。そこで、アセチル化によりアセトアミド基に変換しておくと活性化効果を弱めることができる。問題12-18においても、アセトアニリドを用いれば、臭素の一置換で止まる。

第13章

カルボニル化合物

カルボニル基を持つ化合物のうち、アルデヒド R-CHO とケトン R-CO-R′ の二つを合わせてカルボニル化合物と呼ぶ。どちらもカルボニル基 $\rangle$C=O という官能基に基づく類似の反応性を示す。したがって、アルデヒドとケトンを別個に取り扱って学習するよりも、カルボニル基の化学として一まとめに学習するほうが理にかなっている。アルデヒドとケトンの違いは、アルデヒドには還元性があるがケトンにはないという程度と考えてよい。

13-1 アルデヒドとケトンの命名法

アルデヒドがもつ官能基 −CHO を**アルデヒド基**または**ホルミル基**と呼ぶ。アルデヒドの命名法は、−CHO を −CH$_3$ に置き換えた母体化合物の名称に接尾語 -al を付けて呼ぶ。アルデヒド基は常に炭素鎖の末端にくるから、アルデヒド基の位置番号を付ける必要はない。

アルデヒド aldehyde

CH$_3$CH$_2$CH$_2$CH$_2$-CHO　ペンタナール

CH$_3$-CH=CH-CHO　2-ブテナール

HCO-CH$_2$CH=CH-CHO　2-ペンテンジアール[*1]

環状のアルデヒドでは、語尾の al の代わりに**カルバルデヒド**（car-baldehyde）を接尾語に置く命名法が用いられる。このとき、アルデヒド基の炭素原子は母体炭化水素の炭素数には加えない。

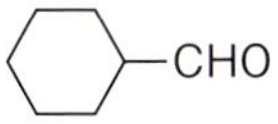

[*1] ジアルデヒドでも、アルデヒド基を両端とする炭素鎖を主鎖とするので、アルデヒド基の位置番号は必要ない。

　　⌬-CHO　　シクロヘキサンカルバルデヒド

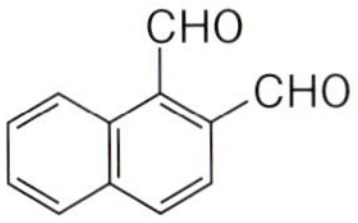

　　(ナフタレン環)-CHO, CHO　1,2-ナフタレンジカルバルデヒド

アルデヒド R-CHO に対応するカルボン酸 R-COOH の慣用名が IUPAC 名として認められている場合は、カルボン酸の語尾をアルデヒドに変えて次の例のように慣用名で命名してもよい。

H-CHO　ホルムアルデヒド　formaldehyde　（formic acid より）

CH$_3$-CHO　アセトアルデヒド　acetoaldehyde　（acetic acid より）

C$_6$H$_5$-CHO　ベンズアルデヒド　benzaldehyde　（benzoic acid より）

問題 13-1　次の化合物の構造式を示せ。
(a) 2-ノネナール　(b) 2,3-ジメチルヘキサナール
(c) 1-シクロヘキセンカルバルデヒド
(d) 1,4-シクロオクタンジカルバルデヒド

130　第13章　カルボニル化合物

問題 13-2 次の化合物を命名せよ。

(a) CH₃-CH₂-CH-CH₂-CH₂-CH₃
　　　　　　　|
　　　　　　CHO

(b) CH₃-CH=CH-C-H
　　　　　　　‖
　　　　　　　O

(c) ⬡-CHO

(d) HCO-CH₂-CH=CH-CHO

ケトン ketone

　　ケトンの命名は、カルボニル基 −CO− を −CH₂− に変えた母体炭化水素の名称の alkan（語尾の e を除く）の後に接尾語 one を付けて命名する。炭素鎖には、カルボニル基の番号が最小となるように番号を付ける。
　　カルボニル基に結合している 2 個の基の名称を ketone の前に並べて書く方法もある[*2]。

*2 この命名法は基官能命名法である。

CH_3-CO-$CH_2CH_2CH_3$　2-ペンタノン　メチルプロピルケトン
CH_2=CHCH_2-CO-CH_2CH_3　5-ヘキセン-3-オン　アリルエチルケトン
CH_3-CO-CH=CH-CH=CH_2　3,5-ヘキサジエン-2-オン

　　最も簡単なケトン、2-プロパノン CH_3-CO-CH_3 に対しては慣用名のアセトンが用いられる。
　　R-CO− をアシル基という。数種のアシル基に対して慣用名の使用が認められている。

　　−CHO　ホルミル　　−CO-CH_3　アセチル
　　−CO-C_6H_5　　ベンゾイル

問題 13-3 次の化合物を命名せよ。

(a) CH₃-CH-C-CH₂CH₃
　　　　|　‖
　　　CH₃ O

(b) CH₃O-CH₂-C-CH₂CH₃
　　　　　　　‖
　　　　　　　O

(c) CH₃-CH=CH-C-CH₃
　　　　　　　‖
　　　　　　　O

(d) Ph-C(=O)-C₆H₄-OH

(e) シクロペンタノン

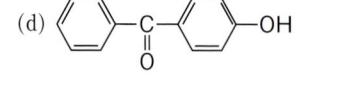

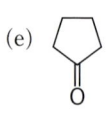

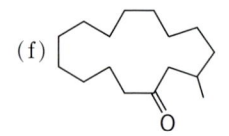

(f) シクロアルカノン（メチル基付き大環）

13-2　カルボニル基の性質

　　カルボニル基の π 電子は、電気陰性度の大きな酸素原子に引き寄せられて高い極性をもつ。炭素の p 電子が完全に酸素原子に移って電荷が発現した共鳴構造で表してもよいほど高い極性である。カルボニル化合物に特有の反応や性質は、いずれもこの高い極性による。

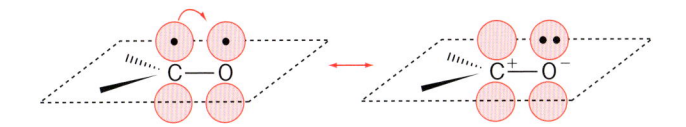

カルボニル基はその強い極性のため、分子間に静電的な相互作用による引力が働く。このため、アルデヒドとケトンの沸点は、分子量が同程度のアルカンの沸点よりもかなり高い。しかし、水素結合ほどの引力ではないので、アルコールよりは沸点が低い。

問題 13-4 次の化合物を沸点の高い順に並べよ。

$CH_3CH(CH_3)CH_3$ CH_3CH_2-CHO $CH_3CH(OH)CH_3$

カルボニル基は分子間で互いに水素結合をすることはないが、カルボニル酸素が水素結合の水素受容部となるので、水やアルコールと水素結合をする[*3]。その結果、炭素数の少ないアルデヒドやケトンは水によく溶ける。

[*3] カルボニル基と水との水素結合

カルボニル基の高い極性は分子内にも影響を及ぼす。カルボキシル基 $-CO$-OH の OH 基のイオン解離を促し、酸の性質を与えることをすでに 5-4 節で学んだ。同様に、カルボニル基がメチレン $-CH_2-$ に隣接する場合、メチレン炭素を経てメチレン H にまで電子求引性が伝わり、この水素をプロトン H^+ として解離しやすくしている。その酸性度はごくわずかであるが、強い塩基を作用すればかなりの程度、イオン開裂させることができる。このイオン解離による特有の反応は 13-5 節で述べる。

カルボン酸 C=O の OH への効果　　隣接する CH_2 への C=O の効果

問題 13-5 $-CH_2-CO-$ の部分構造について、メチレン炭素から水素が H^+（プロトン）としてイオン解離したあとの陰イオン（カルボアニオン）の共鳴構造式を書け。

13-3　カルボニル化合物の合成

カルボニル化合物は、すでに前の章で学んだ次のような反応により合成される。

[1] 第一級アルコールの酸化によるアルデヒドの生成。

[2] 第二級アルコールの酸化によるケトンの生成。

[3] アルケンの過マンガン酸カリウム $KMnO_4$ による酸化、あるいはアルケンのオゾン分解。

[4] アルキンへの水銀塩触媒による水の付加と異性化による生成。

[5] フリーデル–クラフツ反応による芳香族ケトンの生成（アシル化）。

[6] このほか、アルデヒドの合成法として、カルボン酸塩化物の還元によるアルデヒドの生成。

$$R-\underset{O}{C}-Cl \xrightarrow{H_2 / Pd/BaSO_4} R-\underset{O}{C}-H$$

ローゼムント Rosenmund

この反応は**ローゼムント還元**と呼ばれる。

2個のカルボニル基が二重結合を介して共役でつながった環状ジケトンをキノンという。ヒドロキノンを酸化するとベンゼンの芳香族性が壊れて p-ベンゾキノンが生成する。キノン類は合成染料などの合成に利用される有用な化合物である[*4]。

キノン quinone

[*4] カルボニル基に限らず二重結合が2個置換して共役した六員環骨格をキノン骨格といい、p-キノンとo-キノンの二つの異性体がある。

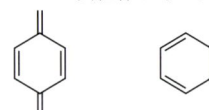

p-キノン骨格　o-キノン骨格

問題 13-6 次の化合物の合成法を示せ。

(a) PhCH=CH-CH$_3$ ⟶ PhCHO

(b) H-C≡C-CH$_2$CH$_2$CH$_3$ ⟶ CH$_3$-CO-CH$_2$CH$_2$CH$_3$

(c) CH$_3$CH$_2$CH$_2$CH$_2$-OH ⟶ CH$_3$CH$_2$CH$_2$-CO-Ph

(d) C$_6$H$_6$ ⟶ PhC(CH$_3$)$_2$OH

13-4 アルデヒドとケトンの酸化還元反応

アルデヒドとケトンの最も大きな違いは、アルデヒドが極めて酸化されやすいのに対して、ケトンは酸化されにくい点である。アルデヒドは種々の酸化剤のほか、空気中に放置するだけでも徐々に酸化されてカルボン酸になる。酸化されるということは、還元作用をもつことであり、アルデヒドの中には、フェーリング液を還元し、銀鏡反応を示すものもある[*5]。

$$\text{R-CHO} \xrightarrow{[O]} \text{R-COOH}$$

一方、ケトンを酸化するためには、強力な酸化剤が必要である。しかしアセチル基からなるケトン R-CO-CH_3 は例外で、水酸化ナトリウムの存在でヨウ素により酸化され、カルボン酸 R-COOH とヨードホルム CHI_3 を生成する[*6]。

アルデヒドを還元すると第一級アルコールになり、ケトンを還元すると第二級アルコールになる。

$$\text{R-CHO} \xrightarrow{LiAlH_4} \text{R-CH}_2\text{-OH}$$

$$\text{R-CO-R}' \xrightarrow{LiAlH_4} \text{R-CH(OH)-R}'$$

カルボニル基 -CO- をメチレン基 -CH_2- へ還元することもできる。亜鉛アマルガム(亜鉛と水銀の合金)と濃硫酸による還元はクレメンゼン還元と呼ばれる。

$$\text{R-CO-R}' \xrightarrow{Zn(Hg),\ HCl} \text{R-CH}_2\text{-R}'$$

カルボニル化合物にヒドラジンを作用してヒドラゾンに導いた後に、アルカリと加熱すると窒素が脱離してメチレン基に変換することができる[*7]。この方法はウォルフ-キシュナー還元と呼ばれる[*8]。

$$\text{R-CO-R}' \xrightarrow{H_2N\text{-}NH_2} \text{R-C(=N-NH}_2\text{)-R}' \xrightarrow[\Delta]{NaOH} \text{R-CH}_2\text{-R}'$$

(Δ は加熱を表す)

[*5] フェーリング液は硫酸銅(II)水溶液と酒石酸カリウムナトリウムのアルカリ水溶液との混合水溶液。銅が還元され酸化銅(I)の赤色沈殿を生じる。銀鏡反応は、硝酸銀水溶液にアンモニア水を加えた溶液中で銀が酸化され、器壁に析出する。フェーリング液の反応と銀鏡反応はどちらも高校教科書に載っているが、実際に研究室で用いられることはほとんどない。

[*6] この反応は**ヨードホルム反応** (iodoform reaction) と呼ばれる (13-8 節)。ヨウ素のほか、塩素や臭素など、ハロゲンで一般にみられる反応であることから、まとめてハロホルム反応とも呼ばれる。

クレメンゼン還元
Clemmensen reduction

[*7] ヒドラジンとヒドラゾンは名前が似ているので間違いやすい。ヒドラジンは母体の $H_2N\text{-}NH_2$ の名称であるが、この化合物の誘導体の総称でもある。ヒドラジンはカルボニル基と脱水縮合してヒドラゾンを生成する。ヒドラゾンも一般名である。

$$\text{R-C(=O)-R}' \xrightarrow[\text{ヒドラジン}]{H_2N\text{-}NH_2} \text{R-C(=N-NH}_2\text{)-R}'$$

ヒドラゾン

ウォルフ-キシュナー還元
Wolff-Kishner reduction

[*8] ウォルフ-キシュナー還元の改良法として、ジエチレングリコール HO-$(CH_2)_2$-O-$(CH_2)_2$-OH を溶媒として、KOH を触媒とする方法がよく用いられる。この反応は、ファンミンロン還元 (Huang Minlon reduction) と呼ばれる。

問題 13-7 次の変換反応を、酸化、還元、酸化還元のどちらでもない、のいずれかに分類せよ[*9]。

[*9] 有機物の酸化・還元は反応前後の H と O の増減から判断するとよい。H₂O が脱離したり、付け加わったりすることは酸化還元と関係がない。ただし OH 基とハロゲンとの入れ換えは、単なる置換である。この問題では酸化剤や還元剤を示していない。いうまでもなく、酸化剤は相手を酸化し、自身は還元される。還元剤は相手を還元し、自らは酸化される。

(a) $CH_3CH_2\text{-}CH=CH\text{-}CH_2CH_3 \longrightarrow CH_3CH_2\text{-}CH\text{-}CH_2\text{-}CH_2CH_3$
                                                                    $\quad\quad\quad\quad\quad\quad\quad\quad\quad\quad\quad\; OH$

(b) $CH_3CH_2\text{-}CH=CH\text{-}CH_2CH_3 \longrightarrow CH_3CH_2\text{-}CH\text{-}CH\text{-}CH_2CH_3$
                                                                    $\quad\quad\quad\quad\quad\quad\quad\quad\quad\quad\quad\; OH\;\, OH$

(c) $CH_3\text{-}CHO \longrightarrow CH_3\text{-}COOH$ (d) $CH_3\text{-}CH_2\text{-}OH \longrightarrow CH_3\text{-}CHO$

(e) $CH_3\text{-}\underset{OH}{\underset{|}{\overset{CH_3}{\overset{|}{C}}}}\text{-}CH_3 \longrightarrow CH_3\text{-}\underset{Cl}{\underset{|}{\overset{CH_3}{\overset{|}{C}}}}\text{-}CH_3$

(f) $CH_3\text{-}\underset{Cl}{\underset{|}{CH}}\text{-}CH_3 \longrightarrow CH_3\text{-}\underset{OH}{\underset{|}{CH}}\text{-}CH_3$

(g) Ph-CH(CH₃)₂ $\longrightarrow$ Ph-C(CH₃)₂-O-OH

(h) $CH_2=CH_2 \longrightarrow CH_3\text{-}CH_2\text{-}Cl$ (i) $CH_2=CH_2 \longrightarrow HC\equiv CH$

(j) $2\, CH_3\text{-}\underset{O}{\overset{\|}{C}}\text{-}CH_3 \longrightarrow (CH_3)_2C=C(CH_3)_2$

(k) p-benzoquinone $\longrightarrow$ hydroquinone

(l) cyclohexanone $\longrightarrow$ ε-caprolactone

問題 13-8 次の各反応の主生成物は何か。

(a) 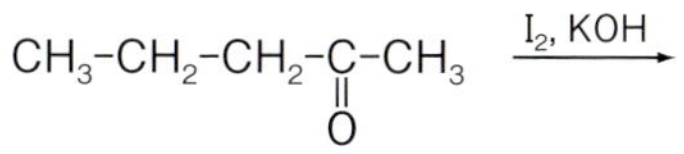 CH$_3$-CH$_2$-CH$_2$-C(=O)-CH$_3$ $\xrightarrow{\text{I}_2,\text{ KOH}}$

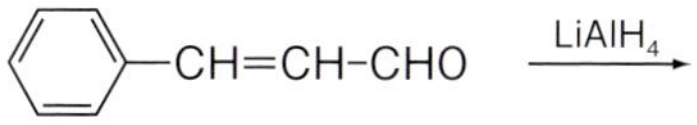

(b) C$_6$H$_5$-CH=CH-CHO $\xrightarrow{\text{LiAlH}_4}$

(c) シクロヘキシル-OH $\xrightarrow{\text{CrO}_3}$

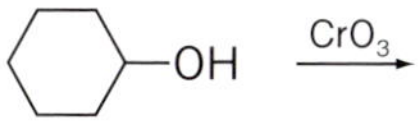

(d) 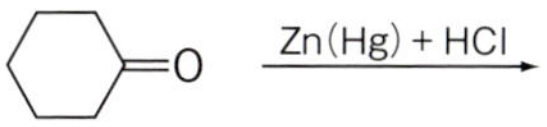 シクロヘキサノン $\xrightarrow{\text{Zn(Hg) + HCl}}$

13-5 求核付加

　カルボニル基の二重結合に対しても、アルケンの二重結合と同様に付加反応が起こる。ただし、>C=C< への付加が求電子付加であったのに対し、>C=O への付加は求核付加の機構で進む。付加する X$^-$−Y$^+$ がカルボニル基に攻撃する際、まず X$^-$ が正の極性をもつ炭素原子を攻撃する。すなわち、求核攻撃である。Y$^+$ は C−X 結合が形成された後から、O と結合をつくる。この反応で X$^-$−Y$^+$ は求核試薬として作用していることになる。

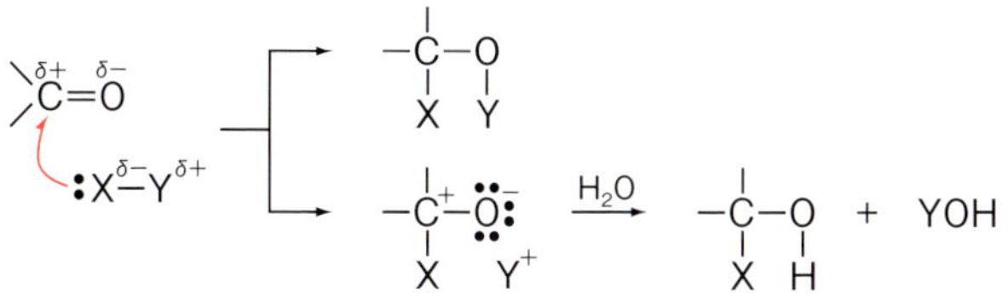

　Y が陽性の金属である場合、アルコキシド (11-1 節) の酸素陰イオンと Y$^+$ とのイオン的な結合状態で付加反応は完了する。反応の後処理で酸や水と処理すると、アルコキシド部位はヒドロキシ基として生成物に組み込まれる。一般に、アルデヒドに比べてケトンへの求核付加は起こりにくい[*10]。また、カルボニル基への求核反応は酸が触媒になることが多い[*11]。

　カルボニル基への求核反応には次のような例がある。

[1] シアン化水素 HCN の付加

　HCN の CN は負の極性をもつのでカルボニル炭素を求核攻撃し、H はカルボニル酸素と結合する。付加生成物を一般に**シアノヒドリン**と呼ぶ。

[*10] ケトンでは、カルボニル基の両側にアルキル基があって、求核付加が近付くのを邪魔している。つまり、立体障害がある。一方、アルデヒドのカルボニル基では片側につくのは小さな水素なので、立体障害はケトンほど大きくない。

[*11] プロトンがカルボニル酸素に付加して、カルボカチオンを生じるためである。

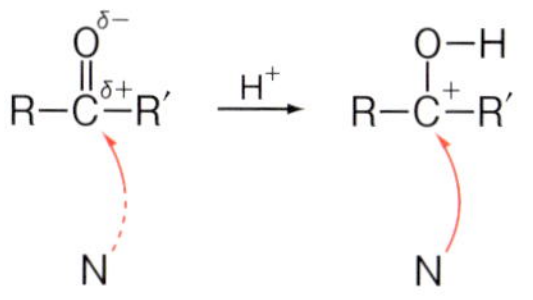

シアノヒドリン
cyanohydrin

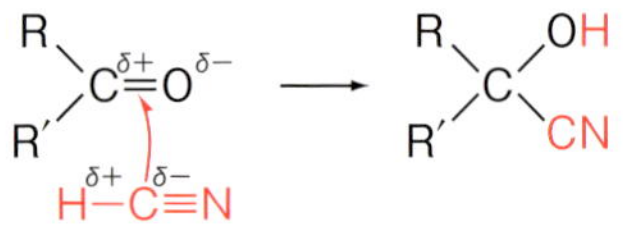

[*12] アセタールは2個のRO基が一つの炭素に結合した化合物で、ヘミアセタールはOHとORが一つの炭素に結合した化合物。"ヘミ"は"半分"という意味を示す。

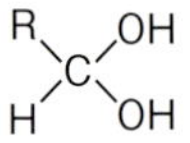

アルデヒド水和物

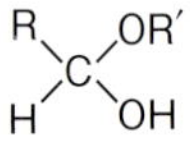

ヘミアセタール

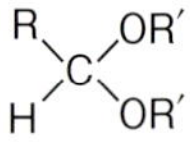

アセタール

ヘミアセタール hemiacetal

アセタール acetal

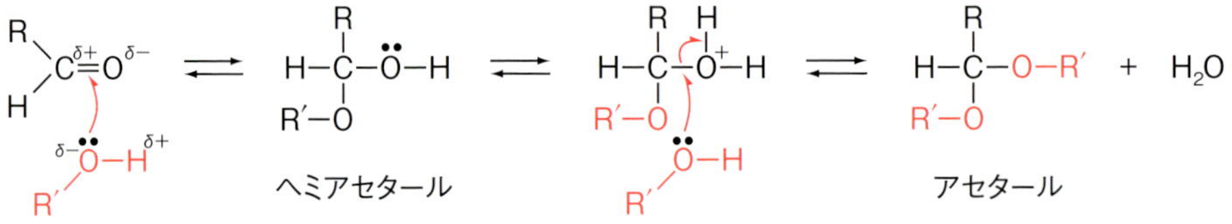

[2] 水の付加

アルデヒドには水が求核付加して水和物を与える。これは平衡反応であり、ほとんどの場合、平衡はカルボニル側に偏っている。

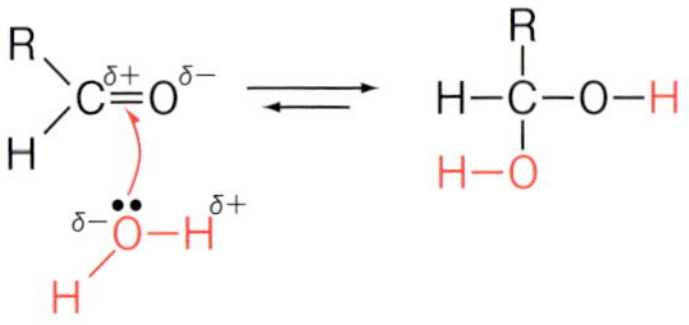

[3] アルコールの付加

アルデヒドはアルコールを付加してヘミアセタールを生じる[*12]。通常、酸が触媒となる。ヘミアセタールはさらに過剰のアルコールと反応してアセタールを与える。これらも平衡反応であり、アセタールを希酸と水で処理すると加水分解されて元のアルデヒドとアルコールに戻る。ヘミアセタールからアセタールへの変化は、酸触媒によるアルコールからエーテルへの変換と同じ機構である。

ケトンをアセタールに導くのは一般に困難である。しかし、エチレングリコールとの反応では、五員環状のアセタールが生成して、これを単離することができる。この環状アセタールは酸の存在下で加水分解されて元のカルボニル化合物に戻るので、カルボニル基を保護する目的で用いられる。

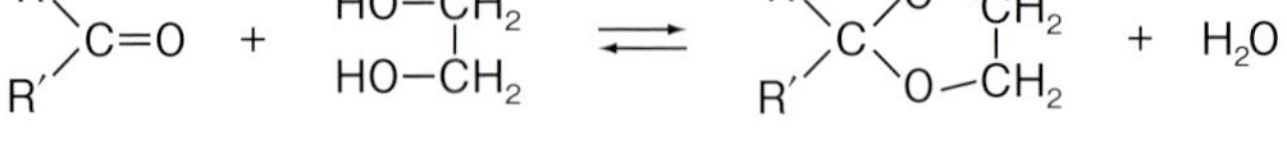

[4] 亜硫酸水素ナトリウム $NaHSO_3$ の付加

アルデヒドは $NaHSO_3$ を付加して結晶性の塩を与える。この付加物は水に溶けるが、有機溶媒には溶けない。加水分解により元のアルデヒドに戻すことができる[*13]。

[*13] ケトンとアルデヒドとの混合物からアルデヒドを分離する方法として利用することができる。

$$\underset{H}{\overset{R}{>}}C\overset{\delta+}{=}O^{\delta-} + Na^+HSO_3^- \rightleftarrows H-\underset{SO_3H}{\overset{R}{\underset{|}{C}}}-O^-Na^+ \rightleftarrows H-\underset{SO_3^-Na^+}{\overset{R}{\underset{|}{C}}}-OH$$

問題 13-9 亜硫酸水素イオン HSO_3^- を省略のない構造式で書け。

[5] グリニャール試薬の付加

カルボニル化合物はグリニャール試薬 RMgX によって求核付加反応を受ける。この反応はこれまで上記に述べた反応と異なり、不可逆である。付加反応の後に水で処理すると、炭素骨格の変化を伴ったアルコールが得られる。アルデヒドからは第二級アルコールが、ケトンからは第三級アルコールが生成する。ただし、ホルムアルデヒドからは第一級アルコールが生成する[*14]。

*14 ホルムアルデヒドとの反応は炭素骨格を1個増やすことができる。

$$\underset{H}{\overset{R}{>}}C=O \xrightarrow{R''MgBr} \xrightarrow{H_2O} R-\underset{H}{\overset{R''}{\underset{|}{C}}}-OH$$

$$\underset{R'}{\overset{R}{>}}C=O \xrightarrow{R''MgBr} \xrightarrow{H_2O} R-\underset{R'}{\overset{R''}{\underset{|}{C}}}-OH$$

$$\underset{H}{\overset{H}{>}}C=O \xrightarrow{RMgBr} \xrightarrow{H_2O}$$

$$R-\underset{H}{\overset{H}{\underset{|}{C}}}-OH$$

問題 13-10 CH_3CH_2CHO と次の各試薬との反応の主生成物を書け。

(a) CH_3OH と H^+ (b) HCN   (c) $NaHSO_3$ (d) $LiAlH_4$

問題 13-11 次の各反応の主生成物は何か。

(a) $CH_3CH_2CH_2CH_2\underset{CH_3}{\overset{|}{C}H}-CHO \xrightarrow{CH_3MgBr} \xrightarrow{H_2O}$

(b) $CH_3-CH_2-\underset{OH}{\overset{|}{C}H}-CH_3 \xrightarrow{CrO_3} \xrightarrow[H^+]{HO-CH_2CH_2-OH}$

(c) ⌬-CH_2-CHO $\xrightarrow{HCN}$ $\xrightarrow{H^+}$

(d) (テトラヒドロピラン環に O-CH₃ 置換) $\xrightarrow[H^+]{H_2O}$

13-6 窒素化合物による求核付加と脱水

アミノ化合物は窒素原子上に非共有電子対をもつので、求核試薬となる。カルボニル化合物に窒素化合物が求核付加すると、さらに水の脱離が進行してC=N結合をもつ化合物が生成する。形式的には脱水縮合反応である。ヒドロキシルアミン、ヒドラジン、アミンなどとの反応生成物は、それぞれ、オキシム、ヒドラゾン、イミンなどと呼ばれる。これら縮合生成物は結晶性の固体になり、また、酸の存在下で加水分解すると元のカルボニル化合物に戻るので、精製や同定などに利用できる。

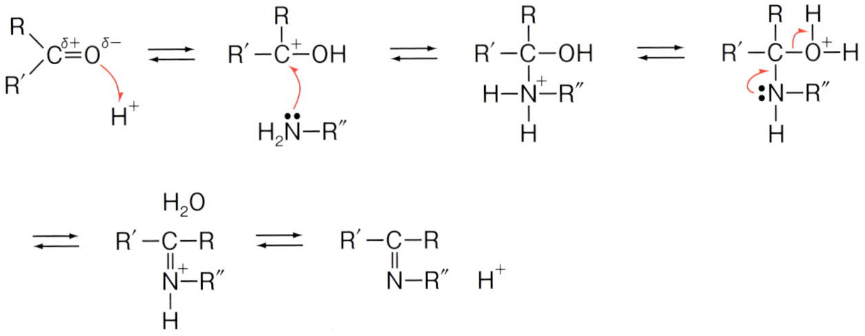

オキシム oxime $\quad>C=N-OH$
ヒドラゾン hydrazone $\quad>C=N-NH-R$
イミン imine $\quad>C=N-R$

$$R'-\overset{R}{\underset{}{C}}=O \;\rightleftharpoons\; R'-\overset{R}{\underset{H_2\ddot{N}-R''}{C^+-OH}} \;\rightleftharpoons\; R'-\overset{R}{\underset{H-\overset{+}{N}-R''}{C-OH}} \;\rightleftharpoons\; R'-\overset{R}{\underset{:N-R''}{C-\overset{+}{O}H}}$$

$$\rightleftharpoons\; R'-\overset{R}{\underset{N-R''}{\overset{H_2O}{C^+}}} \;\rightleftharpoons\; R'-\overset{R}{\underset{N-R''}{C}} \;\; H^+$$

問題 13-12 次の反応の生成物を書け。

(a) 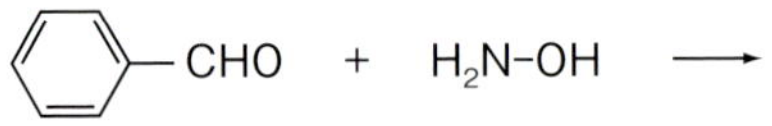 C₆H₅-CHO + H₂N-OH ⟶

(b) 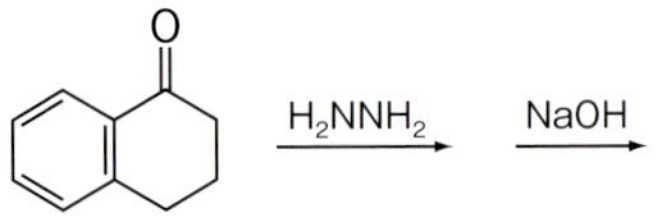 (α-テトラロン) + H₂NNH₂ →(NaOH)→

(c) 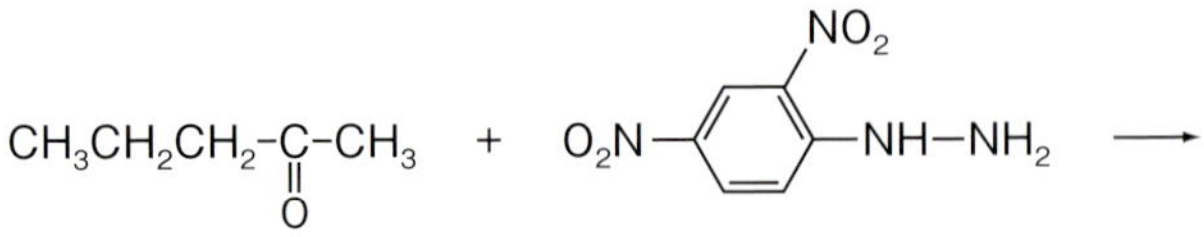 CH₃CH₂CH₂-C(=O)-CH₃ + 2,4-ジニトロフェニルヒドラジン (O₂N-C₆H₃(NO₂)-NH-NH₂) ⟶

(d) 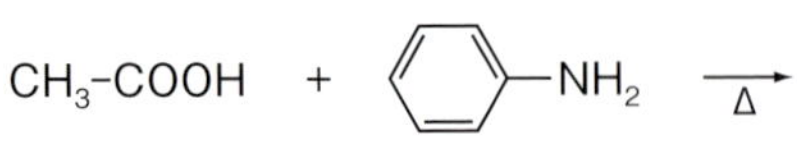 CH₃-COOH + C₆H₅-NH₂ →(Δ)→

13-7 カルボニル基に隣接するメチレン

13-2節に記したとおり、カルボニル基に隣接するメチレン基 −CH₂− の水素原子は、カルボニル基の電子求引性誘起効果により、プロトンとして解離しやすい状態にある。すなわち、ごくわずかながら酸としての性質をもつことになる。解離後の陰イオンは次ページの図のような共鳴構造式の共鳴混成体として安定化している。平衡反応のもとでプロトンが再結合するとき、炭素原子と結合すれば元のケトンが生成す

るが、負電荷は酸素原子上にもあるから、こちらに戻ればアルコールが生じる。カルボニルの構造を**ケト形**、アルコールの構造を**エノール形**と呼ぶ。また、プロトンを解離して生じる陰イオンを**エノラートイオン**という。ケト形とエノール形は、エノラートイオンを介して互いに平衡関係にある。ほとんどのアルデヒドやケトンでは平衡はケト形に偏っている。アルキンへの水の付加でカルボニル化合物が得られるのはこのためである。

ケト形 keto form

エノール形 enol form

エノラートイオン enolate ion

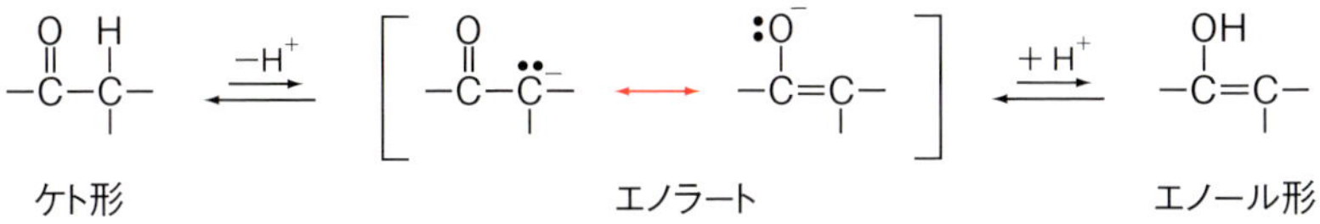

ケト形とエノール形のように、平衡により相互変換する構造異性体を互いに**互変異性体**という。

互変異性体 tautomer

メチレン基が 2 個のカルボニル基に挟まれた場合は、メチレン水素の酸性度はかなり強まり、ケト-エノール互変異性におけるエノール形の存在割合も多くなる。アセチルアセトン (2,4-ペンタンジオン) のエノール形には、C=O と C=C との共役安定化に加えて分子内水素結合による安定化もあり、常温で約 76 % がエノール形で存在している。

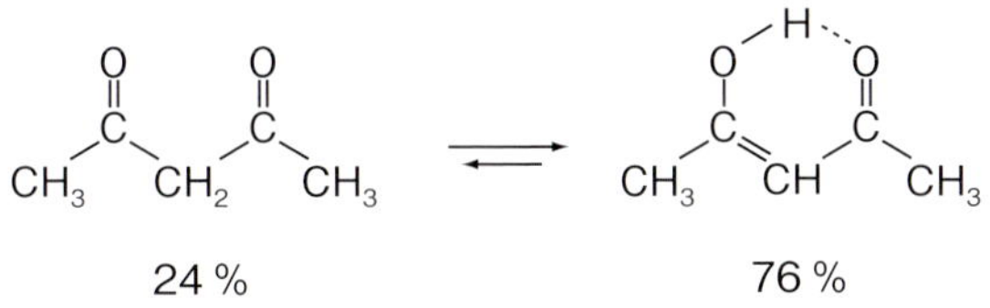

24 %   76 %

カルボニル基をはじめ、$-COOR$、$-NO_2$、$-CN$、$-SO_2R$ など、電子求引性のメソメリー効果をもつ二つの官能基がメチレンの両隣にあると、このメチレン水素はイオン解離を起こしやすい。このようなメチレンを**活性メチレン基**という。

活性メチレン基 active methylene

問題 13-13 下に示す光学活性なケトンは、塩基性溶液中で容易に光学活性を失い、ラセミ体となってしまう。理由を説明せよ。

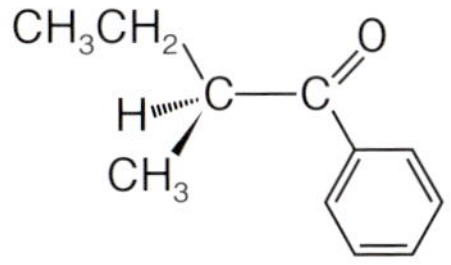

問題 13-14 次の各二組の化合物のうちで、エノール形の存在比はどちらが多いか。その理由とともに答えよ。

(a) CH₃-C-CH₃   CH₃-C-CH₂-C-CH₃   (b) CH₃-C-CH₂-⌬   CH₃-C-CH₂-⌬
      ‖   ‖   ‖   ‖   ‖
      O   O   O   O   O

(c) (1,4-シクロヘキサンジオン) (1,2-シクロヘキサンジオン)

13-8 活性メチレンの反応

求核付加反応と並んで、カルボニル化合物のもう一つの重要な反応性は、エノールやエノラートイオンが関与する反応である。次のような反応がある。

[1] ハロゲン化

カルボニル化合物にハロゲンを作用すると、カルボニル基の α 位がハロゲン化される。アルカンにハロゲン X_2 を作用すると、C–H 結合が C–ハロゲン結合へと置換することをすでに第 10 章で学んだが、その機構はラジカル連鎖反応であった。カルボニル基の α 位のハロゲン化は、エノール形への求電子付加反応を経るイオン反応の機構である。

$$-\overset{O}{\underset{}{C}}-\overset{H}{\underset{}{C}}- \rightleftharpoons -\overset{OH}{\underset{}{C}}=\overset{}{\underset{}{C}}- \xrightarrow[-Br^-]{Br_2} -\overset{OH}{\underset{}{C^+}}-\overset{Br}{\underset{}{C}}- \xrightarrow{-H^+} -\overset{O}{\underset{}{C}}-\overset{Br}{\underset{}{C}}-$$

アセチル基からなるケトンに、水酸化ナトリウムとヨウ素を作用させると、ヨードホルムとカルボン酸が生じる。この反応はヨードホルム反応と呼ばれ、アセチル基の定性分析反応としてよく知られた反応である。これは、上記カルボニルの α 位のハロゲン化が 3 個の水素原子に繰り返され、最後に OH^- がカルボニル炭素を求核攻撃した結果として説明される。

$$R-\overset{O}{\underset{}{C}}-\overset{H}{\underset{H}{C}}-H \Rightarrow R-\overset{O}{\underset{}{C}}-\overset{I}{\underset{I}{C}}-I \rightarrow$$
                                              :OH⁻

$$R-\overset{O}{\underset{}{C}}-OH + :\overset{I}{\underset{I}{C}}-I \longrightarrow R-\overset{O}{\underset{}{C}}-O^- + H-\overset{I}{\underset{I}{C}}-I$$
                                                                            ヨードホルム

$CH_3CH(OH)-$ の構造をもつアルコールは、ハロゲンのアルカリ溶液で

酸化されてアセチル基に変化するので、ヨードホルム反応を示す。

[2] アルキル化

エノラートイオンにハロゲン化アルキルを反応させると、活性メチレン炭素をアルキル化することができる。エノラートのカルボアニオンが求核試薬となる脂肪族求核置換反応の一種である。

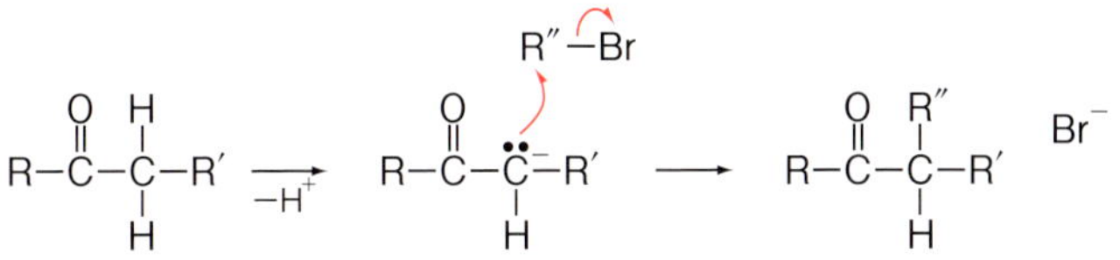

アルドール縮合
aldol condensation

*15 $\alpha, \beta, \gamma, \cdots$ は、炭素骨格の位置を示すのに用いられる。注目している原子の隣から順に、$\alpha, \beta, \gamma, \cdots$ と呼ぶ。この場合は、アルデヒド基の炭素の隣がα位である。

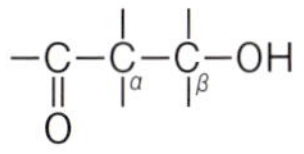

β-ヒドロキシケトン

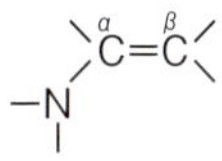

α,β-不飽和アミン

[3] アルドール縮合

アルデヒドは水酸化ナトリウムなどの塩基の作用で2分子の縮合を起こし、アルドールと一般に呼ばれるβ-ヒドロキシアルデヒドを生成する。この反応を**アルドール縮合**という。アルドールは希酸と処理するか、時には単に加熱するだけで容易に脱水を起こし、α, β-不飽和アルデヒドを生成する[*15]。

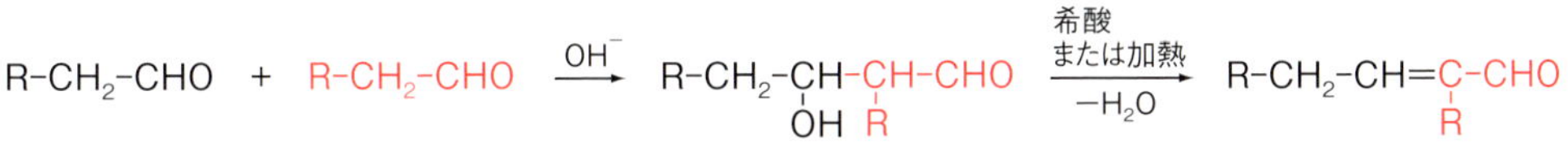

アルドール縮合は、塩基の作用で生じるエノラートイオンがもう1分子のアルデヒドのカルボニル炭素を求核的に攻撃することにより進行する。カルボニル基の二つの特徴(求核攻撃を受けやすいこと、α位にカルボアニオンを発生しやすいこと)を2分子のアルデヒドがそれぞれ分担し合っているということができる。

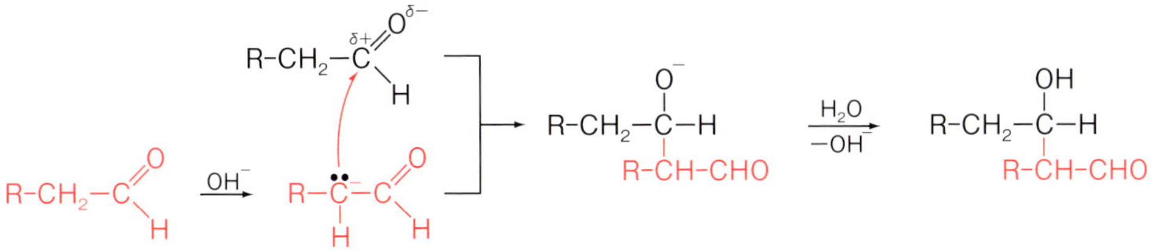

ケトンのアルドール縮合はアルデヒドより起こりにくく収率も低い。

[4] 混合アルドール縮合

ベンズアルデヒドのα位に水素原子をもたないアルデヒドを用いると、別種のアルデヒドとの間で混合アルドール縮合を行うことができる。下の例では、エノラートイオンを生じるのはアセトアルデヒドのみで、ベンズアルデヒドは求核攻撃を受ける役割しか担わない。役割分担ができた結果、混合アルドールが生成する。ただし、アセトアルデヒドにつ

いては、あいかわらず2分子縮合が起こる可能性がある。これを防ぐために、ベンズアルデヒドのアルカリ溶液に、アセトアルデヒドを少しずつ加える。反応溶液中に存在するのはアセトアルデヒドのエノラート陰イオンとベンズアルデヒドのみで、解離していないアセトアルデヒドが存在しないことが必要だからである。

　生成した混合アルドールを脱水するとシンナムアルデヒドが得られる。

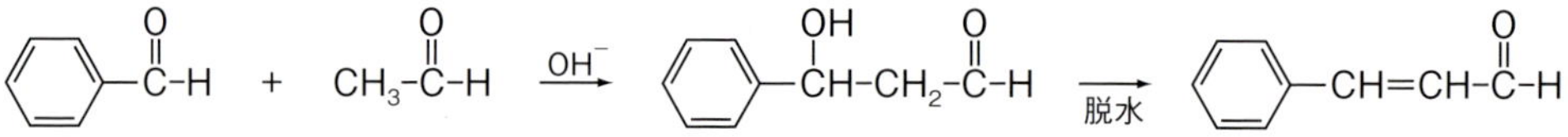

$$\text{C}_6\text{H}_5\text{-CHO} + \text{CH}_3\text{-CHO} \xrightarrow{\text{OH}^-} \text{C}_6\text{H}_5\text{-CH(OH)-CH}_2\text{-CHO} \xrightarrow{\text{脱水}} \text{C}_6\text{H}_5\text{-CH=CH-CHO}$$

シンナムアルデヒド

問題 13-15 次の反応の生成物を書け。

(a) $\text{CH}_3\text{CH}_2\text{-CHO} \xrightarrow{\text{NaOH}}$

(b) $\text{CH}_3\text{-CO-CH}_2\text{-CO-CH}_3 \xrightarrow{\text{NaOC}_2\text{H}_5} \xrightarrow{\text{CH}_3\text{CH}_2-\text{I}}$

(c) 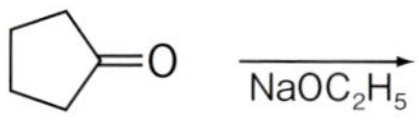 シクロペンタノン $\xrightarrow{\text{NaOC}_2\text{H}_5}$

(d) 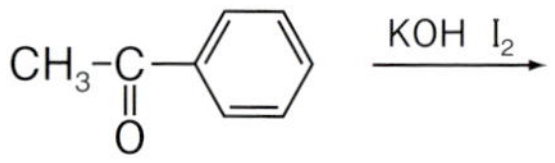 $\text{CH}_3\text{-CO-C}_6\text{H}_5 \xrightarrow{\text{KOH} \; \text{I}_2}$

第14章

カルボン酸とその誘導体

カルボン酸がもつカルボキシル基は、carbonyl $\diagup$C=O と hydroxyl $-$OH を組み合わせてつくられている。この官能基の中では、カルボニル基の性質が弱められ、逆にヒドロキシ基はアルコールの性質とは異なり、酸としての性質が強められている。カルボン酸は天然の動植物に広く分布し、それらの多くは、塩基性水溶液により抽出される成分として古くから知られていた。したがって、慣用名で呼ばれる化合物が多いのもカルボン酸の特徴である。酸としての性質とともに、カルボキシル基の $-$OH 部位が $-$OR、$-$Cl、$-$NH$_2$ などによって置換された種々の誘導体についても理解を深めよう。

14-1 カルボン酸の命名

カルボキシル基 $-$COOH をもつ化合物を**カルボン酸**という。分子中のカルボキシル基の個数 1, 2, … に応じて、モノカルボン酸、ジカルボン酸、… などと呼ぶ。鎖式のモノカルボン酸は**脂肪酸**とも呼ばれる。

カルボン酸 carboxylic acid

脂肪酸 fatty acid

カルボン酸の命名法は、$-$COOH を $-$CH$_3$ に変えた母体炭化水素基名に -oic acid（アルカン酸）や -dioic acid（アルカン二酸）を付けて命名する。$-$COOH 基は常に炭素鎖の末端にくるので、位置番号をつける必要はない。

 CH$_3$CH$_2$CH$_2$CH$_2$CH$_2$COOH ヘキサン酸
 CH$_3$-CH(CH$_3$)-CH(CH$_3$)-CH$_2$-CH$_2$-COOH
  4,5-ジメチルヘキサン酸
 CH$_2$=CHCH$_2$-COOH 3-ブテン酸
 HOOC-CH$_2$CH$_2$CH$_2$-COOH ペンタン二酸

$-$COOH を置換基とみなして命名する方法もあり、母体化合物に carboxylic acid を付け、アルカンカルボン酸とする。

 〈cyclohexane〉$-$COOH CH$_2$-CH$_2$-CH$_2$-CH-COOH
         | |
         COOH   COOH
 シクロヘキサンカルボン酸 1,1,4-ブタントリカルボン酸

カルボン酸は天然に広く分布し、古くから単離・同定されていたため、慣用名で呼ばれることが多く、ギ酸 H-COOH、酢酸 CH$_3$-COOH などは IUPAC 名（の和訳）としても認められている[*1]。

[*1] その他、IUPAC 名として認められている慣用名の例をいくつか下に示す。
プロピオン酸
 CH$_3$CH$_2$-COOH
酪酸 CH$_3$CH$_2$CH$_2$-COOH
シュウ酸 HOOC-COOH
マロン酸
 HOOC-CH$_2$-COOH
ケイ皮酸
 C$_6$H$_5$-CH=CH-COOH
安息香酸 C$_6$H$_5$-COOH

第14章 カルボン酸とその誘導体

問題 14-1 次の化合物を命名せよ。

(a) CH₃-CH₂-CH₂-CH(CH₃)-COOH (b) CH₃-CH(CH₃)-CH=CH-COOH

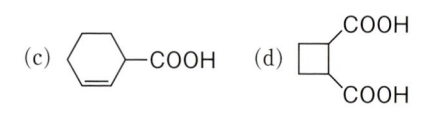

(c) シクロヘキセン-COOH (d) シクロブタン-1,2-ジCOOH (e) HOOC-CH=CH-CH₂-COOH

問題 14-2 次の化合物の構造式を書け。

(a) 7-クロロヘプタン酸　(b) 2-ペンチン酸
(c) 3-メチルペンタン二酸　(d) 4-プロピル-2-ペンテン二酸
(e) 1,5-ナフタレンジカルボン酸

14-2 カルボン酸の性質と酸性度

カルボキシル基のOH基は、すでに何度も記した通り (5-4節)、隣接するC=O基の電子求引効果によって、アルコールのOH基より強い極性をもつ。このOH基が水素結合のH供与部位として作用し、また、極性の強いカルボニル基の酸素原子がH受容部位として作用するので、カルボン酸は水素結合の形成能力が高い。このため、カルボン酸の沸点は一般に同程度の分子量のアルコールの沸点よりも高い[*2]。

[*2] たとえば、CH₃CH₂CH₂OH (分子量：60) の沸点 97℃ に対し、CH₃COOH (分子量：60) の沸点は 118℃。

問題 14-3 次の化合物を沸点の高い順に並べよ。

H-COOH　　CH₃CH₂-OH　　CH₃-O-CH₃　　CH₃-CO-H

単純なカルボン酸は、ベンゼンのような無極性溶媒中では二量体として存在する。

$$R-C(=O)(O-H\cdots O)C-R$$
(O-H⋯O と O⋯H-O の水素結合による二量体)

カルボキシル基は親水性の基であり、炭素原子数の少ない脂肪酸は水によく溶ける。炭素数が多くなるにつれ、水に対する溶解度は減少する。

水溶液中ではカルボキシル基の −OH は、自発的に一部がイオン解離できるほど極性が高く、酸性を示す。

$$RCOOH + H_2O \rightleftarrows RCOO^- + H_3O^+$$

この解離平衡に対して、**酸解離定数** K_a を次のように定義する。

$$K_a = \frac{[RCOO^-][H_3O^+]}{[RCOOH]}$$

酸性とはいっても、塩酸や硝酸と違って、カルボン酸のイオン解離の平衡はずっと非解離の酸側に偏っている。たとえば、酢酸の酸解離定数

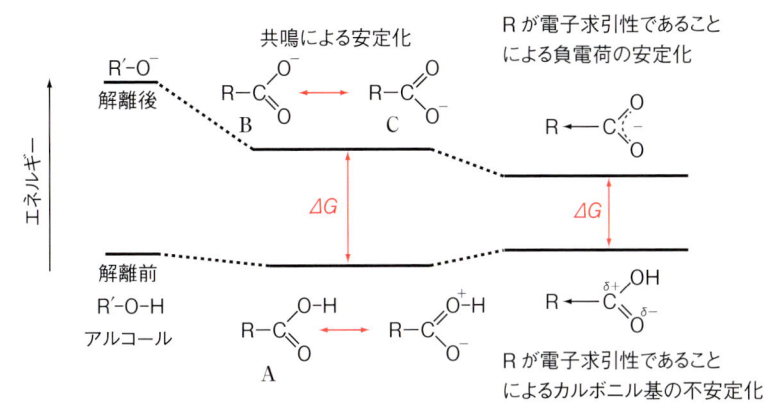

図14-1 アルコールにくらべカルボン酸の解離前後のエネルギー差（ΔG）が小さくなる要因

K_a は 10^{-5} 程度にすぎない。

このような酸解離定数が非常に小さい有機化合物の酸の強さについては、次の定義に従った**酸解離指数**が定量的な指標として用いられる。

$$\mathrm{p}K_a = -\log K_a$$

酢酸の例に示したとおり、K_a は 10 のマイナス何乗という 1 以下の小さな値であるから、K_a が大きいほど、$\mathrm{p}K_a$ の値は小さくなる[*3]。つまり、$\mathrm{p}K_a$ の値が小さいほど、強い酸である。

酸解離平衡定数は解離前後の自由エネルギー変化 ΔG と次の関係がある。

$$\Delta G = -RT \ln K_a$$

K_a は 1 以下の小さな値であるから、K_a が大きいほど、ΔG が小さいことになる[*3]。つまり、ΔG が小さいほど、より強い酸となることを示している。

解離前の状態を不安定化するか、あるいは解離後の陰イオン、すなわちカルボキシラートイオンの構造を安定化すれば、ΔG は相対的に小さくなって、平衡をイオン解離の方向にずらすことができる。一般的には解離後の陰イオン構造の安定性の効果が顕著に効く（**図14-1**）。

問題 14-4 $^{18}\mathrm{O}$ で同位体標識した $^{18}\mathrm{O}-\mathrm{H}$ 結合をもつ酢酸を水に溶かしておくと、$\mathrm{C}=^{18}\mathrm{O}$ 結合の酢酸と $^{18}\mathrm{O}-\mathrm{H}$ 結合の酢酸が等量生じる。この理由を説明せよ。

問題 14-5 炭酸イオンの共鳴構造式を書け。

14-3 酸の強弱と誘起効果

酢酸とその置換体の $\mathrm{p}K_a$ を**表14-1**に示した。酢酸のメチル基の水素

[*3] たとえば、K_a が 10^{-10} ならば
$\Delta G = -RT \ln K_a$
　　$= -2.3RT \log 10^{-10}$
　　$= 23RT$、
K_a が 10^{-6} ならば
$\Delta G = -RT \ln K_a$
　　$= -2.3RT \log 10^{-6}$
　　$= 13.8RT$
になる。

表 14-1 酢酸とその置換体の pK_a (25℃)

H-CH$_2$-COOH	4.757
HO-CH$_2$-COOH	3.83
CH$_3$-CH$_2$-COOH	4.874
Cl-CH$_2$-COOH	2.866

原子を別の置換基に変えることにより、酸としての強さが変化する。たとえば、塩素原子がつくと酸は強くなっている。図 14-1 からわかるとおり、解離後の B↔C の構造が安定なほどイオン解離しやすくなる。B（または C）を安定化するためには、酸素上の負電荷を炭素骨格部分 R の方に引き寄せて、電子密度を軽減させてやればよい。酢酸の CH$_3$ の H を電気陰性度の大きな Cl で置換すると、Cl−C 結合を通して炭素から電子を引き寄せる。−CH$_2$− の炭素は電子が不足した分を −C=O の炭素から引き寄せ、>C=O 炭素は −O− から… という具合に、σ 結合を介して Cl の電子求引効果が伝わる。このように、σ 結合を介して電子密度に偏りが誘起される傾向を**誘起効果**と呼ぶ。塩素のように電子を引き寄せる場合は電子求引性誘起効果という。逆に電子を押し出す電子供与性誘起効果をもつ置換基もある。代表はアルキル基である[*4]。

アルキル基のような電子供与性の置換基が付くと、カルボキシラートイオンの負電荷をますます不安定化するので、酸性度は弱くなる。

プロピオン酸 CH$_3$-CH$_2$-COOH の酸性度が酢酸よりも低下したのは（**表 14-1**）、メチル基がカルボキシラートイオンに対してますます電子を供与することで、このイオンが不安定化するため解離の方向への平衡に不利に作用したためである。

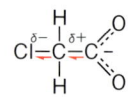

誘起効果 inductive effect

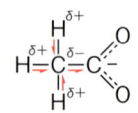

[*4] アルキル基の電子供与性誘起効果は次のように説明される。

水素よりも炭素の方が電気陰性度は若干大きいので、σ 結合の電子は炭素の方に幾分偏っている。この電子の偏りは C−H 1 個ではほとんど効果がない。しかし、三つ集まると、すなわちメチル基 −CH$_3$ では効果を表し、メチル基の炭素に溜まった電子をこれと結合する相手に押し出そうとする。メチル基が寄せ集まると、すなわち *t*-ブチル基ではその効果はいっそう大きくなる。このような効果、すなわち電子供与性誘起効果は、メチル基に限らずすべてのアルキル基に認められる。

Cl の電子求引性誘起効果　　　　CH$_3$ の電子供与性誘起効果

誘起効果は、σ 結合の隔たりが大きくなるほど伝わり方は減少する。たとえば、塩素の置換する位置がカルボキシル基から遠くなるにつれ、塩素の電子求引性誘起効果の効き目が減少するので、酸性度は弱くなる。

Cl-CH$_2$-COOH　　　pK_a = 2.866
Cl-CH$_2$CH$_2$-COOH　　　　4.10

置換基によりどのような誘起効果があるかを**表 14-2** にまとめた。

表 14-2 置換基 X の誘起効果とその大小関係

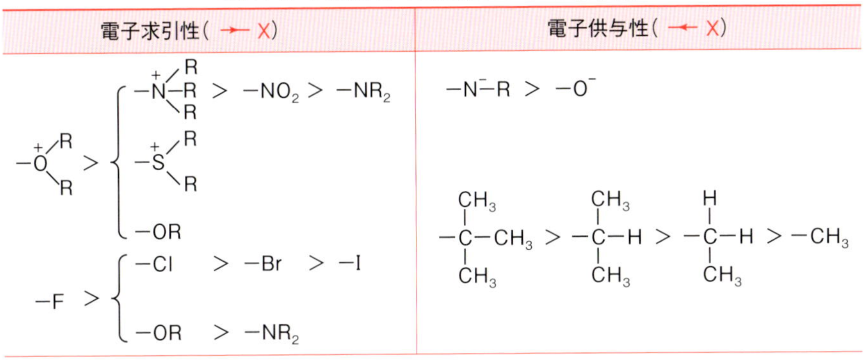

電子求引性（← X）	電子供与性（→ X）
$-\overset{+}{O}\overset{R}{R} > \begin{cases} -\overset{+}{N}\overset{R}{\underset{R}{R}} > -NO_2 > -NR_2 \\ -\overset{+}{S}\overset{R}{\underset{R}{R}} \\ -OR \end{cases}$ $-F > \begin{cases} -Cl > -Br > -I \\ -OR > -NR_2 \end{cases}$	$-\overset{-}{N}-R > -O^-$ $-\underset{CH_3}{\overset{CH_3}{C}}-CH_3 > -\underset{CH_3}{\overset{CH_3}{C}}-H > -\underset{CH_3}{\overset{H}{C}}-H > -CH_3$

■問題 14-6 次の化合物を酸性度の強い順に並べよ。

（1）（a）CF_3-COOH　（b）CCl_3-COOH　（c）CH_3-COOH

（2）（a）CH_3-COOH　（b）CH_2Cl-COOH　（c）$CHCl_2$-COOH
　　　（d）CCl_3-COOH

（3）（a）CH_2Cl-CH_2-CH_2-COOH　（b）CH_3CHCl-CH_2-COOH
　　　（c）CH_3-CH_2-$CHCl$-COOH

■問題 14-7 ギ酸、酢酸、プロピオン酸について、H－、CH_3－、C_2H_5－ の電子供与性誘起効果をもとに、酸として強い順に並べよ。

＊■問題 14-8 調味料として用いられる L-グルタミン酸ナトリウムは、下のグルタミン酸の一ナトリウム塩である。二つのカルボキシル基のどちらがナトリウム塩となるのか。理由とともに答えよ。

$$HOOC-CH_2-CH_2-\underset{NH_2}{CH}-COOH$$

14-4　酸の強弱と共鳴効果

安息香酸とその置換体の pK_a を**表 14-3** に示した。

安息香酸のベンゼン環に置換基を導入すると、酸としての強さが変化する。たとえば、安息香酸のベンゼン環に付いたニトロ基は次ページの図のような共鳴構造式の寄与によりパラ位に正電荷を発生させる。すなわち 12-3 節で述べたニトロ基の共鳴効果である。正電荷はこの位置に置換しているカルボキシル基から誘起効果によって電子を引き付けて、プロトンの解離を促す。

表 14-3　安息香酸とその置換体の pK_a（25 ℃）

C_6H_5-COOH	4.21
p-Cl-C_6H_4-COOH	3.99
p-NO_2-C_6H_4COOH	3.44
p-CH_3O-C_6H_4COOH	4.49

一方、メトキシ基は、図のようにベンゼン環に電子を押し出して、すなわち電子供与性の共鳴効果を発揮して、p-位に負電荷を発生させる。もともと陰イオンの状態にあるカルボキシレートの部分にとって、その近隣に負電荷が存在するのは不利であるため、不安定化する。したがって、メトキシ置換安息香酸は酸への解離が起こりにくくなり、酸としては弱くなる。

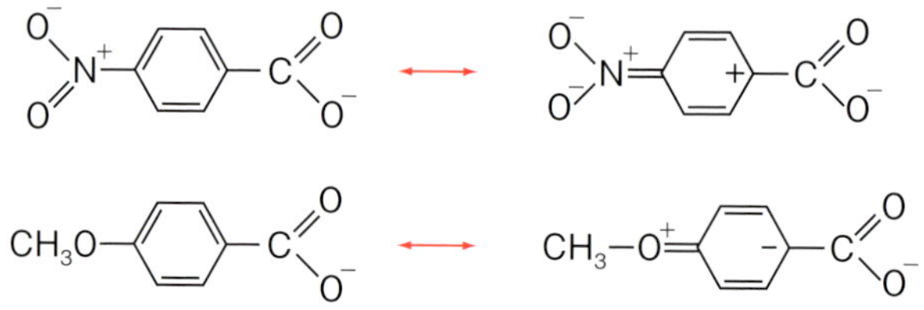

以上のように、安息香酸の酸性度についても、フェノールの場合と同様に、共鳴効果をもとに説明することができる。

問題 14-9 安息香酸の構造に寄与する共鳴構造式をすべて書け。それらのうち、パラ位にニトロ基が置換することにより、特に不安定化する共鳴構造式はどれか。

＊**問題 14-10** サリチル酸は安息香酸よりも酸としての性質は強い。この理由を説明せよ。

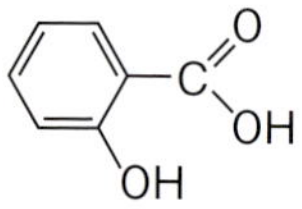

サリチル酸

14-5 カルボン酸の合成

カルボン酸は次の方法で合成される。

［1］第一級アルコールの酸化

［2］芳香族炭化水素の側鎖の酸化

アルキル置換した芳香族炭化水素は過マンガン酸カリウムで酸化すると安息香酸誘導体となる。

［3］ニトリルの加水分解

ニトリル R–C≡N を酸またはアルカリで加水分解するとカルボン酸 R–COOH となる。このように、カルボン酸と関係付けられることから、ニトリルはカルボン酸の誘導体とみなされる。

［4］グリニャール試薬による生成

グリニャール試薬に乾燥させた二酸化炭素を反応させ、希酸で後処理

するとカルボン酸が得られる。二酸化炭素の C=O 結合に対するグリニャール試薬の求核付加反応で、炭素数が 1 個増えたカルボン酸に導いたことになる。

[5] マロン酸エステル合成

マロン酸ジエチルの $-CH_2-$ は、2 個のカルボニル基に挟まれているので活性メチレン基である。ナトリウムエトキシドのような塩基を作用すると容易にカルボアニオンを生じ、これはハロゲン化アルキルに対して求核試薬として反応して、アルキル置換マロン酸ジエチルを生成する。これを加水分解してジカルボン酸とし、さらに加熱すると CO_2 が脱離して $R-CH_2-COOH$ の構造のカルボン酸を合成することができる[*5]。この一連の反応を**マロン酸エステル合成**と呼ぶ[*6]。

[*5] CO_2 の脱離（脱炭酸）については 14-6 節参照。

マロン酸エステル合成
malonic ester synthesis

[*6] マロン酸エステル合成は、実はハロゲン化アルキルが主役で、その炭素数が 2 個増えたカルボン酸を合成する反応として利用される。生成物にはマロン酸エステルの構造は表立って見えないが、その性質を巧みに利用した名脇役の役目を果たしているのである。

$R-Br \longrightarrow R-CH_2-COOH$

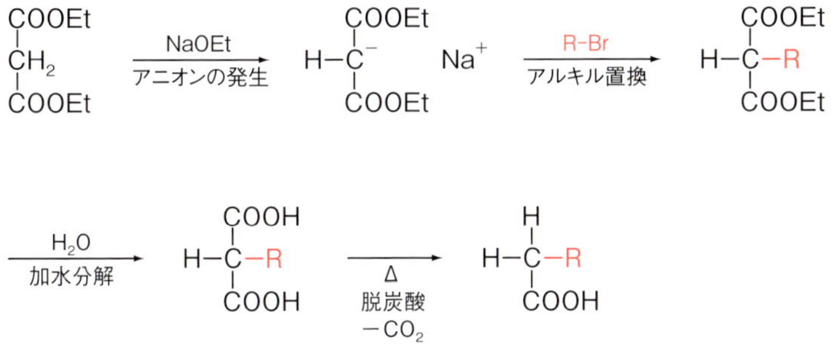

問題 14-11 次の化合物を原料にして安息香酸の合成法を書け。

(a) 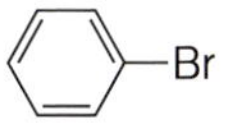 C₆H₅-Br (b) 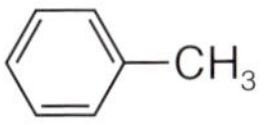 C₆H₅-CH₃ (c) 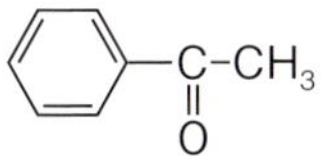 C₆H₅-CO-CH₃

問題 14-12 臭化エチルを原料にして次のカルボン酸の合成法を書け。

(a) CH_3-COOH (b) CH_3CH_2-COOH (c) $CH_3CH_2CH_2-COOH$

問題 14-13 マロン酸エステルの代わりにアセト酢酸エチルを用いて、マロン酸エステル合成と同様に次のような反応を行うと、どのような化合物が生成するか[*7]。

$CH_3-CO-CH_2-COOEt \xrightarrow{NaOEt} \xrightarrow{R-Br} \xrightarrow[H^+]{H_2O} \xrightarrow[\text{脱炭酸}]{\Delta}$

[*7] この一連の反応は**アセト酢酸エステル合成**（acetoacetic ester synthesis）と呼ばれる。

14-6 カルボン酸の反応

[1] 酸化と還元

カルボン酸は一般に酸化されにくいが、ギ酸 H-COOH とシュウ酸 (COOH)$_2$ は例外で、いずれも酸化を受け還元性を示す。カルボン酸は水素化アルミニウムリチウム LiAlH$_4$ により還元されて第一級アルコールを生成する。

[2] 脱炭酸

同じ炭素原子に 2 個のカルボキシル基が置換したジカルボン酸あるいは β-ケトカルボン酸は、100〜150 ℃ くらいに加熱すると CO$_2$ を脱離する。これを**脱炭酸**と呼ぶ。

脱炭酸 decarboxylation

マロン酸エステル合成にも組み込まれている。

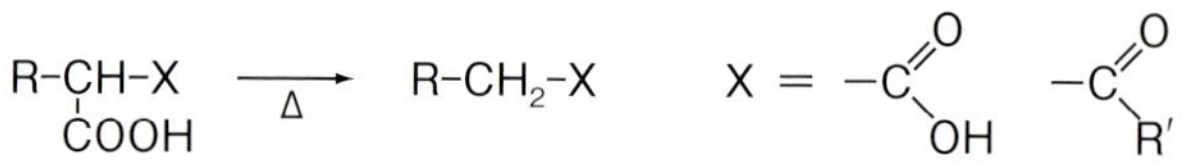

$$R\text{-CH(COOH)-X} \xrightarrow{\Delta} R\text{-CH}_2\text{-X} \qquad X = -C(=O)OH,\ -C(=O)R'$$

[3] カルボン酸誘導体の生成

カルボン酸のカルボキシル基 −CO-OH の OH 部分をほかの置換基に置き換えた構造の化合物をカルボン酸の誘導体と呼ぶ。次のように、エステル、カルボン酸塩化物 (塩化アシル)、カルボン酸無水物、アミドなどがある。いずれもカルボキシル基の炭素原子が求核試薬の攻撃を受けて起こる反応である[*8]。

*8 ケトンやアルデヒドのカルボニル基に対する求核付加と異なるのは、カルボキシル基 −CO-OH では求核攻撃に続いて OH 基の脱離を伴い、結果として置換生成物を与えることである。

エステル 　　　　R-C(=O)-OH + R'-OH $\underset{}{\overset{H^+}{\rightleftarrows}}$ R-C(=O)-O-R' + H$_2$O

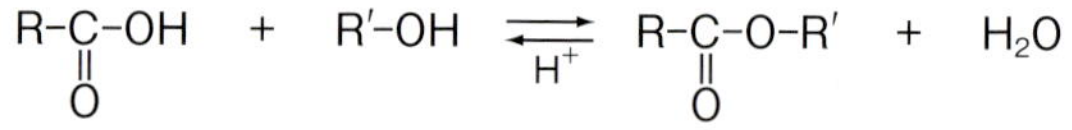

カルボン酸塩化物　R-C(=O)-OH $\xrightarrow{SOCl_2}$ R-C(=O)-Cl

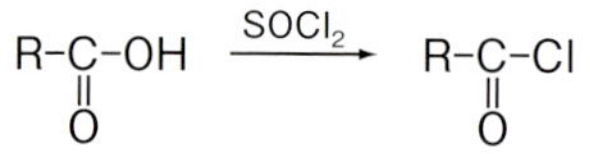

カルボン酸無水物　2 R-C(=O)-OH $\xrightarrow{P_4O_{10}}$ (R-C(=O))$_2$O

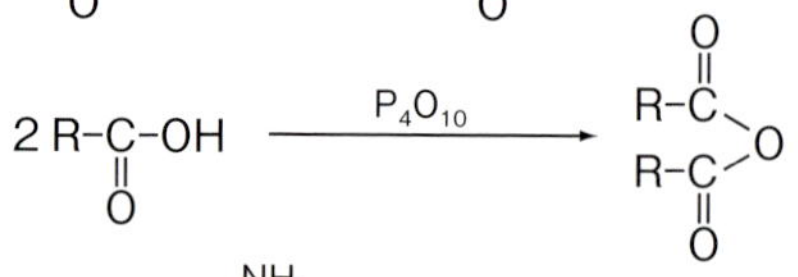

アミド　　　　　　R-C(=O)-OH $\xrightarrow{NH_3}$ R-C(=O)-NH$_2$

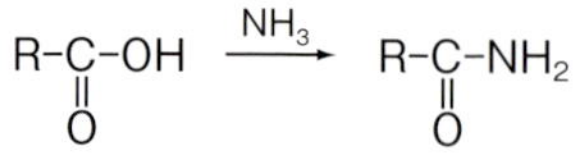

これらカルボン酸誘導体はカルボン酸そのものから上記のような方法で得られるが、誘導体同士での相互変換も可能である。合成法としては、特に、カルボン酸塩化物を原料にする方法の効率がよい。求核攻撃を受けやすく、かつ、塩素が脱離しやすいことによる。

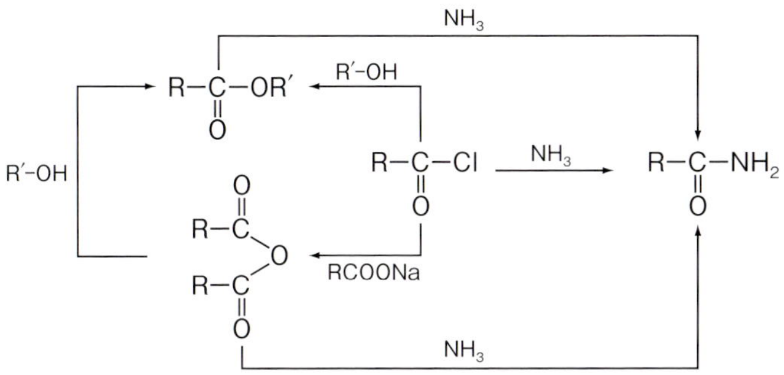

問題 14-14 次の反応生成物を書け。

(a) 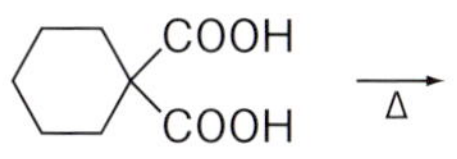 シクロヘキサン-1,1-ジカルボン酸 $\xrightarrow{\Delta}$

(b) 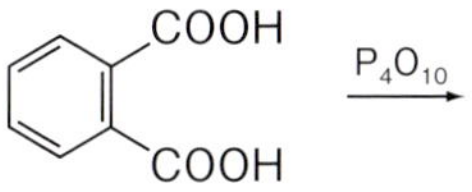 フタル酸 $\xrightarrow{P_4O_{10}}$

(c) 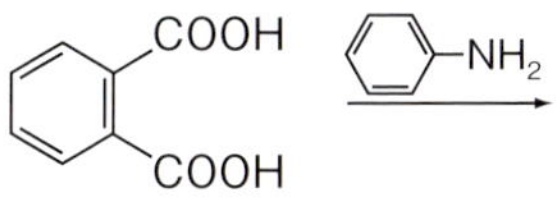 フタル酸 + アニリン $C_6H_5-NH_2$

(d) 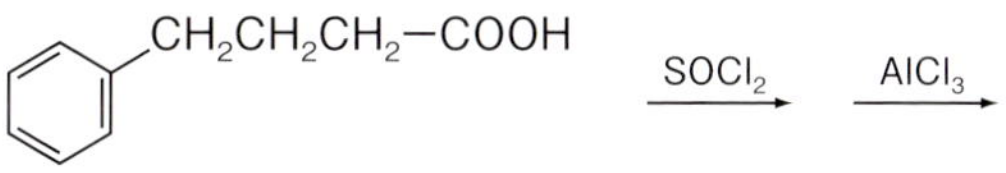 $C_6H_5-CH_2CH_2CH_2-COOH \xrightarrow{SOCl_2} \xrightarrow{AlCl_3}$

14-7 エステル

カルボン酸 R-CO-OH の OH 基を OR' で置換したカルボン酸誘導体 R-CO-OR' を**エステル**と呼ぶ。エステルは天然に広く分布している。一般に芳香をもち、果実や花の香気成分であることが多い。

エステル ester

命名法は、カルボン酸の名称の後に炭化水素基 R' の名称を並べる。

英語では、炭化水素基名の後に、カルボン酸の語尾 -oic acid を -ate に変えたものを並べて2語とする。

  $CH_3CO-OC_2H_5$ 酢酸エチル   ethyl acetate
  $C_6H_5-CO-OCH_3$ 安息香酸メチル   methyl benzoate

なお、-CO-OR' はアルコキシカルボニル、R-CO-O- はアシルオキシという一般名で呼ばれる。次のような接頭語がよく用いられる。

  $CH_3-CO-O-$ アセトキシ
  $C_6H_5-CO-O-$ ベンゾイルオキシ
  $-CO-OCH_2H_5$ エトキシカルボニル

エステルは、カルボン酸とアルコールを酸触媒の存在下で加熱すると得られる。この反応は平衡反応であるから、アルコールまたはカルボン酸を過剰に加えたり、生成する水を共沸混合物として除去するなどの方法でエステルの生成を促す。

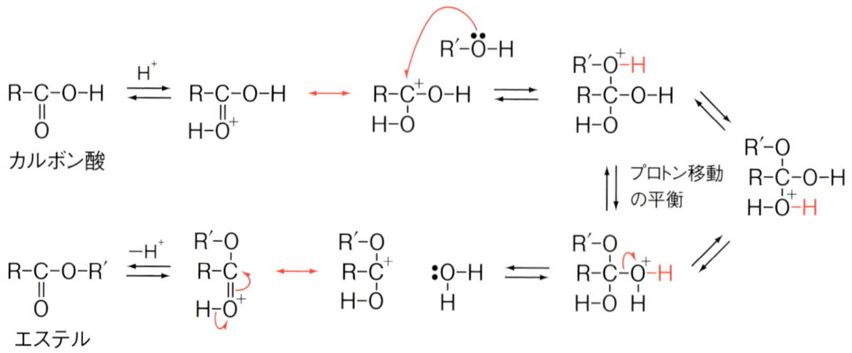

第14章 カルボン酸とその誘導体

$$R-\underset{\underset{O}{\|}}{C}-O-H \;\underset{}{\overset{H^+}{\rightleftarrows}}\; R-\underset{\underset{H-O^+}{\|}}{C}-O-H \;\leftrightarrow\; R-\underset{\underset{H-O}{|}}{\overset{+}{C}}-O-H \;\overset{R'-\ddot{O}-H}{\rightleftarrows}\; R-\underset{\underset{H-O}{|}}{C}-O-H \rightleftarrows \cdots$$

カルボン酸

プロトン移動の平衡

エステル

エステル化 esterification

オキソニウムイオンの構造をもつ中間体では、プロトンが3個の酸素原子の間を付加したり離れたりしながら飛び移り、平衡の状態にある。OH 基にプロトンが付加した形から H_2O が脱離し、続いて触媒としてのプロトンが放出されればエステルが生成する。**エステル化**は形式上脱水縮合反応であるが、機構的には上に示したように C=O 結合への求核付加反応を経て進行する。

問題 14-15 ^{18}O でラベルしたアルコール $R^{18}OH$ を用いてエステル化反応を行うと、エステルのどの酸素原子が ^{18}O でラベルされるか。

エステルは酸触媒により加水分解を受け、カルボン酸とアルコールを生成する。この反応は、エステル化の逆反応である。その反応機構は、上に記した各段階を逆にたどったものとなる。

けん化 saponification

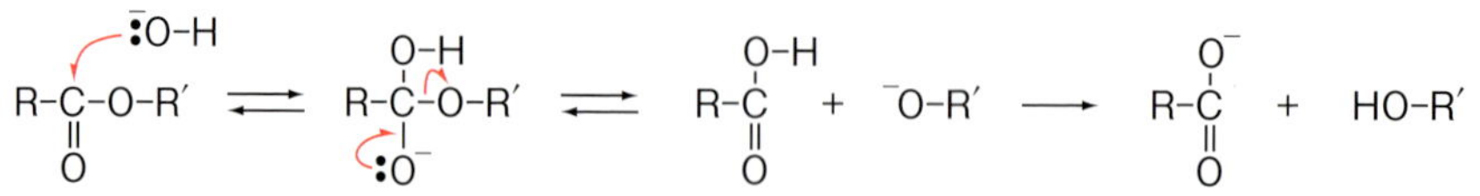

エステルはアルカリによっても加水分解される。アルカリによるエステルの加水分解は**けん化**と呼ばれる。けん化は、水酸化物イオンのカルボニル炭素への求核攻撃により起こる。最終段階で、より塩基性の強いアルコキシド陰イオンにプロトンが移動し、カルボン酸の塩が直接の生成物となる。塩の平衡は、アルコキシドよりもカルボキシラート側にずっと偏っているので、けん化は非可逆である。

ラクトン lactone

ヒドロキシ基をもつカルボン酸から分子内で水が脱離した形の環状エステルを**ラクトン**という。五員環ラクトンが最も生成しやすく、環が大きくなっても、小さくなっても、次第に生成しにくくなる。

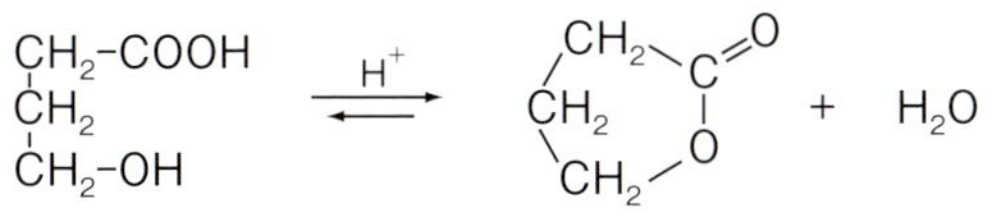

$$\text{CH}_2\text{-COOH} \atop \text{CH}_2 \atop \text{CH}_2\text{-OH} \quad \underset{}{\overset{H^+}{\rightleftharpoons}} \quad \text{(5員環ラクトン)} + H_2O$$

エステルにおいても、ケトンやアルデヒドに対するのと同様に求核攻撃により引き起こされる反応が起こる。グリニャール反応では第三級のアルコールが生成する。アルデヒドの2分子自己縮合と同様の反応により β-ケトエステルが生成する。やはりここでも、α 位にカルボアニオンを発生する分子と、その求核攻撃を受ける分子とが役割分担をしている。このエステルの反応は**クライゼン縮合**と呼ばれる。

クライゼン縮合
Claisen condensation

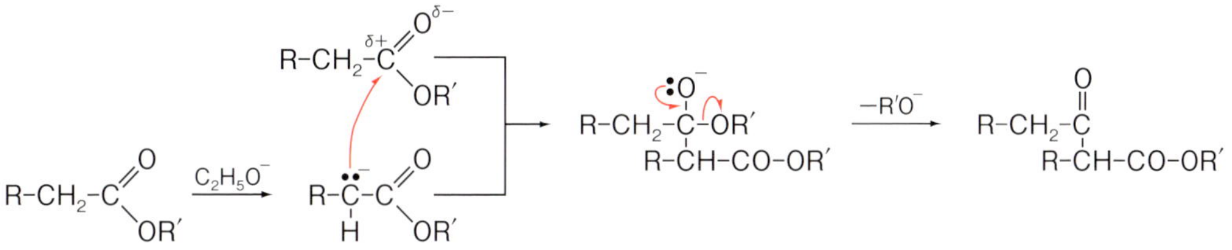

ジエステルの分子内の縮合は**ディークマン縮合**と呼ばれ、環状化合物を合成する方法として有用である。

ディークマン縮合
Dieckmann condensation

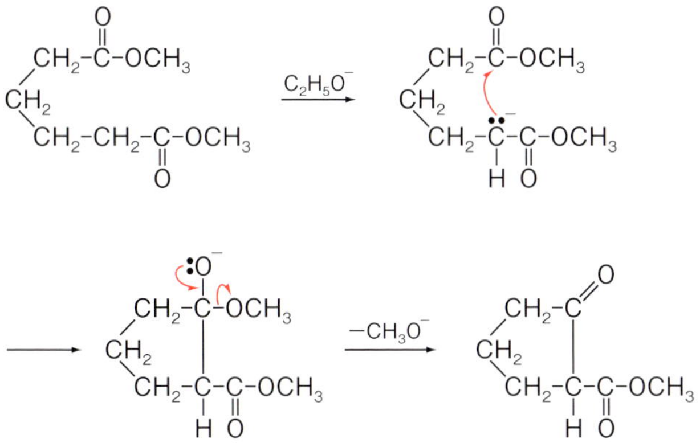

問題 14-16 酢酸エチルとベンゾフェノン Ph-CO-Ph の混合物に塩基を作用させた場合、生成する可能性のある化合物をすべて示せ。

問題 14-17 次の反応の主生成物を書け。

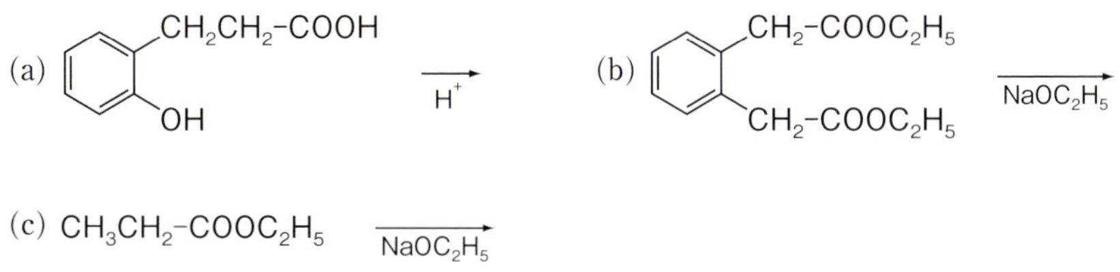

(a) [2-(2-ヒドロキシフェニル)エチル]-COOH $\xrightarrow{H^+}$

(b) o-C$_6$H$_4$(CH$_2$-COOC$_2$H$_5$)$_2$ $\xrightarrow{\text{NaOC}_2\text{H}_5}$

(c) CH$_3$CH$_2$-COOC$_2$H$_5$ $\xrightarrow{\text{NaOC}_2\text{H}_5}$

14-8 カルボン酸塩化物と無水物

カルボキシル基の中の OH が塩素で置換されたカルボン酸誘導体 RCO-Cl を**カルボン酸塩化物**または単に酸塩化物、あるいは**塩化アシル**という。塩化アシルはカルボン酸に $SOCl_2$、PCl_5 などを作用して合成される。

塩化アシル acyl chloride

塩化アシルのカルボニル炭素には、電子求引性の強い塩素が結合しているため、正の極性がますます高まり、非常に求核攻撃を受けやすい状態にある。空気中の水分によっても徐々に加水分解され、カルボン酸に戻るほどである。

アルコール、アンモニアなどを求核試薬として反応させると、カルボン酸誘導体が容易に生成する。塩化アシルはカルボン酸誘導体の中で最も反応性が高いので、アシル化には通常塩化アシルが用いられる。フリーデル-クラフツ反応 (8-6 節) を思い出そう。

塩化アシルの塩素を還元するとアルデヒドが得られる (13-3 節)。

2 個のカルボキシル基から 1 分子の水がとれて結合した形の官能基をもつ化合物 RCO-O-COR′ を**カルボン酸無水物**、または単に**酸無水物**という。

酸無水物 acid anhydride

通常用いられるカルボン酸無水物は R と R′ が同一のもので、カルボン酸 2 分子からの脱水反応により合成される。非対称のカルボン酸無水物は塩化アシルとカルボン酸の塩から合成することができる。

$$\text{R-CO-Cl} + \text{R}'\text{-CO-O}^-\text{Na}^+ \longrightarrow \text{R-}\underset{\underset{\text{O}}{\|}}{\text{C}}\text{-O-}\underset{\underset{\text{O}}{\|}}{\text{C}}\text{-R}' + \text{NaCl}$$

酸無水物の求核試薬に対する反応性は酸塩化物よりも弱いが、エステルよりも強く、アシル化試薬として用いられる。

ジカルボン酸において、分子内で脱水反応が起こると環状のカルボン酸無水物が生成する。2 個のカルボキシル基が空間的に接近していることが必要であり、五員環あるいは六員環状の形が普通である。シス形のマレイン酸は加熱により無水マレイン酸を与えるが、トランス形のフマル酸ではカルボキシル基同士が離れすぎているため反応しない。

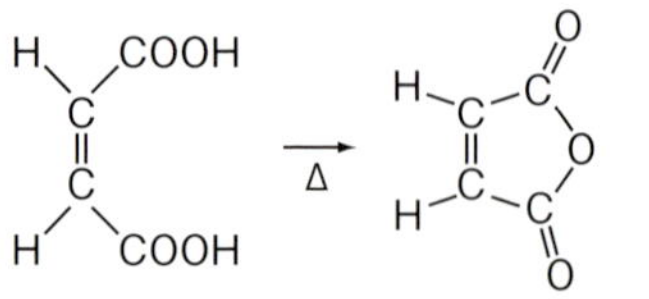

マレイン酸 → 無水マレイン酸

問題 14-18 次の反応生成物を書け。(b) と (c) において、ピリジンは塩基として作用している。

(a) 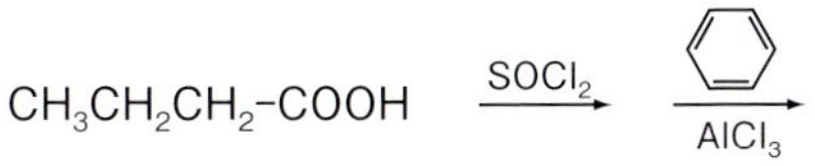 CH₃CH₂CH₂-COOH $\xrightarrow{SOCl_2}$ $\xrightarrow[AlCl_3]{\text{ベンゼン}}$

(b) 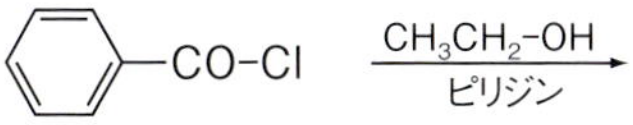 C₆H₅-CO-Cl $\xrightarrow[ピリジン]{CH_3CH_2-OH}$

(c) 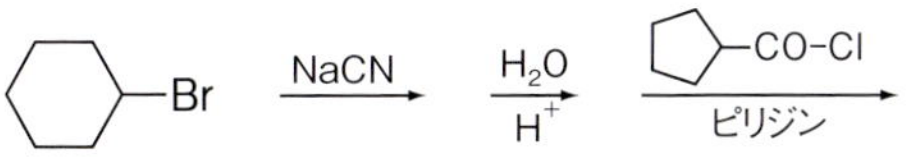 シクロヘキシル-Br $\xrightarrow{NaCN}$ $\xrightarrow[H^+]{H_2O}$ シクロペンチル-CO-Cl $\xrightarrow{ピリジン}$

14-9 アミドとニトリル

カルボキシル基の −OH が、アンモニアまたはアミンの >N−H の H とともに H₂O としてとれて縮合した形の官能基 −CO−N< をアミド結合といい、アミド結合をもつ化合物を**カルボン酸アミド**または単に**アミド**という。

アミド amide

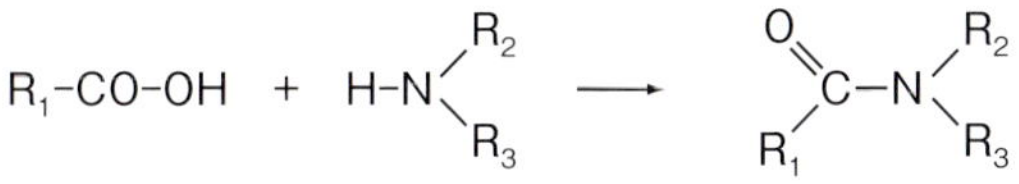

$$R_1\text{-CO-OH} + H\text{-N}\begin{smallmatrix}R_2\\R_3\end{smallmatrix} \longrightarrow \underset{R_1}{\overset{O}{\underset{\|}{C}}}-N\begin{smallmatrix}R_2\\R_3\end{smallmatrix}$$

アミド結合はアミノ酸の縮合高分子体であるタンパク質の構造と機能に重要な役割を果たしており、タンパク質においては**ペプチド結合**と呼ばれる。

アミド結合では、窒素原子上の非共有電子対が電子供与性の共鳴効果を発揮し、カルボニル二重結合と共役するので、正負の電荷が発現した極性構造の共鳴寄与が非常に大きくなる。この結果、アミドの C−N 結合には二重結合性が発現し、通常の sp³ 混成炭素との C−N 結合に比べて、結合距離が短くなる、C−N 結合の回転が起こりにくい、平面構造が有利となる、などの構造的特徴がでてくる。

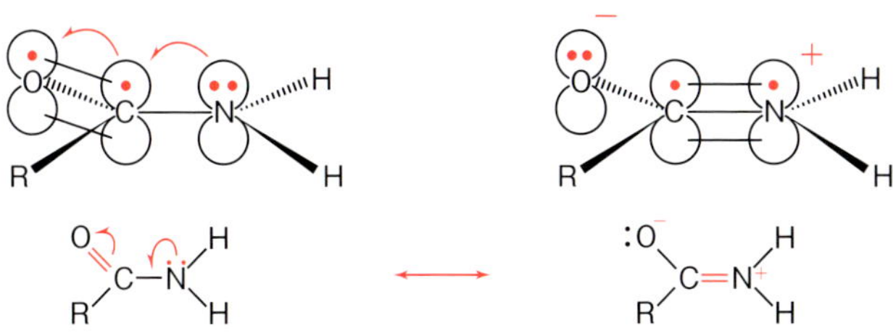

アミドが示す種々の構造、反応性などの特徴的性質は、すべて、この

共鳴寄与が要因であるといってよい。

問題 14-19 アミドが示す次の性質はどう説明されるか。
(a) ごく簡単なアミドを除いて一般に結晶性の固体である。
(b) 炭素数が6個の直鎖状アミドまでは水溶性である。
(c) エステルに比べて沸点が高い。
(d) 水素結合を形成しやすい。

アミドはカルボン酸誘導体の中では最も求核攻撃を受けにくく、反応性が低い。これも、極性共鳴構造式の寄与が大きく、カルボニル炭素上の正電荷が薄まるためと説明できる。アミドは、アミンを塩化アシルやカルボン酸無水物でアシル化すれば生成する。

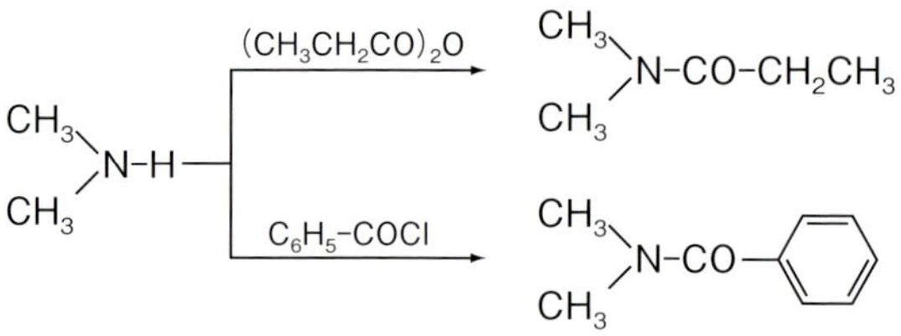

$$(CH_3)_2N-H \xrightarrow{(CH_3CH_2CO)_2O} (CH_3)_2N-CO-CH_2CH_3$$
$$\xrightarrow{C_6H_5-COCl} (CH_3)_2N-CO-C_6H_5$$

ニトリルを穏やかな条件で加水分解してもアミドが得られる。

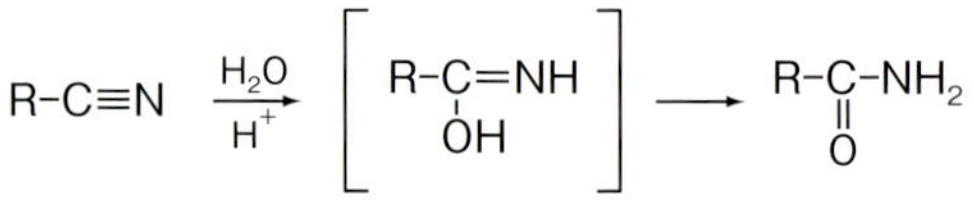

$$R-C\equiv N \xrightarrow[H^+]{H_2O} \left[\begin{array}{c} R-C=NH \\ | \\ OH \end{array} \right] \longrightarrow R-\underset{O}{\underset{\|}{C}}-NH_2$$

アミドは酸またはアルカリで加水分解を受け、カルボン酸となる。エステルの加水分解と同様に求核付加を経て進行する。
アミドを水素化アルミニウムリチウムで還元するとアミンを与える。

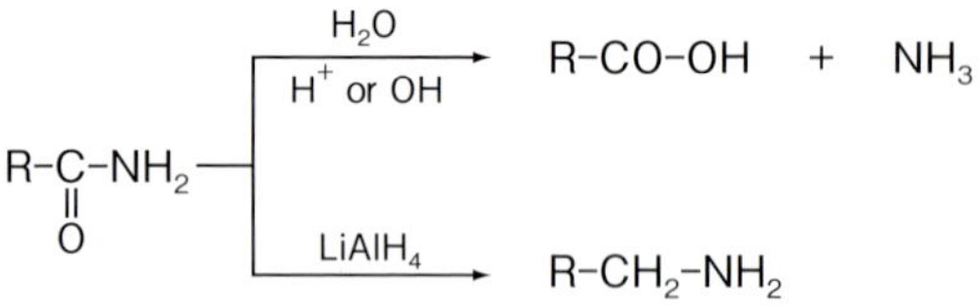

$$R-\underset{O}{\underset{\|}{C}}-NH_2 \begin{array}{c} \xrightarrow[H^+ \text{ or } OH^-]{H_2O} R-CO-OH + NH_3 \\ \xrightarrow{LiAlH_4} R-CH_2-NH_2 \end{array}$$

ニトリル nitrile

炭化水素基にシアノ基が結合した形の化合物 $R-C\equiv N$ を**ニトリル**という。ニトリルはカルボン酸と関連をもつ化合物であるため、カルボン酸の誘導体とみなされる。たとえば、ニトリルを酸またはアルカリで加水分解するとアミドを経てカルボン酸となる。

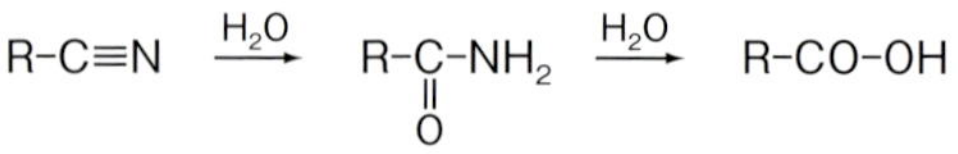

$$R-C\equiv N \xrightarrow{H_2O} R-\underset{O}{\underset{\|}{C}}-NH_2 \xrightarrow{H_2O} R-CO-OH$$

炭素よりも窒素の方が電気陰性度が大きいため、シアノ基のπ電子は窒素原子の方に引き寄せられている。このため、極性が高く、炭素原子はカルボニル炭素と同様に求核反応を受けやすい。

$$R-C\equiv N \longleftrightarrow R-\overset{+}{C}=\overset{-}{N}:$$

ニトリルがグリニャール試薬と反応するのも、この極性共鳴寄与で説明される。生成物はケトンとなる。

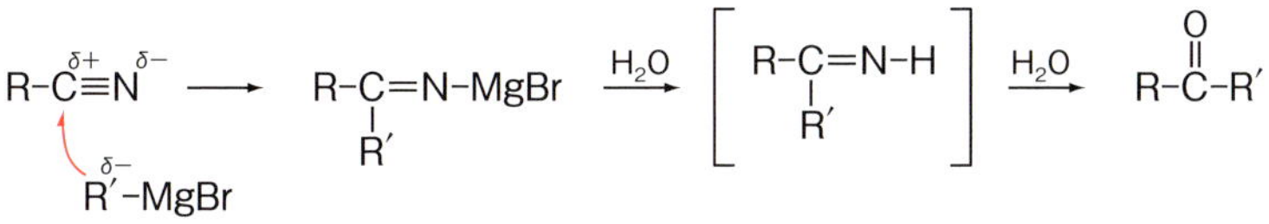

$$R-\overset{\delta+}{C}\equiv\overset{\delta-}{N} \xrightarrow{\underset{\delta-}{R'-MgBr}} R-\underset{R'}{C}=N-MgBr \xrightarrow{H_2O} \left[R-\underset{R'}{C}=N-H \right] \xrightarrow{H_2O} R-\underset{O}{\overset{O}{C}}-R'$$

ニトリルは次のような反応で合成される。

$$R-X \xrightarrow{NaCN} R-CN$$

$$R-CO-NH_2 \xrightarrow{P_4O_{10}} R-CN$$

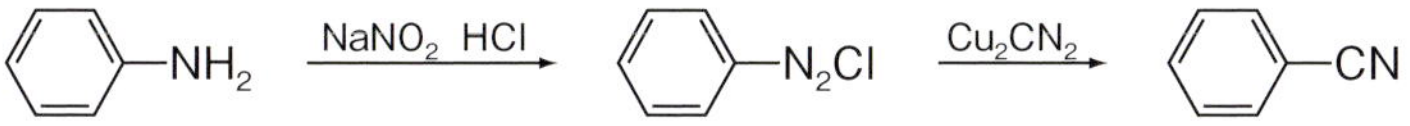

$$C_6H_5-NH_2 \xrightarrow{NaNO_2\ HCl} C_6H_5-N_2Cl \xrightarrow{Cu_2CN_2} C_6H_5-CN$$

問題 14-20 次の反応生成物を書け。

(a) $CH_3-CO-Cl \xrightarrow{CH_3CH_2-NH_2}$

(b)  $C_6H_5-CN \xrightarrow{LiAlH_4} \xrightarrow{CH_3-I}$

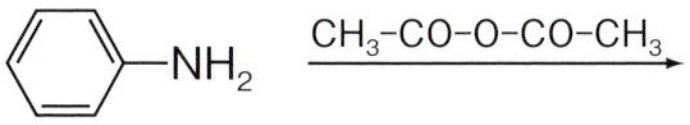

(c) $C_6H_5-NH_2 \xrightarrow{CH_3-CO-O-CO-CH_3}$

(d) $CH_3CH_2CH_2-Br \xrightarrow{NaCN} \xrightarrow{CH_3MgBr}$

第 15 章

アミンと窒素化合物

> アミンはアンモニア NH_3 の有機化合物誘導体とみなすことができる。最大の特徴は、アンモニアと同様、塩基としての性質をもつことである。これは、窒素原子上の非共有電子対の存在に起因する。アミンのもつ非共有電子対はまた、求核的な反応や配位結合形成にも重要な役割を果たす。その結果どのような反応や性質が現れるかをみていこう。さらに、窒素を含む環状化合物、すなわち複素環式化合物の構造と反応性についても、アミンとの関連性に注目して理解しよう。

15-1 アミン

アミン amine

アンモニア NH_3 の水素原子を炭化水素基で置き換えた構造の化合物を**アミン**という。炭化水素基の数によって、次のように第一級アミン、第二級アミン、第三級アミンなどと呼ぶ。アンモニウムイオン NH_4^+ の 4 個の H をすべて炭化水素基で置き換えた構造のイオンを、第四級アンモニウムイオンという。

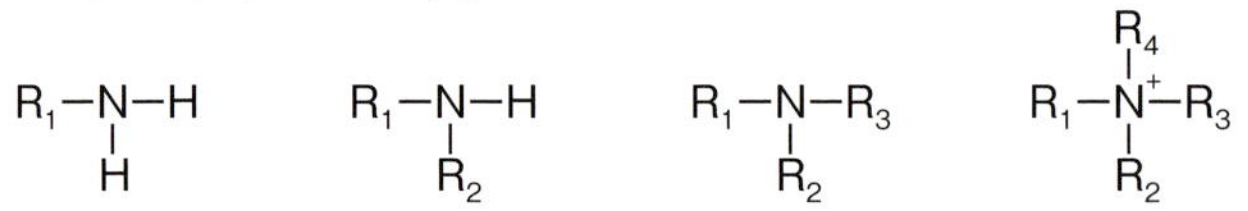

$$
\begin{array}{cccc}
R_1\!-\!\underset{\underset{H}{|}}{N}\!-\!H & R_1\!-\!\underset{\underset{R_2}{|}}{N}\!-\!H & R_1\!-\!\underset{\underset{R_2}{|}}{N}\!-\!R_3 & R_1\!-\!\underset{\underset{R_2}{|}}{\overset{\overset{R_4}{|}}{N^+}}\!-\!R_3 \\
\text{第一級アミン} & \text{第二級アミン} & \text{第三級アミン} & \text{第四級アンモニウムイオン}
\end{array}
$$

第一級アミン RNH_2 は、基 R の名称の最後に接尾語のアミンを付けて命名する。同一の置換基からなる第二級、第三級アミンはジ (di) あるいはトリ (tri) を付ける。

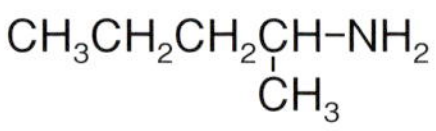

$$CH_3CH_2CH_2CH-NH_2 \atop CH_3 \qquad \text{1-メチルブチルアミン}$$

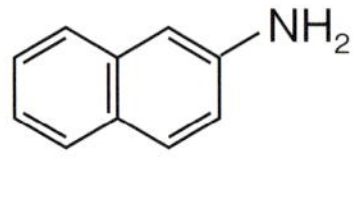

2-ナフチルアミン

$(CH_3CH_2)_3N$ トリエチルアミン

第一級アミンに対しては、R を母体化合物として、その後にアミンを付けてもよい。

CH₃–CH–CH=CH–CH₃   3-ペンテン-2-アミン
    |
   NH₂

H₂N–CH₂–CH₂–CH₂–NH₂   プロパン-1,3-ジアミン

C₆H₅–NH₂   ベンゼンアミン

　異なる炭化水素基が置換した第二級アミンや第三級アミンは、第一級アミンの窒素原子にアルキル基が置換したN置換体として命名する。

CH₃CH₂CH₂CH₂–N–CH₂CH₃   N-エチル-N-メチルブチルアミン
             |
            CH₃

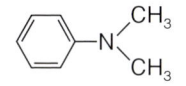

C₆H₅–N(CH₃)₂   N,N-ジメチルアニリン

問題 15-1 次の化合物を命名せよ。また、第何級アミンか答えよ。

(a) CH₃CH₂CH₂CH₂–NH–CH₂CH₃
(b) H₂N–CH₂–CH–CH₂–CH₂–NH₂
            |
          CH₃

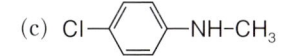

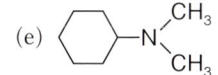

(c) Cl–C₆H₄–NH–CH₃   (d) シクロヘキシル–NH₂   (e) シクロヘキシル–N(CH₃)₂

問題 15-2 次の名称の化合物を構造式で示せ。
(a) 2-メチル-5-フェニルペンチルアミン
(b) シクロヘキサン-1,2-ジアミン
(c) 1-シクロペンテニルアミン

　アミンの窒素原子はsp³混成をしており、4個の混成軌道のうち3個は共有結合をつくり、1個は非共有電子対により占められている。構造式に非共有電子対は表されていないので、三つの結合方向だけをみれば、アミンはピラミッド形（三角錐）の構造ということになる。4個の混成軌道がすべて結合をつくった第四級アンモニウムイオンとなって、ようやく正四面体構造がみえてくる[*1]。

　アミンのピラミッド構造は傘が強風にあおられたように**反転**して、二つの構造の間で相互変換を行っている。N上の置換基がすべて異なるキラルな第三級アミンでは、この二つの構造は鏡像異性体の関係になる。しかし、これらを光学分割することはできない。反転の速度が非常に速いので、つまり、両者を隔てるエネルギー障壁が低いので、それぞれを別個の化合物として単離することができないのである。

[*1] アミンを価標のみで示すと下の図(a)のようになり、ピラミッド形である。これに非共有電子対を収容したsp³混成軌道を付け加えると(b)、第四級アンモニウムイオン(c)と同様に正四面体形に見える。

(a) アミンのピラミッド構造（三角錐形）

(b) 非共有電子対を書き加えたアミンの正四面体構造

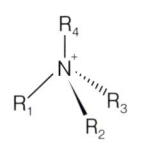

(c) 第四級アンモニウム塩の正四面体構造

反転 inversion

アミンは水溶液中で弱い塩基性を示す。アンモニアと同様、窒素原子の非共有電子対が水からプロトンを受け入れ、水酸化物イオンを遊離するためである[*2]。

*2 有機化合物で塩基というと、アミン類を指すといってよい。すなわち、ブレンステッドの定義（H^+ を奪うもの）による塩基である。

アミンの N–H 結合は高い極性をもち、分子間水素結合をつくることができるので[*3]、アミンの沸点は同程度の分子量のアルカンの沸点よりも高い。ただ、対応するアルコールの沸点ほどは高くならない。第三級アミンも含め、炭素数が少ないアミンは非常によく水に溶ける[*3]。

*3 アミンは非共有電子対を水素結合受容部位として、図のような N–H 結合の水素原子によって水素結合を形成する。第三級アミンも水素結合受容部位はあるので、立体障害はあるものの、水とは分子間水素結合をすることができる。

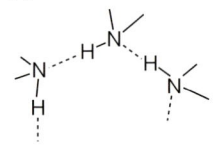

* **問題 15-3** 次の各化合物を沸点の高い順に並べよ。

$CH_3CH_2CH_2CH_3$　　$CH_3CH_2CH_2-NH_2$　　$CH_3CH_2-NH-CH_3$　　$(CH_3)_3N$

15-2　アミンの塩基性度

アミンの塩基としての強さは、構造や置換基によりどう異なるのだろうか。

アミンの塩基性度を定量的に表すには、**塩基解離定数** K_b あるいは**塩基解離指数** pK_b が用いられる。

$$RR'R''N + H_2O \rightleftharpoons RR'R''N^+H + OH^-$$

$$K_b = \frac{[RR'R''N^+H][^-OH]}{[RR'R''N]} \qquad pK_b = -\log K_b$$

K_b の値が大きいほど、また、pK_b の値が小さいほど、強い塩基である。

酸の強さを解離前と解離後の安定性により考えたが（14-2節）、同様の考え方がアミンでも成り立つ。すなわち、プロトン付加体（共役酸）が安定化するほど平衡は OH^- を遊離する方向に偏り、塩基として強くなる。また、プロトンが付加する前のアミン構造が不安定になるほど、塩基性度は高くなる。

脂肪族アミンはアンモニアよりも強い塩基である。アルキル基は電子供与性置換基であるので、プロトン付加した窒素原子上の正電荷を打ち消して安定化する。このように、電子供与性の置換基は一般にアミンの塩基性度を高くする。

アミンの塩基性の強さ pK_b 値 (25 ℃)

NH_3　　　4.75　　　　$C_2H_5NH_2$　3.37
$(C_2H_5)_2NH$　3.06　　　$(C_2H_5)_3N$　3.28

＊問題 15-4　上のデータより、NH_3、$C_2H_5NH_2$、$(C_2H_5)_2NH$ については、N に付くエチル基の数が増えるほど、エチル基の電子供与性の効果が加成されて塩基として強くなることがわかる。ところが、$(C_2H_5)_3N$ は、3 個もエチル基が置換しているにもかかわらず、塩基性が減少に転じているのはなぜか。

＊問題 15-5　(a) イミノ基 ＝NH は、アミノ基 −NH_2 よりも塩基として弱いのが普通である。この理由を説明せよ。

(b) 上の (a) に記された一般の傾向と違い、グアニジン HN＝C(NH_2)$_2$ へのプロトン付加は −NH_2 でなく ＝NH に起こる。この理由を説明せよ。

(c) グアニジンは pK_b が 0.4 という非常に強い塩基である。なぜか。

問題 15-6　右の化合物は DBU 塩基として知られている。N 原子が 2 か所にあるが、どちらの N が塩基としてプロトン付加を起こすのか[*4]。

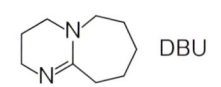

[*4] DBU はジアザビシクロウンデセン (1,8-diaza-7-bicyclo [5.4.0] undecene) の略称。

芳香族アミンの塩基性は脂肪族アミンの塩基性よりもかなり弱い。プロトンが付加する前は、アミノ基の非共有電子対はベンゼン環の π 電子と共役して共鳴安定化している。しかし、プロトンが付加すると、このようなベンゼン環との共鳴は不可能になる。つまり、プロトン付加前が安定、付加後が不安定ということで、芳香族アミンの塩基性の低さが説明できる。

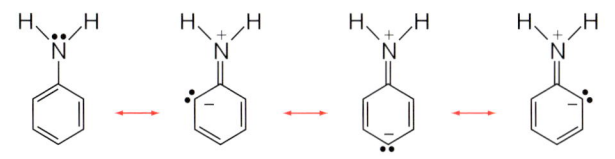

プロトンが付加する前の共鳴安定化　　　プロトン付加後は N の関与する共鳴はない

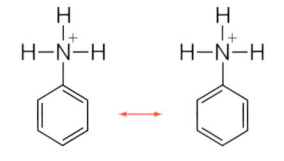

問題 15-7　アニリンの塩基性はシクロヘキシルアミンよりも弱い。なぜか。

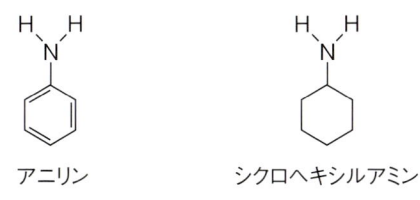

アニリン　　　シクロヘキシルアミン

問題 15-8　ジフェニルアミン $(C_6H_5)_2NH$ はアニリン $C_6H_5NH_2$ よりも塩基性が弱い。この理由を説明せよ。

アミンとアミドの塩基性の違いも、芳香族アミンとの違いと同様に説明される。アミドのNの非共有電子対はカルボニル基との共鳴に利用され、プロトンへの配位に使う余裕はなくなっている。

$$R-\underset{\underset{O}{\|}}{C}-\underset{\underset{H}{|}}{\overset{\overset{H}{|}}{N}}-H \longleftrightarrow R-\underset{\underset{O^-}{|}}{C}=\overset{+}{\underset{\underset{H}{|}}{N}}-H$$

* **問題 15-9** 尿素 $H_2N\text{-}CO\text{-}NH_2$ の塩基性はアセトアミド $CH_3\text{-}CO\text{-}NH_2$ の塩基性よりも強い。この理由を説明せよ。

15-3 アミンの合成

アミンは次のような反応により合成される。

[1] ハロゲン化アルキルへの置換反応

アンモニアを求核試薬としてハロゲン化アルキルに反応させると、アンモニウム塩が生じる*5。これを塩基で処理してアミンを遊離させる。

この反応では、アンモニア自身が塩基であることから、生じたアンモニウム塩から第一級アミンを遊離させ、このアミンがさらにハロゲン化アルキルと反応していくので、第二級アミンや第三級アミンも生成する。したがって、第一級アミンの合成法としては効率がよくない。

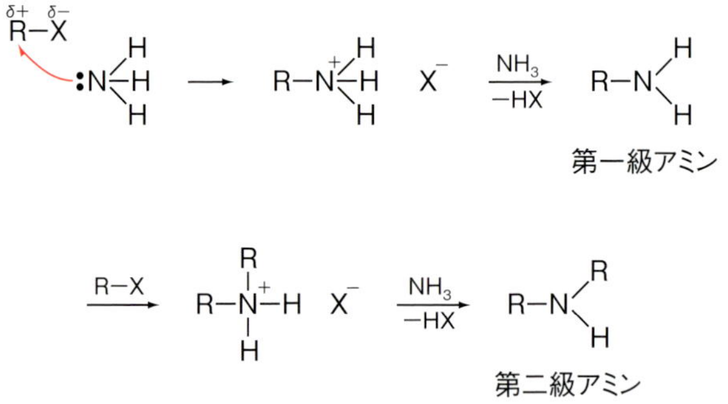

*5 主として S_N2 反応の機構によりアンモニウム塩が生じる。

[反応式: $R-X + :NH_3 \rightarrow R-\overset{+}{N}H_3 \ X^- \xrightarrow[-HX]{NH_3} R-NH_2$ 第一級アミン]

[反応式: $R-X \rightarrow R-\overset{+}{N}H_2R \ X^- \xrightarrow[-HX]{NH_3} R-NHR$ 第二級アミン]

問題 15-10 上の反応で第三級アミンが生成する反応経路を考えよ。

[2] アミドの還元 (第14章)

アミドのカルボニル基を還元するとアミンが生成する。

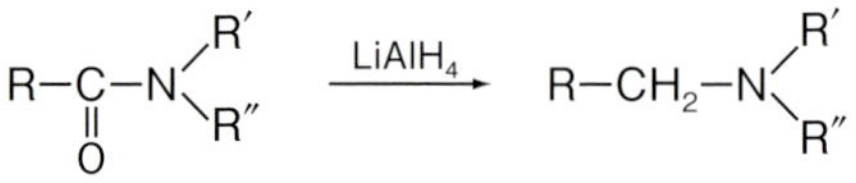

$$R-\underset{\underset{O}{\|}}{C}-NR'R'' \xrightarrow{LiAlH_4} R-CH_2-NR'R''$$

[3] ニトリルの還元

ニトリルを還元すると第一級アミンが得られる。

$$R-C\equiv N \xrightarrow[\text{LiAlH}_4]{\text{H}_2 \text{ or}} R-CH_2-NH_2$$

[4] ニトロ化合物の還元

芳香族アミンは、芳香族ニトロ化合物をスズと塩酸、あるいは鉄と塩酸により還元すると得られる。

$$\text{C}_6\text{H}_5-NO_2 \xrightarrow{\text{Sn, HCl}} \text{C}_6\text{H}_5-NH_2$$

白金触媒などを用いて水素による接触還元も利用される。

$$\text{C}_6\text{H}_5-NO_2 \xrightarrow{\text{H}_2/\text{Pt}} \text{C}_6\text{H}_5-NH_2$$

問題 15-11 次の化合物を、指定された化合物を原料として合成せよ。

(a) $CH_3CH_2-Br \longrightarrow CH_3CH_2CH_2-NH_2$

(b) $CH_3CH_2-COOH \longrightarrow CH_3CH_2CH_2-NH_2$

(c) $CH_3-COOH \longrightarrow CH_3-N(CH_3)-CH_2CH_3$

(d) $C_6H_5-CH_2-OH \longrightarrow C_6H_5-CH_2-NH_2$

(e) $C_6H_6 \longrightarrow C_6H_5-NH-CH_3$

15-4 アミンの反応

アミンは次のような反応を示す。

[1] 求核試薬として

アミンの非共有電子対は、塩基としての性質だけでなく、求核試薬としての能力もアミンに与えている。ハロゲン化アルキルへの求核置換反応、カルボニル炭素への求核付加などがその例である。

塩化ベンゼンスルホニルとの反応でベンゼンスルホンアミドを与える反応でも、アミンが求核試薬として作用している。

塩化ベンゼンスルホニルはスルホン酸の塩化物であり、カルボン酸塩化物とアミンとの反応によりアミドが生成する反応と対応させることができる[*6]。塩素と結合する硫黄が正の極性をもち、求核試薬との反応が起こりやすい。ただし、第三級アミンとは反応しない。

[*6] スルホ基の硫黄原子を、オクテット則（2-1 節）を満たすように書くと、**A** のようになる。S と O との結合は S から差し出された電子対で形成されている。第3周期の硫黄原子には d 軌道を使った SF_6 のような分子も存在するので、一般に、6本の価標を用いて **B** のように書かれることが多い。

(A)

$$R-\overset{\overset{\displaystyle O}{\uparrow}}{\underset{\underset{\displaystyle O}{\downarrow}}{S}}-R$$

(B)

$$R-\overset{\overset{\displaystyle O}{\|}}{\underset{\underset{\displaystyle O}{\|}}{S}}-R$$

$$\text{C}_6\text{H}_5\text{-SO}_2\text{-Cl} + \text{R}_2\text{NH} \xrightarrow{-\text{HCl}} \text{C}_6\text{H}_5\text{-SO}_2\text{-N}\begin{matrix}\text{R}\\\text{R}\end{matrix}$$

塩化ベンゼンスルホニル　　　　　　ベンゼンスルホンアミド

＊問題 15-12　第一級アミンから生じたベンゼンスルホンアミドはアルカリ水溶液によく溶ける。この理由を説明せよ。また、その理由をもとに、第二級アミンから生じるベンゼンスルホンアミドはアルカリ水溶液に溶けるか否か答えよ。

[2] ホフマン分解

水酸化第四級アンモニウム塩を加熱すると、第三級アミンが脱離してアルケンを生じる。これを**ホフマン分解**という。ザイツェフ則とは逆で、炭化水素基の置換が少ないアルケンが主生成物となる。

ホフマン分解
Hofmann degradation

$$\text{CH}_3\text{CH}_2\text{CH}_2\text{-}\overset{+}{\underset{\underset{\text{CH}_3}{|}}{\text{N}}}\text{(CH}_3\text{)-CH}_2\text{CH}_3 \quad ^-\text{OH} \xrightarrow[\Delta]{-\text{H}_2\text{O}} \text{CH}_2\text{=CH}_2 + \text{CH}_3\text{CH}_2\text{CH}_2\text{-N(CH}_3\text{)}_2$$

$$\hookrightarrow (\text{CH}_3\text{CH=CH}_2 + \text{CH}_3\text{-N(CH}_3\text{)-CH}_2\text{CH}_3)$$

[3] 亜硝酸との反応

アニリンのような芳香族第一級アミンに亜硝酸を反応させると、ジアゾニウムイオンからなるジアゾニウム塩が生成する。ジアゾニウム塩は、不安定なため固体の塩として単離することはできない。酸性水溶液中で氷冷下に置けばある程度は安定に保つことができる。

$$\text{C}_6\text{H}_5\text{-NH}_2 \xrightarrow{\text{NaNO}_2, \text{HCl}} \text{C}_6\text{H}_5\text{-}\overset{+}{\text{N}}\equiv\text{N} \; \text{Cl}^-$$

塩化ベンゼンジアゾニウム

問題 15-13　ベンゼンジアゾニウムイオンとして上に書いた構造は、この構造を表す共鳴構造式の一つにすぎない。ほかに、どのような共鳴構造式が書けるか。

ジアゾニウム塩は、水溶液のまま他の試薬と反応させて、様々な官能基への変換反応に用いられる。

ザンドマイアー反応
Sandmeyer reaction

次の反応はいずれも**ザンドマイアー反応**と呼ばれる。

$$\text{PhN}_2^+\text{Cl}^- \xrightarrow{\begin{array}{c}\text{Cu}_2\text{X}_2\\ \text{Cu}_2(\text{CN})_2\\ \text{KI}\end{array}} \begin{array}{l}\text{Ph-X} \quad (\text{X}=\text{Cl, Br})\\ \text{Ph-CN}\\ \text{Ph-I}\end{array}$$

このほか、合成的に有用な反応に次のようなものがある[*7]。

$$\text{PhN}_2^+\text{Cl}^- \xrightarrow{\begin{array}{c}\text{H}_2\text{O, H}^+\\ \text{H}_3\text{PO}_2\end{array}} \begin{array}{l}\text{Ph-OH}\\ \text{Ph-H}\end{array}$$

[*7] H_3PO_2（次亜リン酸またはホスフィン酸）との反応は、ベンゼン環に置換したアミノ基（ジアゾニウム塩に導いてから）を除去する方法として用いられる。

ジアゾニウム塩は、フェノールや芳香族アミン類など、活性化されたベンゼン環に反応してアゾ化合物を与える。この反応は芳香族求電子置換反応の一つで、**ジアゾカップリング**と呼ばれる。

ジアゾカップリング
diazo coupling

$$\text{PhN}_2^+\text{Cl}^- + \text{C}_6\text{H}_5\text{OH} \xrightarrow{\text{OH}^-} \text{Ph-N=N-C}_6\text{H}_4\text{-OH}$$

アゾ化合物はアゾ基 $-N=N-$ をもつ化合物のことをいい、アゾ染料として利用される。

問題 15-14 指定された原料化合物から、ジアゾニウム塩を経て、次の化合物を合成する方法を考えよ。

(a) $\text{C}_6\text{H}_5\text{NO}_2 \longrightarrow$ o-ブロモクロロベンゼン (2-Br, 1-Cl)

(b) $\text{C}_6\text{H}_5\text{CH}_3 \longrightarrow$ HOOC-C$_6$H$_4$-COOH (p-)

脂肪族アミンと亜硝酸との反応は、第一級、第二級、第三級アミンによりそれぞれ異なる。第一級アミンは、ニトロソアミンを中間体とする機構によりジアゾニウムイオンを生成する。しかし、この脂肪族ジアゾニウムイオンは非常に不安定で、すぐに窒素を発生して分解し、カルボカチオンとなる。最終生成物は主にカルボカチオンに水が反応して生じるアルコールである。

$$\text{R-NH}_2 + \text{HNO}_2 \longrightarrow \text{R-OH} + \text{N}_2 + \text{H}_2\text{O}$$

この反応機構は次のように考えられる。

$$R-\underset{H}{\overset{H}{N:}} + \underset{OH}{\overset{\delta+}{N}=\overset{\delta-}{O}} \longrightarrow R-\underset{H}{\overset{H}{\overset{+}{N}}}-\underset{OH}{\overset{\cdot\cdot}{N}-\overset{-}{O}} \xrightarrow{-H_2O} R-\underset{\text{ニトロソアミン}}{\overset{H}{N}-N=O} \longrightarrow$$

$$\longrightarrow R-N=N-OH \xrightarrow{-OH^-} R-N=N^+ \xrightarrow{-N_2} R^+ \xrightarrow[-H^+]{H_2O} R-OH$$
$$\qquad\qquad\qquad\qquad\quad\text{ジアゾニウム}\qquad\text{カルボカチオン}$$
$$\qquad\qquad\qquad\qquad\qquad\text{イオン}$$

第二級アミンと亜硝酸との反応では、ニトロソアミンが生成する。第一級アミンと異なり、ニトロソアミン中間体の窒素原子上に転位すべきHがないので、これ以上反応が進まず、ニトロソアミンの段階で止まる。

脂肪族第三級アミンと亜硝酸との反応は、単に塩基と酸との反応であり、塩を形成するだけで終わってしまう。

問題 15-15 ニトロソアミンの共鳴構造式を書け。また、–N=O 窒素はどのような混成状態にあるか。

$$\underset{R'}{\overset{R}{>}}N-N=O$$

問題 15-16 次の各二組の化合物を区別する簡単なテスト法を示せ。

(a) C₆H₅–NH₂   C₆H₁₁–NH₂   (b) CH₃–CH(CH₃)–NH₂   CH₃–N(CH₃)–H

問題 15-17 次の反応の各段階における主生成物を答えよ。

(a) C₆H₅–NO₂ →(Sn, HCl)→ →(CH₃-CO-Cl)→ →(HNO₃, H₂SO₄)→

(b) C₆H₅–NH₂ →(NaNO₂/HCl)→ →(Cu₂(CN)₂)→ →(LiAlH₄)→

(c) CH₃CH₂CH₂CH₂–OH →(H₂Cr₂O₇)→ →(SOCl₂)→ →(NH₃)→

(d) CH₃CH₂CH₂–Br →((CH₃)₃N)→ →(NaOH)→ →(Δ)→

15-5 N を含む複素環式化合物

環を構成する原子の中に炭素以外の原子（**ヘテロ原子**）が含まれる環式化合物を、**複素環式化合物**という。ヘテロ原子としては、O、N、S な

複素環式化合物
heterocyclic compound

15-5 Nを含む複素環式化合物

どが一般的である。とくに、Nを含む複素環式化合物は生体物質として重要な機能をもつものが多い。植物に含まれる天然産のアミンは**アルカロイド**と総称される。アルカロイドの多くは生理活性をもつ化合物である。また、DNAを構成する核酸塩基も窒素複素環式化合物である。

アルカロイド alkaloid

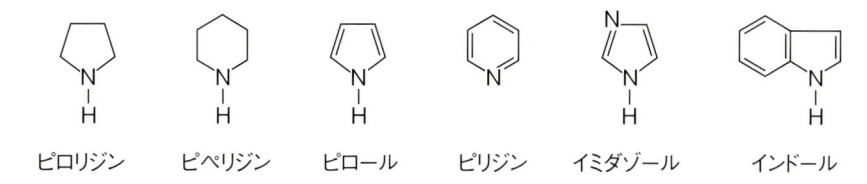

ピロリジン　ピペリジン　ピロール　ピリジン　イミダゾール　インドール

　ピロリジンやピペリジンのような飽和複素環に組み込まれたN原子は、非環式の第二級アミンと同様の挙動を示す。
　一方、不飽和の窒素複素環に組み込まれた場合は、環内の二重結合の位置や数によって、その環に特有の性質が現れるようになる。
　ピロールの窒素原子はsp^2混成をしている。非共有電子対は混成に参加していないp軌道にあるが、下図のようにsp^2混成の炭素上のp電子との共鳴に組み込まれ、環全体にわたって非局在化する。

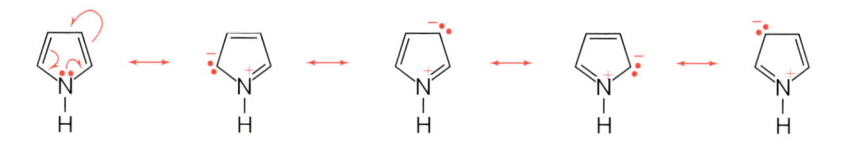

　この環状共役には、炭素から4個、窒素から2個、合計6個の電子が含まれ、ヒュッケル則を満たすので、ピロールは芳香族性をもつ。

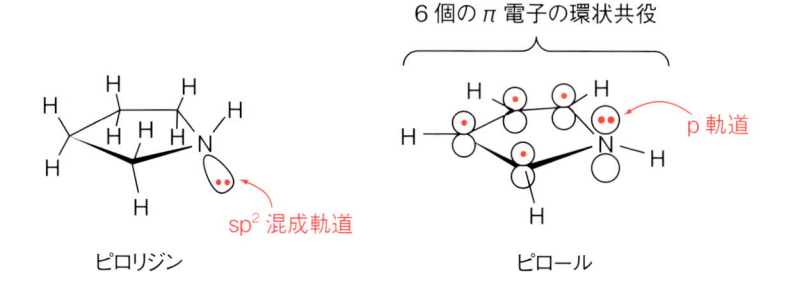

6個のπ電子の環状共役

sp^2混成軌道

p軌道

ピロリジン　　　　ピロール

　ピロールにプロトンが付加する場合、環状共役しているπ電子の一つがプロトンに差し出されるので、芳香族性による安定化が失われる。このため、酸塩基平衡はプロトン付加の方向に不利となり、ピロールの塩基性は、ジアルキルアミンやピロリジンなどより弱くなる。
　ピリジンの窒素原子もsp^2混成である。しかし、ピロールと違って、非共有電子対はsp^2混成軌道の一つに収容されている。混成していないp軌道には電子が1個だけとなるが、このp電子は5個のsp^2混成炭素

のp電子とともに環状共役を形成する。合計6個のπ電子の環状共役が成り立つので、ピリジンも芳香族性を示す。これは、以下のような共鳴構造式の共鳴混成体として表記できる。

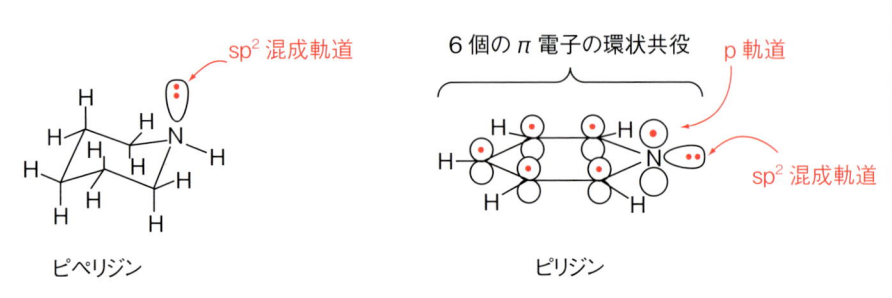

ピペリジン　　　　　　　ピリジン

ピリジンの非共有電子対は環状共役に組み込まれているわけではないから、塩基としてプロトンに配位することができ、ピロールと違って、飽和のピペリジンと同等の塩基性を示すことになる。

問題 15-18 上のピロールやピリジンにならって、イミダゾールのπ共役に関与する原子軌道をそれぞれの原子上に書け。二つの窒素原子の軌道を説明せよ。また、イミダゾールの塩基性はどの窒素原子に由来するか。

問題 15-19 次の反応生成物を書け。

(a) ピペリジン-N–CH₃ $\xrightarrow{CH_3I}$ $\xrightarrow[\Delta]{NaOH}$

(b) 3-メチルピリジン $\xrightarrow{KMnO_4}$

問題 15-20 ピロールへの芳香族求電子置換反応が2位に起こりやすいか、あるいは3位に起こりやすいかは、中間体の安定性により判断することができる。図のそれぞれの中間体に寄与する共鳴構造式を書いて安定性を推測し、2位と3位のどちらに置換しやすいかを答えよ。

問題解答

第1章 有機化合物の体系と種類

問題 1-1 (d) 空気中で燃やすと二酸化炭素と水を生じる。

問題 1-2

(a)〜(h) [構造式]

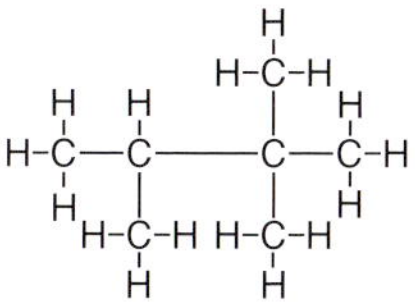

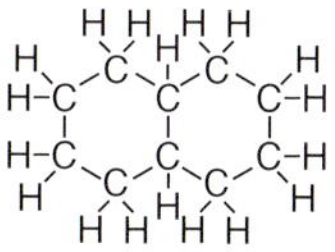

問題 1-3

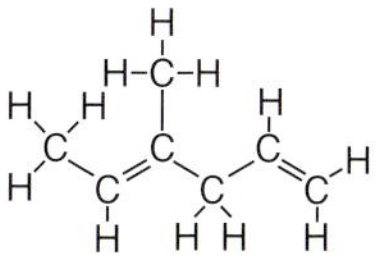

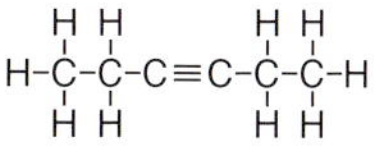

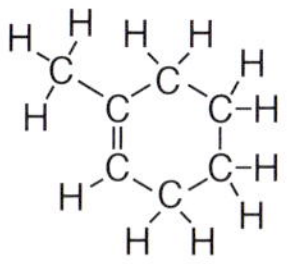

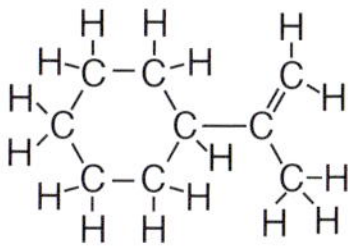

(a)〜(e) [構造式]

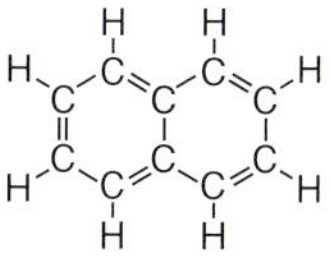

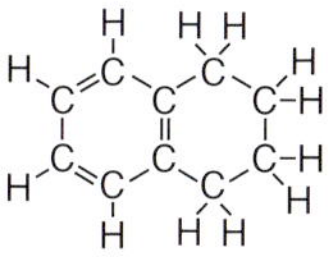

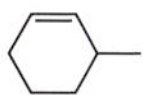

問題 1-4

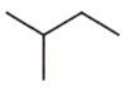

(a)〜(d) [構造式]

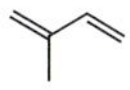

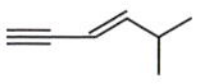

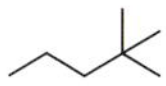

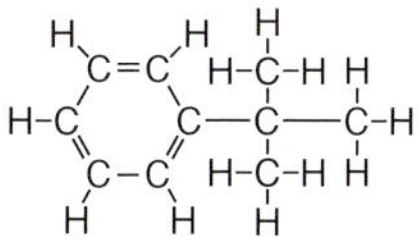

問題 1-5 [シクロアルカンの構造式]

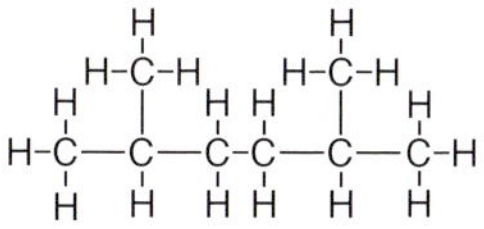

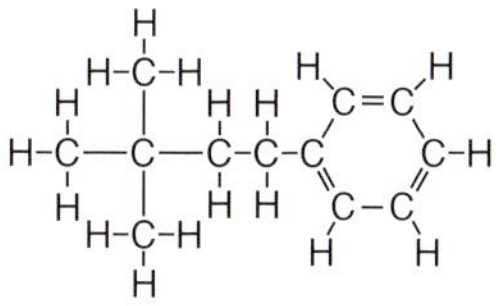

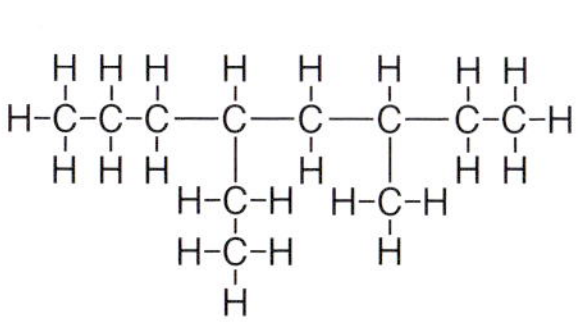

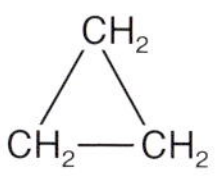

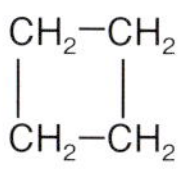

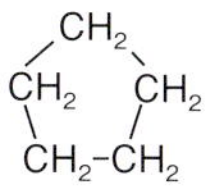

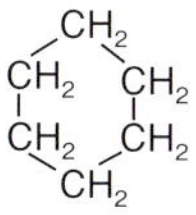

問題 1-6 アルカンのHの数は炭素鎖(n 個)の各炭素にムカデのように2本の足をつけ($2n$)、頭と尾を付け加えた($+2$)ものであるから C_nH_{2n+2} と表される。アルケンはアルカンから2Hを引いて C_nH_{2n}、アルキンはさらに2Hを引いて C_nH_{2n-2} と表される。

問題 1-7 二重結合を1個含むからまずアルケンの C_nH_{2n} を考え、さらに環状であるから頭と尾をつなげてHは $2n-2$ となる。 C_nH_{2n-2}

C_6H_{10} [シクロヘキセンの構造式]

問題 1-8　第 8 章を参照。

問題 1-9　(a) 鎖式脂肪族化合物、(b) 脂環式化合物、(c) 複素環式化合物、(d) 鎖式脂肪族化合物、(e) 複素環式化合物、(f) 芳香族化合物、(g) 脂環式化合物、(h) 芳香族化合物

問題 1-10　脂環式炭化水素、鎖式炭化水素および芳香族炭化水素の順に、

問題 1-11　(a) アミン　$CH_3CH_2-NH_2$　(b) カルボン酸　$C_6H_5-CH_2CH_2CH_2-COOH$
(c) エーテル　$CH_3CH_2-O-CH_2CH_3$

問題 1-12　(a) $CH_3CH(OH)CH(CHO)CH_3$、(b) $CH_3CH=CHCOOH$、
(c) $HO-CH_2CH_2CH_2C(CH_3)=C(CH_3)COOH$、(d) $(CH_3)_2CHC_6H_5$　紛らわしくない限り、一置換したベンゼン環は C_6H_5- と表される。

問題 1-13

(a) （cis あるいは trans　7-1節参照）　(b) $N≡C-CH_2-C≡N$　(c) $CH_3CH_2-O-C-CH_2-C-O-CH_2CH_3$

(d) 　(e) $Cl-C-C-Cl$　(f)

問題 1-14　たとえば、

(a) シクロヘキサノン　(b) C_6H_5-COOH　(c) CH_3CHO

(d) ピペリジン　(e) テトラヒドロフラン

問題 1-15　たとえば、
(a) $CH_3-CH_2-CH_2-NH_2$、(b) $CH_3-CH_2-CH_2-COOH$、(c) $CH_2=CH-CH_2-OH$

問題 1-16　(a) ヒドロキシ基, アミノ基, カルボキシル基　(b) ニトロ基, ヒドロキシ基, アミド結合, 塩素
(c) アミド結合, エステル結合

問題 1-17

(a) $HC≡C-CH_2-CH_2-CH_3$　（シクロペンテン）　（メチレンシクロブタン）

(b) $CH_3-CH_2-CH_2-CH_2-CH_2-Cl$　$CH_3-CH-CH_2-CH_2-CH_3$ (Cl)　$CH_3-CH_2-CH-CH_2-CH_3$ (Cl)

(c) $CH_2=CH-CH_2-CH_2-OH$　$CH_3-CH_2-CH_2-C-H$ (O)　$CH_3-CH_2-C-CH_3$ (O)

問題 1-18　(a) 2-ペンテン、(b) 3-オクテン、(c) 2-ブチン、(d) 1-ペンチン

問題 1-19　(a) $CH_3-CH=CH-CH_2CH_2CH_2CH_3$、(b) $CH_3CH_2-CH=CH-CH_2CH_3$、
(c) $CH_3-C≡C-CH_2CH_2CH_2CH_3$

問題 1-20　(a) 1,3-ペンタジエン、(b) 1,3,5-ヘキサトリエン、(c) 1,3-ヘプタジイン、
(d) 3-ペンテン-1-イン、(e) 1,5-ヘキサジエン-3-イン

問題 1-21　(a) シクロデカン、(b) シクロペンテン、(c) 1,3-シクロヘキサジエン、
(d) 1,3,5-シクロオクタトリエン

問題 1-22　(a) シクロオクタテトラエン　(b) シクロペンタジエン　(c) シクロヘプタトリエン

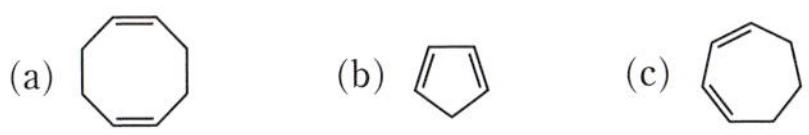

問題 1-23　(a) ヒドロキシ基（アルコール）、(b) 二重結合、(c) ヒドロキシ基（アルコール）、
(d) カルボニル基（ケトン）、(e) アルデヒド基（アルデヒド）、(f) 二重結合、
(g) カルボニル基（ケトン）

第2章　価電子と共有結合

問題 2-1　色が不対電子、黒が電子対

・Ċ・　　・N̈・　　・Ö：　　：C̈l：

問題 2-2　H–N̈–H　　　H：N̈：H
　　　　　　　　|　　　　　　|
　　　　　　　　H　　　　　　H

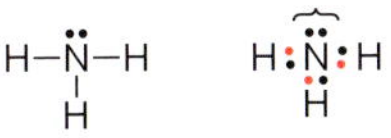

問題 2-3　H–Ö–H　　H：Ö：H

問題 2-4　H–C–H
　　　　　　　　‖
　　　　　　　　O

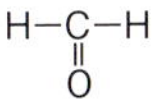

問題 2-5　Ö：：C：：Ö　　O=C=O　二重結合

問題 2-6　H–N=O　　H：N̈：：Ö

問題 2-7　CH₃–CH=N–CH₃

問題 2-8　CH₃–C≡N

問題 2-9　H–O–H ⟶ H：Ö⁺ + ：H⁻

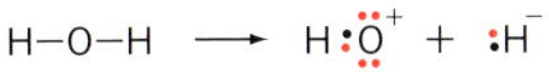

問題 2-10　H–Cl ⟶ H⁺ + ：C̈l：⁻

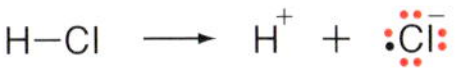

問題 2-11　H–N–H ⟶ H–N⁻ (H：N̈：⁻) + H⁺
　　　　　　　　|　　　　　　|　　　　|
　　　　　　　　H　　　　　　H　　　　H

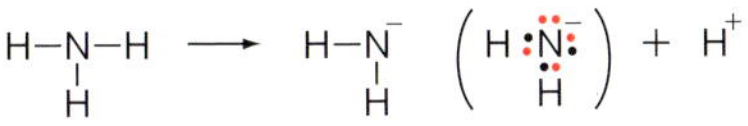

問題 2-12　>C=N–H ⟶ >C=N⁻ (>C：：N̈：⁻) + H⁺

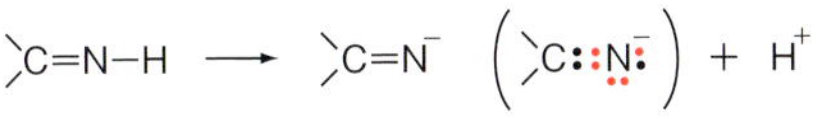

問題 2-13
(a) CH₃–Ö：⁻　　(b) H–N⁺–O–H　　(c) CH₃–C(=O)–Ö：⁻　　(d) ：Ö⁻–C(=O)–Ö：⁻
　　　　　　　　　　　|
　　　　　　　　　　　H

(e) ：Ö–N⁺–Ö：⁻　　(f) ：C̈l⁺=O　　(g) ：Ö⁻–C≡N̈
　　　‖
　　　Ö

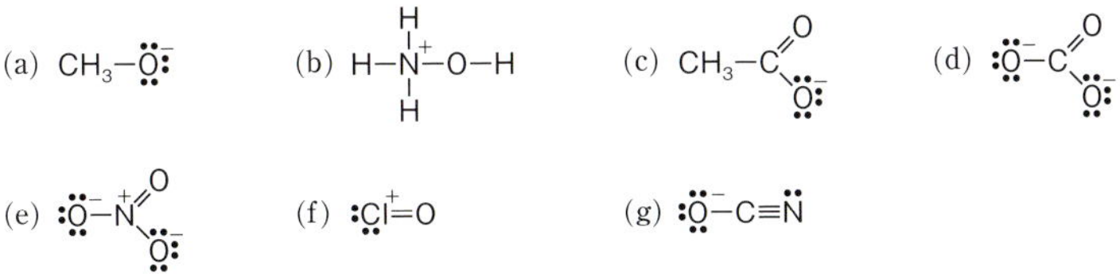

問題 2-14
(a) 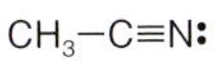 CH₃–C≡N：　　(b) 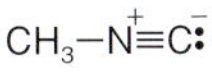 CH₃–N⁺≡C：⁻　イソニトリルまたはイソシアン化物と呼ばれ、–N≅C と書かれることもある。

(c) 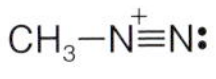 CH₃–N⁺≡N：　ジアゾニウムイオン

(d) 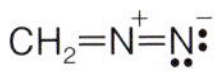 CH₂=N⁺=N：⁻　ジアゾ基 =NN をもつ最も簡単な化合物　：CH₂⁻–N⁺≡N：　と表してもよい。

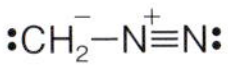

(e) CH₃–N⁺(=O)–Ö：⁻　(f) (CH₃)₃N⁺–Ö：⁻

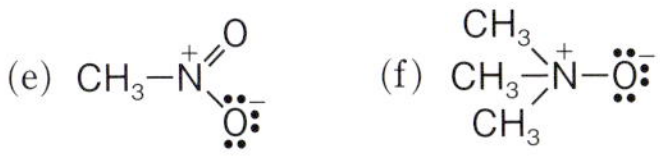

問題 2-15　一対の非共有電子対が存在する。

H–Ö–H　─H⁺→　H–O⁺(H)–H（H₃O⁺）

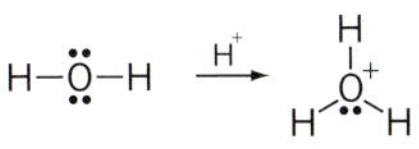

問題 2-16　一対の非共有電子対が存在する。　–Ö=

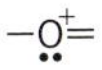

＊**問題 2-17**　：Ö–Ö=O

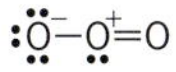

第3章 混成軌道

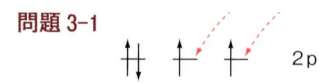

問題 3-1

酸素は16族で、6個の価電子をもつ。3個の2p軌道のうち、2個は不対電子で占められ、これらが共有結合をつくるから2価となる。

問題 3-2

最外殻に8個の電子をもつので、2p軌道のすべてが電子対で満たされ、不対電子がない。

問題 3-3

窒素は15族で価電子は5個。3個の2p軌道のうち3個が不対電子で占められ、これらが共有結合をつくるから3価となる。

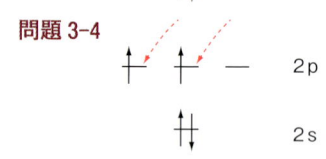

問題 3-4

炭素は価電子4個だから、p軌道のうち2個は不対電子で占められ、これらが共有されると、2価ということになる。これは現実と異なるわけであり、これを解決する考え方として混成軌道の概念が生まれた。

問題 3-5 問題 3-1 より、不対電子は直交する二つのp軌道にある。この方向でH原子のs軌道と重なって共有結合をつくるので、90°に曲がった結合となるはずである。

＊問題 3-6 N–H結合が3個あると考えると、互いに最も遠ざかるのは平面上で120°の方向ということになるが、窒素原子には非共有電子対が存在する。非共有電子対とN–H共有結合の電子との間にも静電反発があるので、非共有電子対から遠ざかろうとして三つの共有結合は三角錐構造になる。

問題 3-7 正四面体の頂点の方向に4個のsp^3混成軌道が伸びている。そのうちの3個はN–H結合をつくり、残り1個には非共有電子対が収容されている。15-1節、側注1の図を参照。

＊問題 3-8 一辺が1の立方体で考えるとわかりやすい。一つの面の対角線の距離、中心から頂点への距離、中心から面への距離を考慮して式 (1)。また、余弦定理より式 (2)。これらから a を消去して θ が求まる。

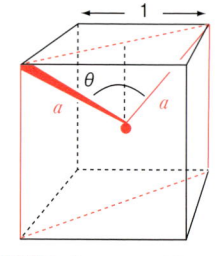

$$\left(\frac{\sqrt{2}}{2}\right)^2 + \left(\frac{1}{2}\right)^2 = a^2 \quad \cdots\cdots (1)$$

余弦定理より

$$a^2 + a^2 - 2a^2 \cos\theta = (\sqrt{2})^2 \quad \cdots\cdots (2)$$

問題 3-9

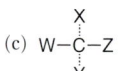

(a) X–C–Y (W上, Z下)　(b) Z–C–Y (X上, W下)　(c) W–C–Z (X上, Y下)　(d) W–C–Y (Z上, X下)

問題 3-10 4個のsp^3混成軌道うちの2個を使って水素原子と共有結合をつくるから、109.5°の結合角となる。残り2個のsp^3混成軌道にはそれぞれ非共有電子対が収容されている。

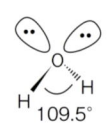

問題 3-11 σ結合とπ結合の対比を記述。あくまで相対的な比較である。

　σ結合　回転容易、結合解離エネルギー大、結合距離長い

　π結合　回転困難、π結合1個当たりの結合解離エネルギー小、結合距離短い

問題 3-12 C も N もどちらも sp² 混成。N の sp² 混成軌道の一つは非共有電子対で占められている。

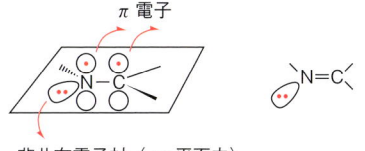

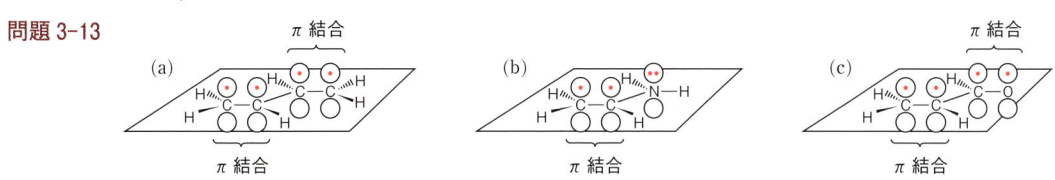

問題 3-13

＊問題 3-14 中央の炭素原子が sp 混成であるから、直交する p 軌道にそれぞれ不対電子がある。それぞれが両端の炭素原子の p 軌道の電子と π 結合をつくる。

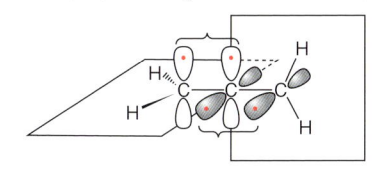

問題 3-15 三重結合の sp 混成炭素を含めて 4 個の炭素原子が直線上に並ぶので、残り 2 個の炭素を使って環状に結ぶのは立体的に不可能である。

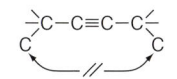

＊問題 3-16 B では平面構造をとるべき sp²–sp² 炭素結合が捩じれている。このため、安定な π 結合が形成されず不安定な化合物となる。

問題 3-17 C と N の sp 混成軌道の間で σ 結合が形成され、さらに直交する p 軌道同士が重なって二組の π 結合が形成される。N のもう一つの sp 混成軌道は炭素と逆方向を向き、ここに非共有電子対が収容されている。

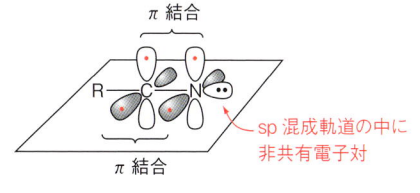

問題 3-18 s 軌道の方が p 軌道よりも安定だから、s 軌道の寄与が多いほど安定となる。

s   sp   sp²   sp³   p

問題 3-19 エチレンの C=C 結合は、エタンの C–C 結合よりも π 結合 1 個分だけ多い。この分が結合解離エネルギーの差となって現れている。したがって、$718 - 368 = 350 \text{ kJ mol}^{-1}$ を π 結合 1 個分の結合解離エネルギーと見積もることができる。

問題 3-20 (a) sp³ (b) sp² (c) CH₃–：sp³ –CO–：sp² (d) sp² (e) CH₃–：sp³ –CH=：sp² =CH₂：sp² (f) CH₃–：sp³ –C≡：sp (g) sp (h) sp² (i) CH₃–：sp³ –CH=：sp² (j) CH₂=：sp² =C=：sp

問題 3-21 たとえば、(a) CH₃–C(=O)–CH₃ (b) CH₂=CH–CH₂–CH₂–C≡CH (c) ⬡ (d) CH₃–C(CH₃)=C=CH₂

問題 3-22　(a) sp　(b) sp^3　(c) sp　(d) sp^2　(e) sp^3　(f) sp^2　(g) -CO-：sp^2, -O-：sp^3
(h) ＝N-：sp^2, -O-：sp^3　(i) N：sp^2, O：sp^2

第 4 章　立体配座と立体配置

問題 4-1　(a) [ニューマン投影図]　(b) [ニューマン投影図]

問題 4-2　(a) CH$_3$-C(CH$_3$)$_2$-CH$_3$　(b) Cl-CH$_2$-CH$_2$-CH$_2$CH$_3$　(c) CH$_3$-CH(OH)-CH$_2$-CH$_3$　(d) HO-CH$_2$-CH(OH)-CH$_3$

問題 4-3　[ニューマン投影図]　120°　[ニューマン投影図]　180°　[ニューマン投影図]

問題 4-4
(a) ゴーシュ形　[Cl/CH$_3$ 投影図]　[Cl 投影図]　アンチ形　[Cl/CH$_3$ 投影図]
(b) ゴーシュ形　[CH$_2$CH$_3$ 投影図]　[CH$_2$CH$_3$ 投影図]　アンチ形　[CH$_2$CH$_3$ 投影図]

問題 4-5
(a) CH$_3$-*CH(Cl)-*CH(OH)-CH$_3$　(b) CH$_3$-*CH(Cl)-CH$_2$Cl　(c) CH$_3$-*CH(OH)-C$_6$H$_5$　(d) なし　(e) CH$_3$-CH=CH-*CH(OH)-CH$_3$
(f) なし　(g) なし　(h) なし　(i) [シクロヘキサノン環 O=, *CH$_3$, CH$_3$]　(j) [デカリン環に CH$_3$、不斉炭素*2]　(k) [オクタリン環*]

＊問題 4-6　立体配置の違い　(2)　　立体配座の違い　(1), (3)

問題 4-7　[ニューマン投影図 CH$_3$, H, Cl, CH$_3$, H, Cl]

問題 4-8　F の構造式には三つの立体異性体が可能である（第 9 章で詳しく学ぶ）。それぞれを、Cl 同士がトランス形となる立体配座で書くと下のようになる。

[ニューマン投影図 ×3：CH$_3$/Cl 配置]

問題 4-9　[立体配座式：CH$_3$-CHCl-CHCl-H］≡　[ニューマン投影図 CH$_3$, Cl, H, Cl, CH$_3$, H]

問題 4-10
(a) CH$_3$-CH=CH-CH$_2$-*CH(OH)-CH$_2$CH$_3$　シス-トランスの 2 種類の立体異性体が存在し、さらに不斉炭素原子があるので、それぞれに鏡像異性体があり、合計 4 種類の異性体が存在する。

(b) CH$_3$-CH=CH-CH=CH-CH$_2$CH$_3$　二重結合が 2 個あるので、シス-トランスのすべての組み合わせを考えると、4 種類の異性体が存在する。

*問題 4-11 C=N 二重結合の窒素原子は sp² 混成軌道である。C=C 二重結合と同様にシス、トランス異性体が存在する。

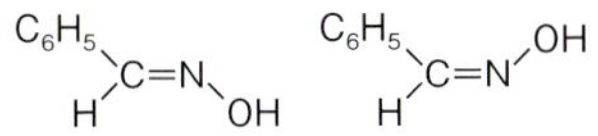

$$\underset{H}{\overset{C_6H_5}{>}}C=N\underset{OH}{} \qquad \underset{H}{\overset{C_6H_5}{>}}C=N\underset{}{\overset{}{OH}}$$

*問題 4-12

(a)〜(p) の構造式省略

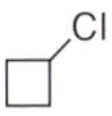

シス-トランス異性体は (a)-(e)，(b)-(k)，(f)-(n)，(g)-(h)，鏡像異性体のあるものは (j)，(g)，(h)。環状化合物の立体異性体 (g) と (h) については、6-5 節で説明する。

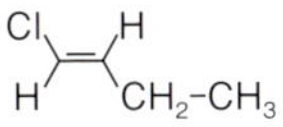

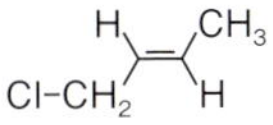

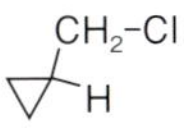

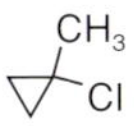

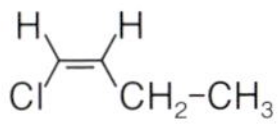

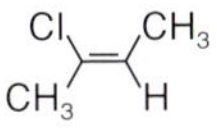

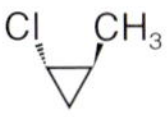

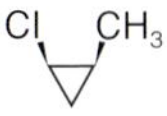

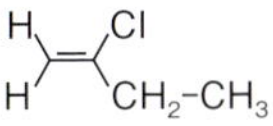

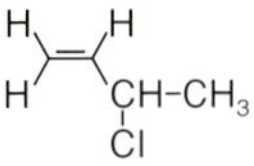

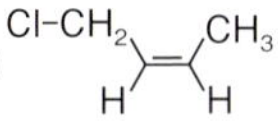

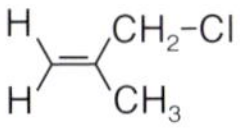

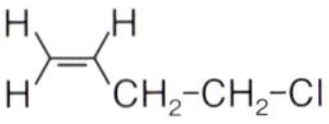

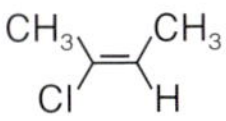

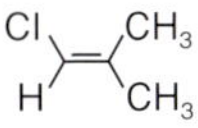

第 5 章　結合の極性と共鳴

問題 5-1 極性の大きな順に、$-\overset{}{O}-\overset{\delta+}{H} > -\overset{|}{\underset{|}{C}}-\overset{\delta+}{O}- > -\overset{|}{\underset{|}{C}}-\overset{\delta+}{H}$

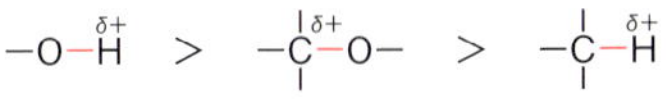

問題 5-2 $\mu = \sqrt{(1.46)^2 + (1.46)^2 + 2(1.46)^2 \cos 109.5°} = 1.69\,(D)$

実測値 1.62 D とかなりよい一致を示す。

問題 5-3
無極性　CO₂　CH₄　N₂　(ベンゼン)　CH₃-CH₃

極性　H₂O, NH₃, CH₃OH, CH₃OCH₃, CH₂Cl₂, CH₃-C≡N, (CH₃)₂C=O

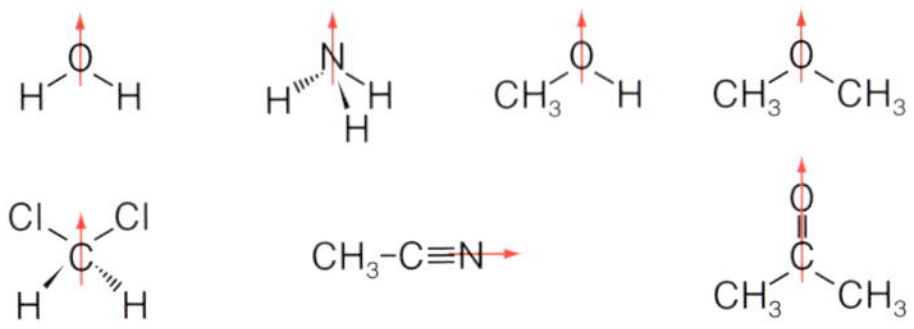

問題 5-4
(a)  C₆H₅-Cl > C₆H₅-CH₃
(b) 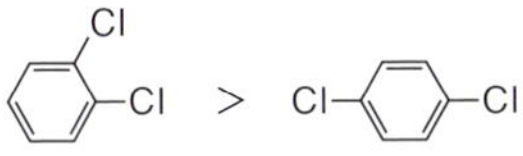 o-ジクロロベンゼン > p-ジクロロベンゼン
(c) 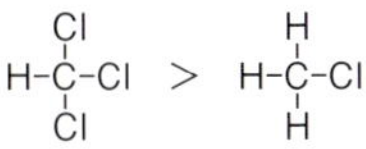 CHCl₃ > CH₂Cl₂
(d) 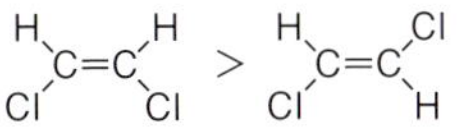 cis-ClHC=CHCl > trans-ClHC=CHCl （cis の方が大）

問題 5-5 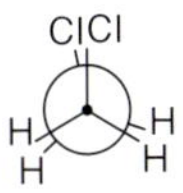 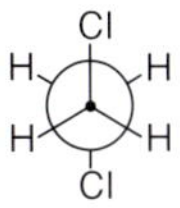 最大は、塩素同士の重なり形　最小は、塩素同士がトランスのねじれ形

問題 5-6
(a) 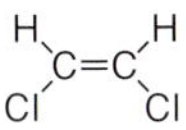 cis-ClHC=CHCl 沸点 60 ℃　融点 -81.5 ℃　　trans-ClHC=CHCl 沸点 48 ℃　融点 -49.4 ℃
(b) 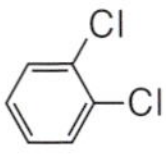 o-ジクロロベンゼン 沸点 180 ℃　融点 -17.5 ℃　　p-ジクロロベンゼン 沸点 174 ℃　融点 54 ℃

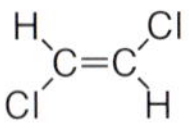

融点は逆に、*trans* 形、*p*-体の方が高い。これには、電子の偏りよりも、分子構造の対称性が直接に関係し

176　問題解答

ている。対称性が良いと密に充填された結晶を与えやすく、崩れにくいと考えればよい。

問題 5-7　分子の形状が球形に近づくほど沸点は低くなる。実測値は次の通り。
CH$_3$-CH$_2$-CH$_2$-CH$_2$-CH$_3$　36℃　　　CH$_3$-CH(CH$_3$)-CH$_2$-CH$_3$　27.86℃
CH$_3$-C(CH$_3$)$_2$-CH$_3$　9.5℃

＊**問題 5-8**
(1) I から F への順に電気陰性度が大きくなって分極（δ）が増すが、一方で原子半径が小さくなって結合距離（l）が短くなる。$\mu = \delta \times l$ により、F では結合距離の影響が現れたと考えられる。
(2) 沸点は双極子モーメントの順でないことから、ハロゲン原子の分極の効果が最も影響していると考えられる。

問題 5-9

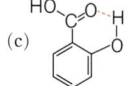

(c) (d) の構造式

これらの分子内水素結合は、ジメチルスルホキシド（CH$_3$-SO-CH$_3$）や酢酸など、水素結合が可能な極性の高い溶媒中では溶媒分子との分子間水素結合になり得る。

問題 5-10
(1) (a) > (b)　ヒドロキシ基は水素結合の供与部位でもあり、受容部位でもあるから、分子間水素結合をする。エーテル結合は水素結合の受容部位のみ。
(2) (a) > (b)　第三級アルコールは立体障害によりヒドロキシ基同士が接近しにくく、分子間水素結合を形成しにくい。
(3) (b) > (a)　パラ異性体のニトロ基とヒドロキシ基は分子間水素結合に使われるが、オルト異性体では分子内水素結合を形成してしまい、分子間力には効かないため。

問題 5-11　親水性部を色で示す。その他の部分が疎水性部。

(a) CH$_3$(CH$_2$)$_{14}$COO$^-$Na$^+$　　(b) CH$_3$CH$_2$CH$_2$CH$_2$CH$_2$CH(CH$_3$)—⟨C$_6$H$_4$⟩—SO$_3^-$Na$^+$

(c) CH$_3$(CH$_2$)$_{14}$CH$_2$-O(CH$_2$CH$_2$-O)$_6$CH$_2$CH$_2$-OH　　(d) H$_2$N-CH$_2$CH$_2$CH$_2$CH-COOH
　　　NH$_2$

問題 5-12
(1) エーテル結合の酸素が水素受容部位となり水と水素結合するので、(a) > (b)
(2) アミノ基への水分子の水素結合は t-ブチル基の立体障害により妨げられるので、(a) > (b)

問題 5-13
H-O-C(=O)-O-H $\xrightarrow{-H^+}$ H-O-C(=O)-O$^-$ $\longleftrightarrow$ H-O-C(-O$^-$)=O

問題 5-14　共鳴　(b), (d), (e), (f)　　　平衡　(a), (c), (g)

問題 5-15　イオン解離後のカルボキシレート陰イオンは下の共鳴混成体として表されるから、プロトンとの再結合で A と B の両方を等量ずつ与えることになる。

CH$_3$-C(=O)-O-H ← [CH$_3$-C(=O)-O$^-$ ↔ CH$_3$-C(-O$^-$)=O] → CH$_3$-C(-O-H)=O
A　　　色文字の O を ^{18}O とする　　　　　　　　　　　　B

問題 5-16

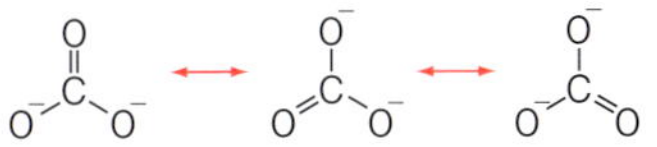

[共鳴構造式: 炭酸イオンの3つの共鳴寄与]

問題 5-17

[共鳴構造式]

問題 5-18

[共鳴構造式]

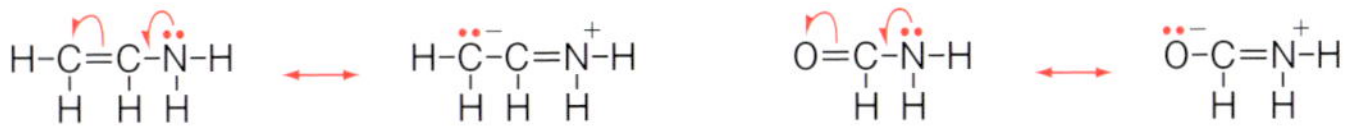

問題 5-19 ブタジエンには次のような共鳴寄与がある。中央の C−C 結合は二重結合性を帯びるため、結合距離が短くなる。

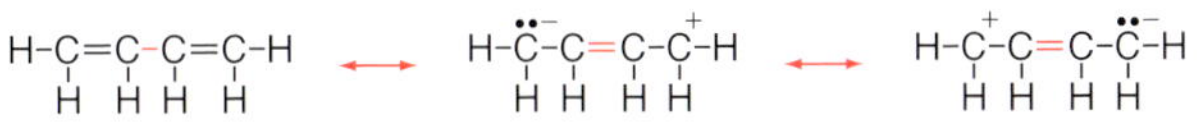

[共鳴構造式]

問題 5-20 アミノ基の電子供与性が強いと同時に、カルボニル基の電子受容性もまた強い。これにより、アミド基には下のような共鳴寄与が非常に大きくなる。したがって、C−N 結合は二重結合性を帯び、結合距離が短くなる。

[共鳴構造式]

問題 5-21 (b) の 1,4-ペンタジエンには、それぞれが独立した二つの二重結合があるとみなすことができる。水素化熱も二重結合 2 個分である。しかし、(c) の 1,3-ペンタジエンの二重結合は、共役二重結合であるため共鳴安定化しており、その分だけ発熱量は小さい。

問題 5-22 (a) [共鳴構造式]

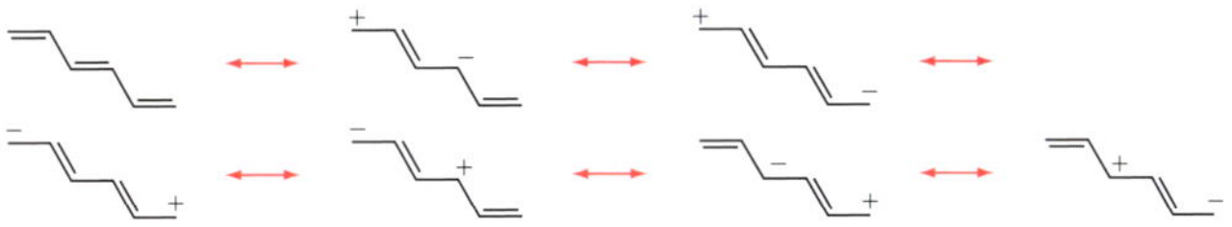

(b) [ベンゼンの共鳴構造式] (c) [ナフタレンの共鳴構造式]

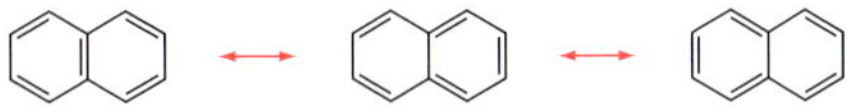

(d) [アズレンの共鳴構造式]

問題 5-23 (a)〜(e) [共鳴構造式]

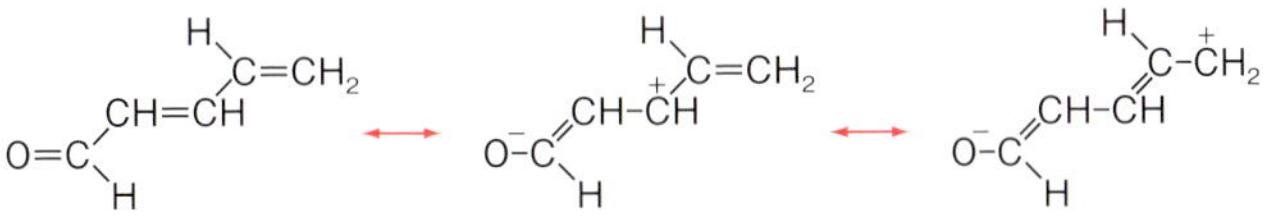

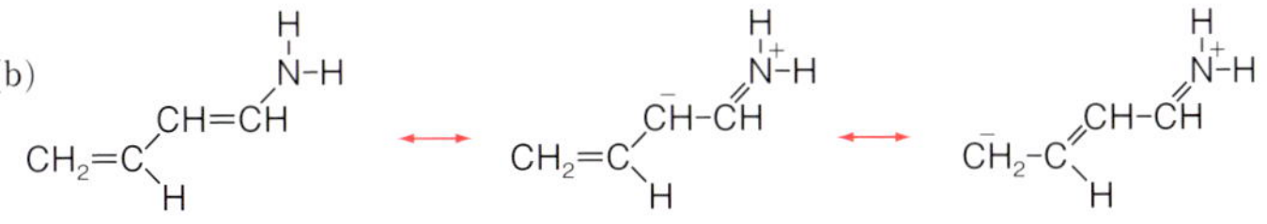

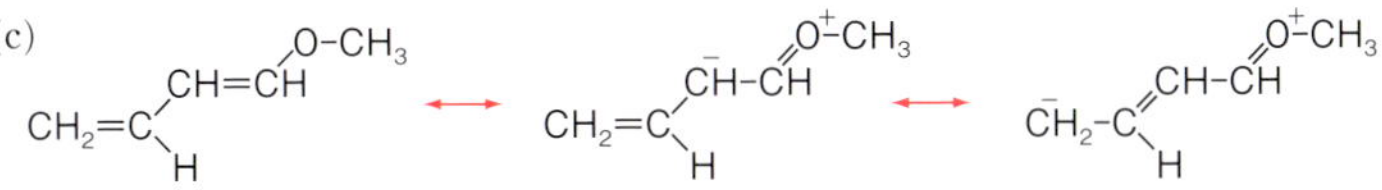

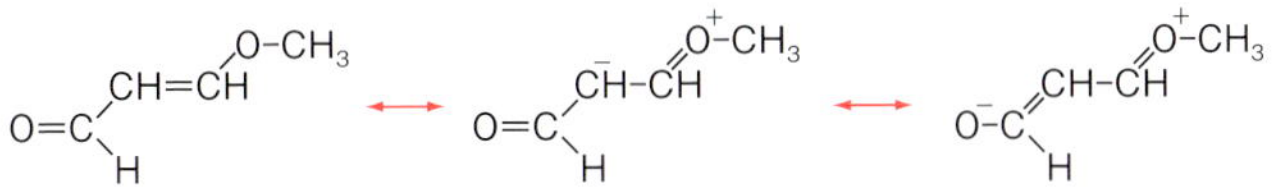

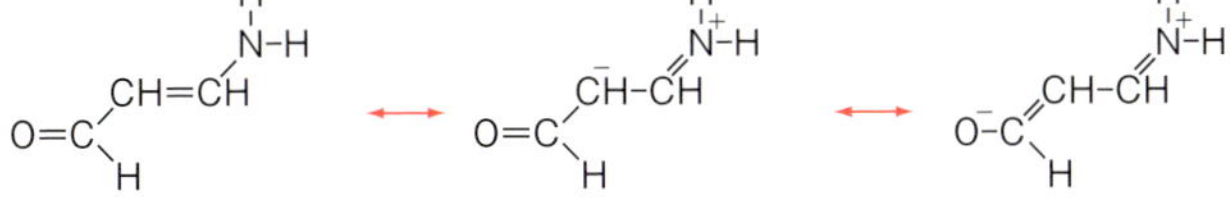

問題 5-24

(a) CH₂=CH-C≡N ⟷ ⁺CH₂-CH=C=N⁻   (b) CH₃-C(=O)-N(H)H ⟷ CH₃-C(O⁻)=N⁺(H)H

(c) CH₃-C(=O)-O-CH₂CH₃ ⟷ CH₃-C(O⁻)=O⁺-CH₂CH₃   (d) CH₃-N⁺(=O)O⁻ ⟷ CH₃-N⁺(O⁻)=O...

第6章 アルカンとシクロアルカン

問題 6-1 $C_3H_8 + 5\,O_2 \rightarrow 3\,CO_2 + 4\,H_2O$

問題 6-2 (a) エチル基、(b) プロピル基、(c) ブチル基

問題 6-3 (a) 2-メチルペンタン、(b) 2,3-ジメチルヘキサン、(c) 4-エチル-2-メチルヘキサン（エチル基とメチル基の並べる順番はアルファベット順とする。2-メチル-4-エチルヘキサンとしない）、(d) 2,2,3,5-テトラメチルヘキサン

問題 6-4

(a) CH₃-CH(CH₃)-CH₂-CH₃ のメチル分岐の構造   (b) CH₃-CH(CH₃)-CH₂-CH(CH₂CH₃)-CH₂-CH₃

(c) CH₃-CH(CH₃)-CH(CH₃)-CH(CH₃)-CH₂-CH₂-CH₂-CH₂-CH₃   (d) CH₃-CH(CH₃)-CH₂-CH(C₂H₅)-CH₂-CH₃

問題 6-5 2-プロピルヘキサンをそのとおりに書けば下の化合物である。母体骨格は最長炭素鎖とすべきであるから、正式には 4-メチルオクタンとなる。

CH₃-CH(CH₂CH₂CH₃)-CH₂-CH₂-CH₂-CH₃

問題 6-6 (a) 2,3-ジメチルブチル、(b) 3,3-ジメチルペンチル

問題 6-7 (a) 第三級炭素、(b) 第二級炭素、(c) 第四級炭素、(d) 第一級炭素

問題 6-8

(a) 5-エチル-2-メチル-4-プロピルヘプタン　置換基の最初の数が小さくなるように番号づけする。エチル、メチル、プロピルはアルファベット順。もう一つ、ヘプタンを主鎖とする方法も考えられるが、「主鎖の炭素数が同じなら、なるべく置換基の多い方を主鎖に選ぶ」という規則に従っている。

(b) 5-t-ブチル-4-イソプロピル-2,2-ジメチルオクタン。ジ，トリやt-, s- などはアルファベット順では無視するが、イソはiとして考慮する。

(c) 4-プロピルヘプタン

問題 6-9

(a) CH₃CH₂CH₂CH(CH(CH₃)(CH₃))CH₂CH₂CH₂CH₃ 型構造   (b) CH₃CH₂CH₂CH₂CH(CH(CH₃)CH(CH₃)CH₃)CH₂CH₂CH₃ 型構造

問題 6-10 C_nH_{2n-2}

問題 6-11

(a) シクロヘキサジエン型構造   (b) シクロヘキサン型構造   (c) ベンゼン型（線構造）   (d) シクロヘプタン型構造

問題 6-12 (a) シクロノナン、(b) イソプロピルシクロヘキサン、(c) 1,3,5-トリメチルシクロヘキサン、(d) 1-エチル-3-メチルシクロヘプタン

問題 6-13 シクロプロパンへの H_2 の付加から類推して、1,3-ジブロモプロパンが生成すると考えられる。

問題 6-14 $C_nH_{2n} + (3/2)nO_2 \rightarrow nCO_2 + nH_2O + Q$

燃焼熱 Q を n で割って CH_2 1 個当たりで比較しているので，この値が小さいほど安定であり，環の歪みのエネルギーが少ない．シクロプロパンの環構造が最も不安定で，シクロヘキサンに向かって次第に安定となる．シクロヘキサン環は sp^3 混成軌道の結合角 $109.5°$ からのずれがないので，鎖状アルカンと同じ燃焼熱をもつ．

問題 6-15 (a), (b) [Newman投影図]

問題 6-16
(a) アキシアル (b) アキシアル (c) エクアトリアル (d) エクアトリアル (e) エクアトリアル (f) アキシアル

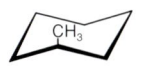

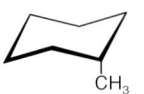

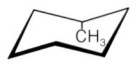

問題 6-17 (a) シス，(b) トランス，(c) トランス，(d) トランス，(e) トランス，(f) シス，(g) シス，(h) トランス

問題 6-18 (a), (b), (c), (d) [シクロヘキサン構造図]

問題 6-19 (a) トランス，(b) シス

問題 6-20
(a) 4 種類
(b) 4 種類
(c) 4 種類

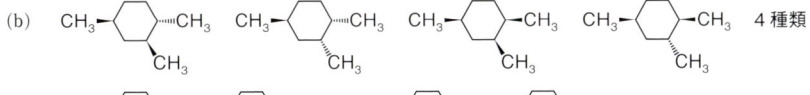

(b) だけは，すべてに対応する鏡像異性体が存在する．
(a) と (c) には，どの場合も鏡像異性体は存在しない．

問題 6-21 (1), (3), (5) が置換反応．(2) は付加反応．(4) は酸化反応．

問題 6-22 :Cl·

問題 6-23 (a) H:Ö· (b) :N· ·Br:

問題 6-24 [ラジカル反応機構図：水素引抜き → 再結合]

問題 6-25 CH(Cl)₂-CH₂-CH₃，CH₃-C(Cl)₂-CH₃，Cl-CH₂-CHCl-CH₃，Cl-CH₂-CH₂-CH₂-Cl

問題 6-26 第三級炭素からの水素ラジカル（水素原子）の引抜きによる第三級炭素ラジカルの生成の方が、より少ない活性化エネルギーで進行する。Bの生成に、より高温を要することは、メチル基からの水素引抜きによる第一級炭素ラジカルが生成しにくいことを示している。

問題 6-27 (a) H_a ベンゼン環の付け根の炭素（ベンジル位）に置換している。(b) H_b 第三級炭素に置換。(c) H_b 二重結合の隣の炭素（アリル位）に置換。(d) H_a 第三級炭素に置換。

問題 6-28

$$\text{C}_6\text{H}_5-\text{CH}=\text{CH}-\underset{\text{Br}}{\text{CH}}-\text{CH}_2-\text{CH}_2-\underset{\text{CH}_3}{\text{CH}}-\text{CH}_3$$

ハロゲンに光照射すると、ラジカル反応が誘起される。最も引き抜かれやすい水素は二重結合に隣接した炭素についた水素である。イオン反応ならば臭素は二重結合への付加反応を起こす。

＊問題 6-29 電気陰性度の大きさは O＞N＞C の順である。電気陰性度が大きな原子の周りには電子が豊富にあって核の要求を満たす方が安定であるから、Cl^- や $-O^-$ は安定なイオンである。逆に、電子が不足して正電荷を帯びている状態は、電気陰性度の大きな原子にとっては不利である。炭素原子は電気陰性度が小さいので、正電荷があっても、かろうじて耐えられるだけの安定なイオンとなることができる。

問題 6-30 エタノール CH_3CH_2OH にプロトン H^+ が付加してオキソニウムイオンが生成する。そのあと、水が取れてカルボカチオンが生じる。

$$\text{CH}_3-\text{CH}_2-\ddot{\text{O}}\text{H} \xrightarrow{H^+} \text{CH}_3-\text{CH}_2-\overset{+}{\text{O}}\text{H}_2 \xrightarrow{-H_2O} \text{CH}_3-\overset{+}{\text{CH}}-\ddot{\text{O}}\text{H}$$

第7章　アルケンとアルキン

問題 7-1 (a) 3,3-ジメチル-1-ブテン、(b) 2-メチル-2-ブテン、(c) 2-エチル-1-ペンテン、(d) 2,4-ジメチル-3-ヘプテン、(e) 2-プロピル-1,4-ペンタジエン、(f) 3-メチルシクロヘキセン

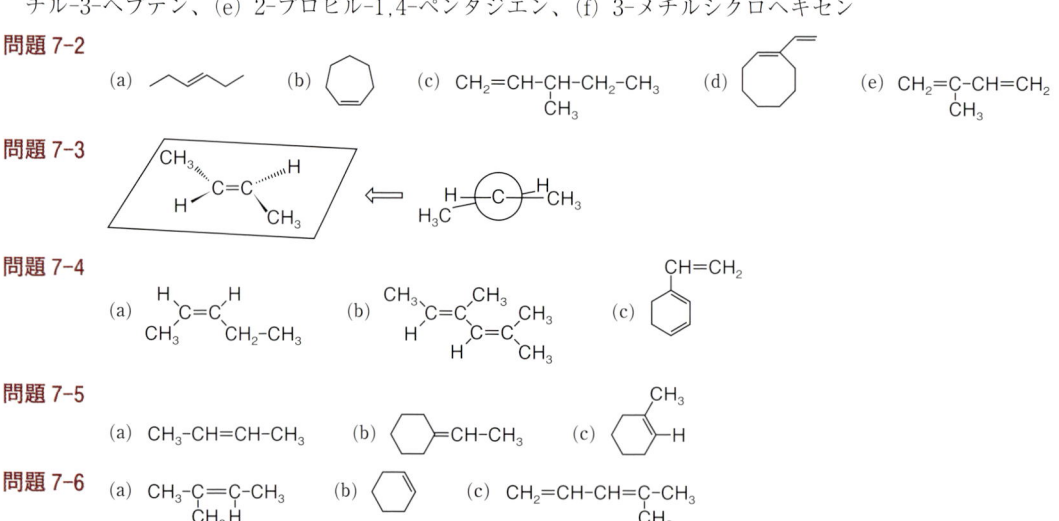

問題 7-2 (a) $CH_3-CH=CH-CH_3$　(b) シクロヘプテン　(c) $CH_2=CH-CH(CH_3)-CH_2-CH_3$　(d) 1-ビニルシクロヘキセン　(e) $CH_2=C(CH_3)-CH=CH_2$

問題 7-3 cis-2-ブテンのニューマン投影式とその立体構造

問題 7-4 (a) $CH_3-CH=CH-CH_2-CH_3$　(b) $(CH_3)_2C=C(CH_3)_2$のような構造　(c) 1-ビニルシクロヘキサジエン

問題 7-5 (a) $CH_3-CH=CH-CH_3$　(b) シクロヘキシル=CH-CH_3　(c) 1-メチルシクロヘキセン

問題 7-6 (a) $CH_3-C(CH_3)=CH-CH_3$　(b) シクロヘキサン　(c) $CH_2=CH-C(CH_3)=CH_2$

＊問題 7-7 求電子付加の最初の段階でプロトンが結合して第二級カルボカチオンが生成する。このカチオンが、メチル基を移動させ、より安定な第三級カルボカチオンとなる。この第三級カルボカチオンに塩素陰イオンが求核的に反応すればBとなる。このように、カルボカチオン中間体はアルキル基や水素を移動させてより安定なカルボカチオンに変化することがある。このような結合の移動を伴う反応を転位反応という。

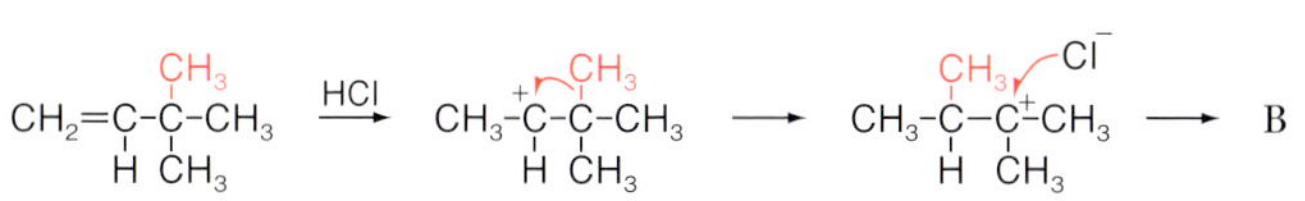

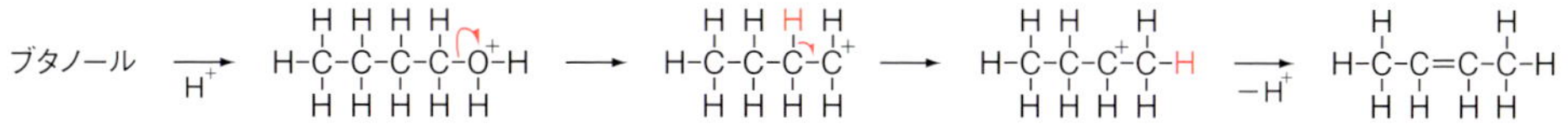

これにも、第一級カルボカチオンから、より安定な第二級カルボカチオンへの水素の転位が関与している。第二級カルボカチオンからの H⁺ の脱離はザイツェフ則（7-2 節）に従う。

問題 7-9 (a) CH₃-CBr(CH₃)-CH₃ (b) シクロヘキサノール(CH₃, OH) (c) PhCH(Cl)CH₃

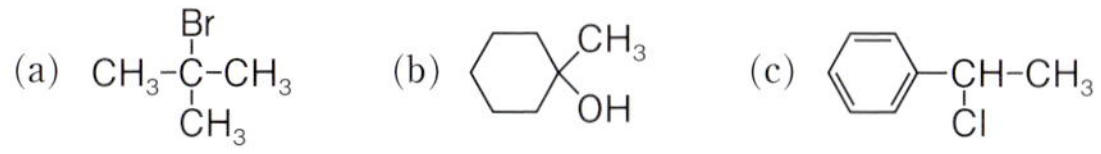

問題 7-10 Cl が負に、S が正に分極している。

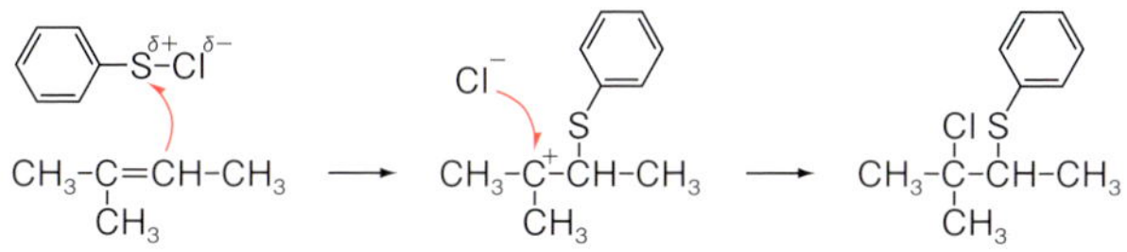

塩化スルフェニル R–S–Cl はスルフェン酸 R–S–OH の塩化物であるが、スルフェン酸自身は非常に不安定な化合物である。

＊問題 7-11 臭素の付加がカルボカチオンを経る二段階の機構で進行していることを示している。二段階目で、カルボカチオン中間体に対して、Br⁻ と溶媒の CH₃OH が競争的に求核攻撃をする。

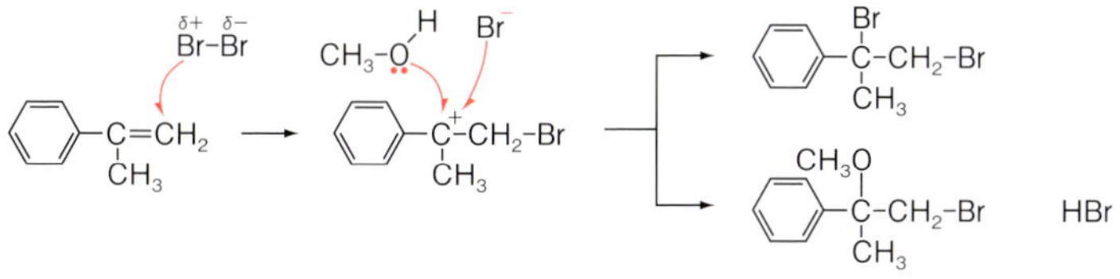

問題 7-12

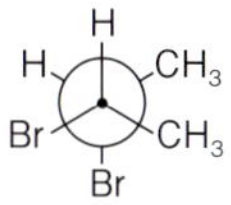

問題 7-13 手前の炭素原子に下から C–Br 結合ができるトランス付加（A）と手前の炭素原子に上から C–Br 結合ができるトランス付加（B）がある。（A）と（B）は鏡像異性体の関係にある。

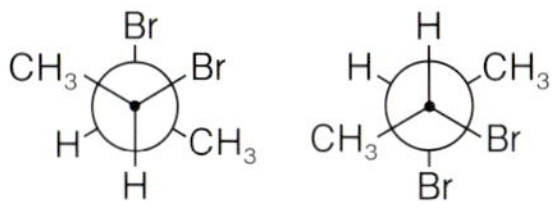

問題 7-14

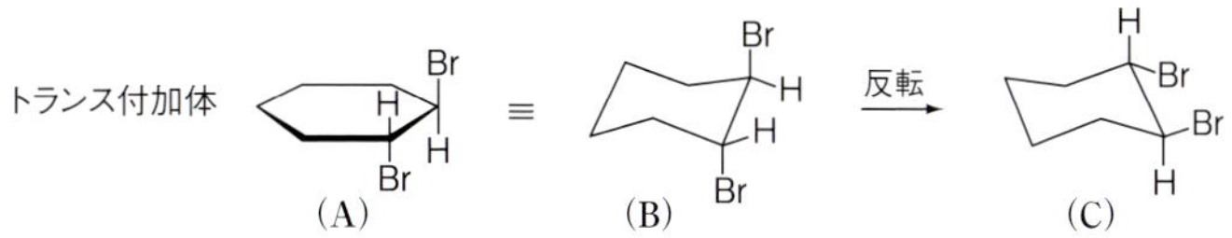

（A）のように描くとトランス付加を読み取りやすい。これをいす形に置き換えると（B）に、それを反転させると（C）になる。図に書いた構造には鏡像異性体もある（問題 7-13 も参照）。

問題 7-15

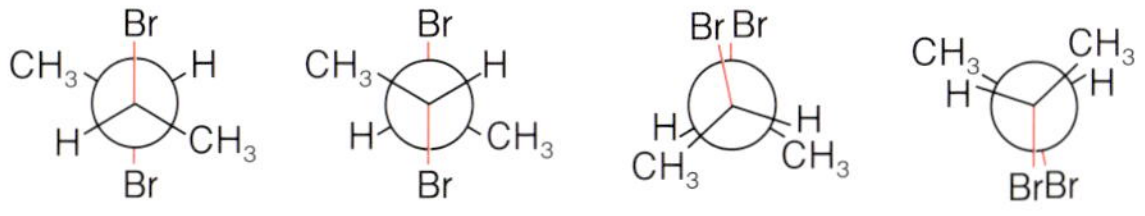

付加生成物である 2,3-ジブロモブタンの立体異性体がすべて生成する。（A）と（B）はトランス付加で、

(A) は手前の炭素に上から Br が結合したトランス付加、(B) は手前の炭素に下から結合をつくったトランス付加。(C) と (D) はシス付加で、(C) は手前の炭素に上から Br が結合したシス付加、(D) は手前の炭素に下から結合をつくったシス付加。このうち (A) と (B) は同一の構造である。したがって (A), (C), (D) の三つの立体異性体が生成する。(C) と (D) は鏡像異性体の関係にある。

問題 7-16　問題 7-15 と同様に、上からのシス付加、下からのシス付加を考える。シス形への付加物 (A) と (B) は同一化合物であり生成物は一種類のみである。トランス形へのシス付加物 (C) と (D) は鏡像異性体の関係にある。(A), (C), (D) の 3 種類の立体異性体が生成する。

シスへの付加

トランスへの付加

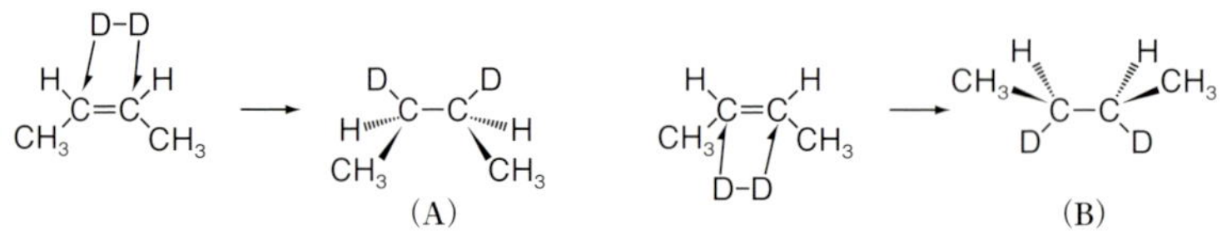

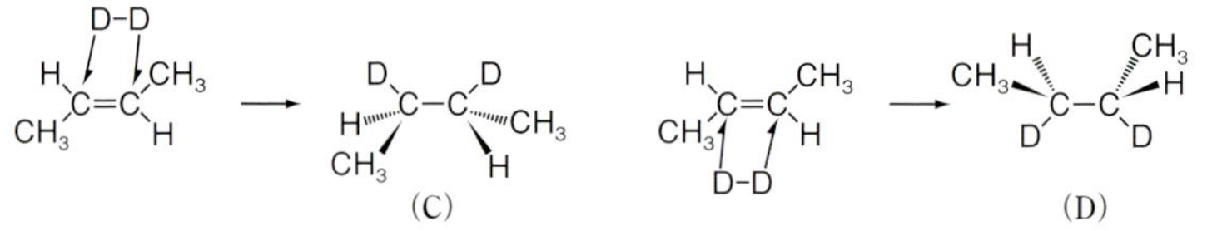

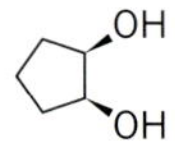

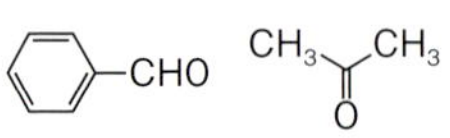

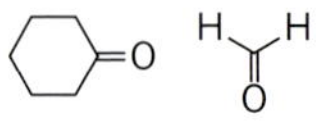

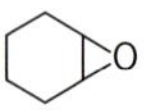

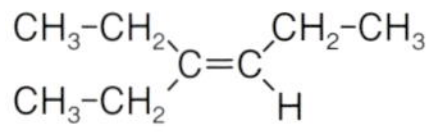

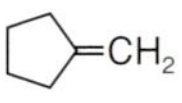

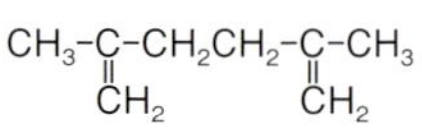

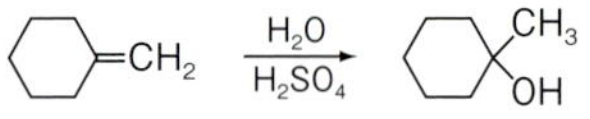

問題 7-17　シス付加であり、ただ 1 種類の生成物である。

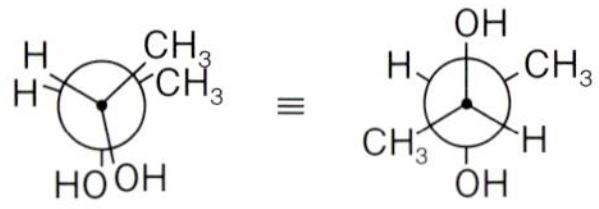

問題 7-18

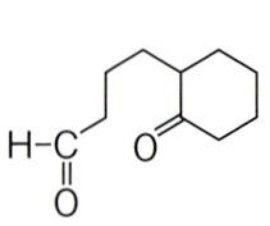

(a) 　(b) 　(c) 　(d) 　(e)

問題 7-19　(a) 　(b) 　(c) 　(d)

問題 7-20

(a)

(b) $CH_3CH_2CH(OH)CH_3$ $\xrightarrow{H_2SO_4}$ $CH_3\text{-}CH{=}CH\text{-}CH_3$ $\xrightarrow{O_3}$ $CH_3\text{-}CH{=}O$

(c) $CH_3CH_2\text{-}CH_2\text{-}CH_2\text{-}OH$ $\xrightarrow{H_2SO_4}$ $CH_3\text{-}CH_2\text{-}CH{=}CH_2$ $\xrightarrow[\text{光照射}]{Br_2}$ $CH_3\text{-}CH(Br)\text{-}CH{=}CH_2$ $\xrightarrow[C_2H_5OH]{KOH}$ $CH_2{=}CH\text{-}CH{=}CH_2$

(d)

(e)

問題 7-21　4, 5, 6, 7　　10, 11, 12, 13　　12, 13, 14, 15

問題 7-22

(a) 　(b) 　(c)

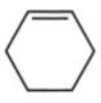

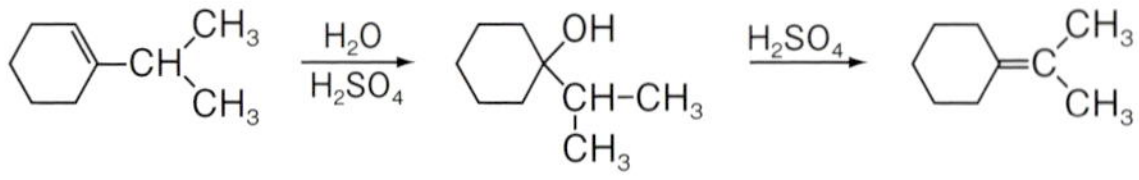

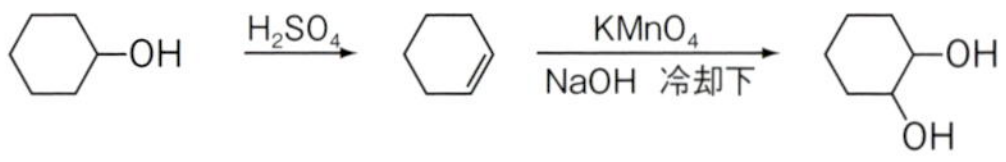

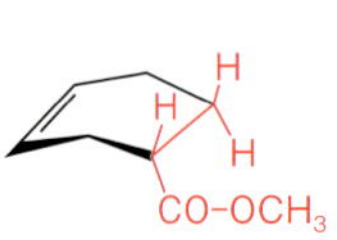

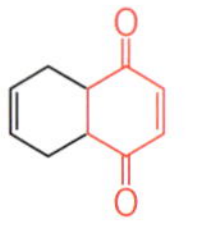

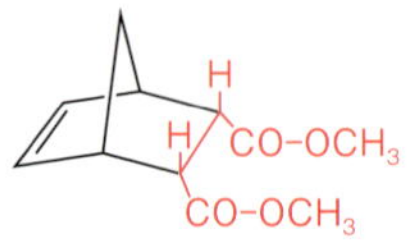

問題 7-23 (a) (b) (c) [構造式]

問題 7-24

C_6H_6：不飽和度 4　C_6H_{14} で飽和となるが、それより $14-6=8$ 個分の H が不足しているから $8/2=4$ が不飽和度となる。

C_6H_8：不飽和度 3　C_6H_{14} で飽和となるが、それより $14-8=6$ 個分の H が不足しているから $6/2=3$ が不飽和度となる。

C_6H_{10}：不飽和度 2　C_6H_{14} で飽和となるが、それより $14-10=4$ 個分の H が不足しているから $4/2=2$ が不飽和度となる。

問題 7-25　不飽和度は 3。たとえば、[構造式]

問題 7-26　(a) 2-メチル-3-ヘキシン、(b) 1,5-ヘキサジイン、(c) 1-ヘプテン-3,5-ジイン

問題 7-27
(a) $CH_2=C-C\equiv CH$
　　　$|$
　　　$CH_2-CH_2-CH_2-CH_2-CH_2-CH_3$

(b) $CH_2=CH-C=C-CH_3$
　　　　　　　$|\ \ |$
　　　　　$CH_2CH_2CH_3$
　　　　　CH_2CH_3

問題 7-28　(a) $C_3H_3(OH)_3$ と括り直すと、不飽和度は C_3H_6 と同じ。したがって、1。

(b) $C_3H_5(NH_2)$ と括り直すと、不飽和度は C_3H_6 と同じ。したがって、1。

(c) $C_3H_6(OH)(Cl)$ と括り直すと、不飽和度は C_3H_8 と同じ。したがって、ゼロ。すなわち飽和化合物である。

(d) $C_4H_3(OH)_2(NH_2)$ と括り直すと、不飽和度は C_4H_6 と同じ。したがって、2。

(e) $C_6H_2(OH)(Cl)_2(Br)$ と括り直すと、不飽和度は C_6H_6 と同じ。したがって、4。

問題 7-29

(a) $H-C\equiv C-H \xrightarrow{H_2O} CH_2=CH \longrightarrow CH_3-CH=O$
　　　　　　　　　　　　　　　$|$
　　　　　　　　　　　　　　　OH

(b) $CH_3-C\equiv C-H \xrightarrow{H_2O} CH_3-C=CH_2 \longrightarrow CH_3-C-CH_3$
　　　　　　　　　　　　　　　　$|$　　　　　　　　　　　$\parallel$
　　　　　　　　　　　　　　　　OH　　　　　　　　　　　O

問題 7-30

(a) $CH_3CH_2-C\equiv C-H \xrightarrow{HBr} CH_3CH_2-C=CH_2$
　　　　　　　　　　　　　　　　　　　　　　$|$
　　　　　　　　　　　　　　　　　　　　　Br

(b) $CH_3CH_2CH_2-C\equiv C-H \xrightarrow[NaNH_2]{CH_3CH_2CH_2Br} CH_3CH_2CH_2-C\equiv C-CH_2CH_2CH_3 \xrightarrow{2H_2} CH_3(CH_2)_7CH_3$

第 8 章　ベンゼンの構造と芳香族炭化水素

問題 8-1　C_6H_{14} の飽和にするには H が 8 個足りないから、不飽和度は 4。

問題 8-2　[構造式：シクロヘキサトリエン環]

問題 8-3　二つの等価な構造の共鳴混成体であり、どの炭素-炭素結合も単結合と二重結合の 1:1 の重ね合わせであるから、平均構造としては 1.5 重結合といえる。

問題 8-4 [構造式：o-キシレンの共鳴構造式2つ]

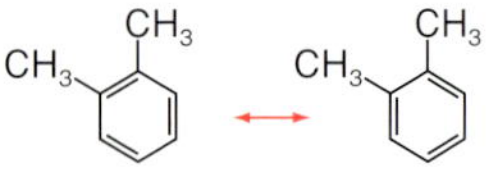

問題 8-5 a, b, c, d 4種類の炭素-炭素結合がある。

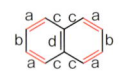

[ナフタレン構造に a, b, c, d のラベル]

問題 8-6 ナフタレンの C^2 と C^3、すなわち問題 8-5 の解答の図の b の結合次数ということになる。本文中に示す 3 個の共鳴構造式のうち、2 個が単結合、1 個が二重結合。$1 \times (2/3) + 2 \times (1/3) = 4/3$ で、結合次数は $4/3$。a の結合よりも結合次数が小さいので、結合距離は長いことになる。

問題 8-7 [アントラセンの共鳴構造式4つ]

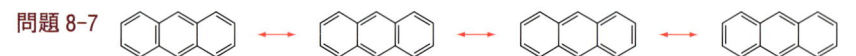

問題 8-8 下記以外にも多数ある。

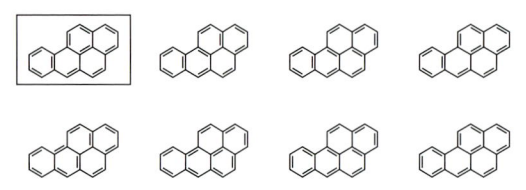

[多環芳香族化合物の構造式8個]

問題 8-9 (a), (d), (g), (h) が同じ。(b), (c), (e), (j) が同じ。メチル基の付く位置を炭素骨格の番号で示すと、(a) の組は 1,6。(b) の組は 1,7。

問題 8-10 [構造式]

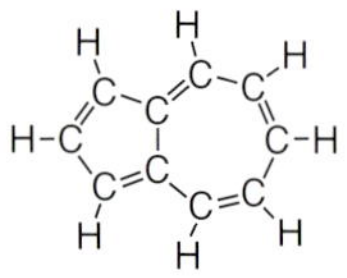

問題 8-11 [共鳴構造式2つ]

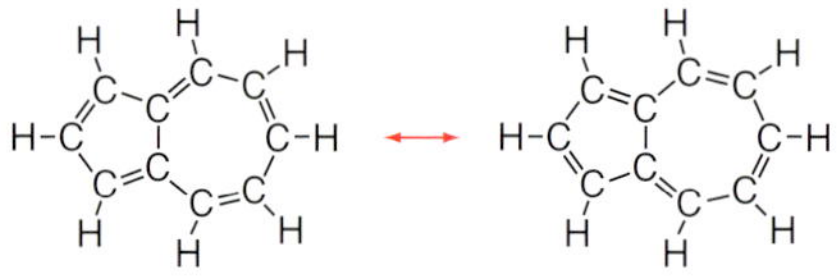

問題 8-12 (a) 10、(b) 12、(c) 10、(d) 12、(e) 8、(f) 14、(g) 12、(h) 14、(i) 14。したがって、芳香族性をもつのは (a), (c), (f), (h), (i)

問題 8-13 (a) 1,3,5-トリメチルベンゼン、(b) 1-エチル-5-メチルナフタレン、(c) シクロヘキシルベンゼンあるいはフェニルシクロヘキサン、(d) 4-(3-エチル-1,4-ジメチルヘキシル)-1-メチルベンゼン、(e) 1-イソプロピル-4-ビニルベンゼン あるいは p-イソプロピルスチレン、(f) 1,4-ジビニルベンゼン

問題 8-14 [σ錯体の共鳴構造式3つ]

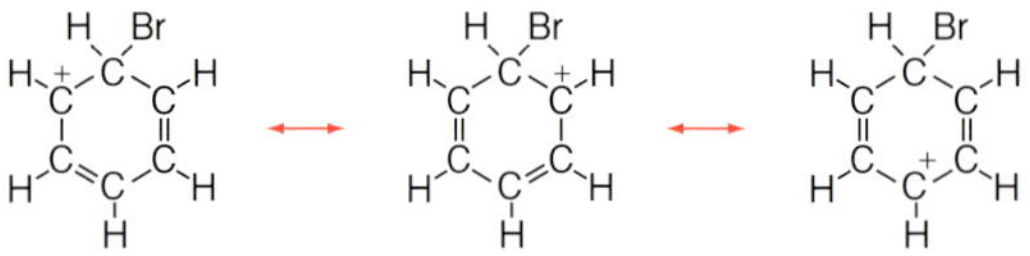

問題 8-15 1位にブロモ化が起こる場合、次の共鳴構造式の混成体として表せる σ 錯体が反応中間体となる。色で示したように、ベンゼン環の環状共役が壊れずに芳香族性を保った構造の寄与がある（これら二つの共鳴構造式には、それぞれさらに保持されたベンゼン環に共鳴構造式が書ける）。

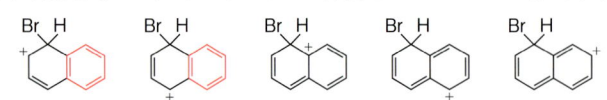

[σ錯体の共鳴構造式5つ]

一方、2位がブロモ化されるときは、下に見るように、ベンゼン環が保たれているのは一つだけで、中間体の安定性は低い。反応中間体のσ錯体の安定性が高いほど遷移状態も低く反応が進みやすいから、ナフタレンのブロモ化は1位に起こりやすい。

問題 8-16 (a) Br_2、(b) Br^+、(c) Fe あるいは $FeBr_3$、(d) ブロモベンゼン、(e) HNO_3、(f) NO_2^+、(g) ニトロベンゼン、(h) $CH_3-(CO)^+$、(i) $AlCl_3$ (アセトフェノンは $C_6H_5-CO-CH_3$ の慣用名)、(j) $CH_3CH_2^+$、(k) $AlCl_3$、(l) エチルベンゼン、(m) H_2SO_4 (発煙硫酸)

問題 8-17
(a) ベンゼン $\xrightarrow{CH_3-CO-Cl, AlCl_3}$ アセトフェノン

(b) ベンゼン $\xrightarrow{CH_3-Br, AlCl_3}$ トルエン $\xrightarrow{KMnO_4}$ 安息香酸

(c) ベンゼン $\xrightarrow{HNO_3, H_2SO_4}$ ニトロベンゼン $\xrightarrow{Sn, HCl}$ アニリン

(d) ベンゼン $\xrightarrow{CH_3CH_2-Br, AlCl_3}$ エチルベンゼン $\xrightarrow{Br_2, 光照射}$ (1-ブロモエチル)ベンゼン

(e) 上の(d)より (1-ブロモエチル)ベンゼン $\xrightarrow{KOt-Bu}$ スチレン

(f) 上の(e)より スチレン $\xrightarrow{O_3}$ ベンズアルデヒド

問題 8-18 (A) はベンゼン環への臭素の求電子置換反応による生成物、(B) はラジカル連鎖反応による生成物である (6-6節、6-7節参照)。

問題 8-19 (a) ベンジル メチル エーテル (b) 安息香酸 (c) フタル酸

第9章 鏡像異性体

問題 9-1 (b), (c), (e), (f), (g), (j), (l), (n)

問題 9-2 (b) と (c) の二つ。

問題 9-3
(a) 三つの構造は同一 (b) 三つの構造は同一

問題 9-4 (b), (c), (f), (i)

*__問題 9-5__ ラセミ結晶の方が隙間なく密にパッキングすることができるので、ラセミ混合物よりも融点は高い。ラセミ結晶はそれ自身が一つの化合物のようにふるまい、融点もシャープであるが、ラセミ混合物はあくまで混合物であるから、融点の幅が広い。

問題 9-6 (d) > (e) > (f) > (c) > (b) > (g) > (a)

問題 9-7 (a) S、(b) R、(c) R、(d) S。(d) は3位の炭素が不斉炭素原子。この炭素とアキシアルのHを垂直に上から見下ろす。環の炭素を辿っていくと、メチル基が付く1位の炭素と5位の $-CH_2-$ 炭素とで差がつく。

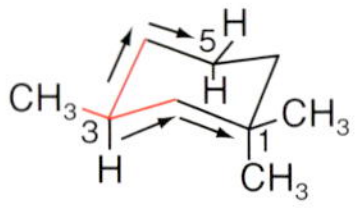

問題 9-8 (a) R、(b) S、(c) R

問題 9-9 (a) 置換基の順位は次の通り。

④を下に置き、①〜③を右回りに置いて R 配置のフィッシャー投影式となる。以下、同様に考える。

① -OH ② -CO-CH$_3$ ③ -CH$_2$CH$_3$ ④ -H

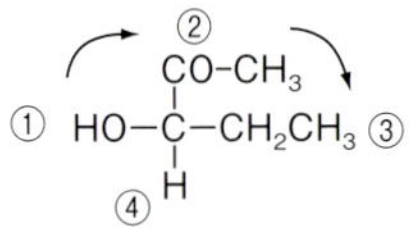

(フィッシャー投影式:
① HO–C–CO-CH$_3$ ②, 下に④ H, 右に③ CH$_2$CH$_3$)

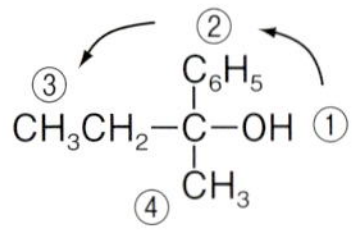

(b) ③ CH$_3$CH$_2$–C–C$_6$H$_5$ ②, OH ①, ④ CH$_3$

(c) ① C$_6$H$_5$–C–C$_6$H$_{11}$ ②, CH$_3$ ③, ④ H

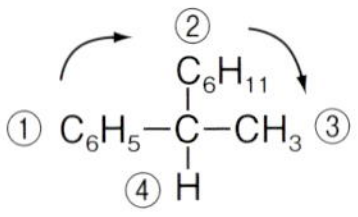

問題 9-10 (a) はカルボキシル基のエステル化であり、不斉炭素原子の立体配置は変わらないので D。RS 表示では R。(b) は (a) のヒドロキシ基のエステル化で、これも不斉炭素原子の立体配置は変わらない。したがって D。RS 表示では R。

問題 9-11 不斉炭素原子 C^2 に置換する基は順位の高い順に、① -OH、② -CHO、③ -CH(OH)CH$_2$OH、④ -H である。③は A のフィッシャー投影式の下方に枝分れした全体をひとまとめに考えている。A のフィッシャー投影式で、結合を二度入れ換えて④H が真下にくるように書き直すと、たとえば図のようになる(どのような交換でもよい。ただし、必ず2回交換する)。ここで、①②③ の回り方を紙面上で見ると、右回りとなるから C^2 は R 配置となる。C^3 は、H を真下にくるように二度の入れ換えで書き直すと下のようになるので、R 配置である。

C^2: HO-CH$_2$–CH(OH)–C–CHO, H ④
C^3: HO-CH$_2$–C–CH-CHO, H ④, OH

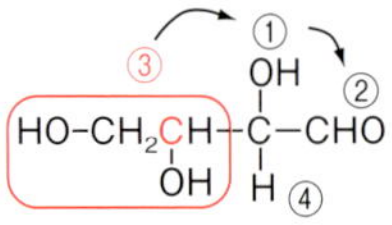

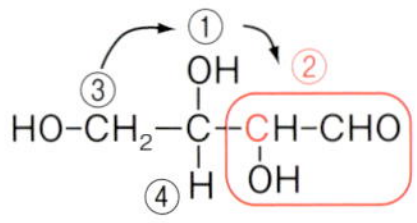

問題 9-12 C^2 は S。C^3 は R。

C^2: H-CO–C–CH-CH$_2$-OH, OH ④
C^3: HO-CH$_2$–C–CH-CHO, H ④, OH

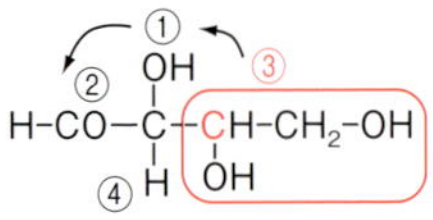

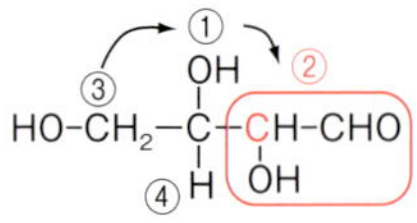

問題 9-13 (a), (b), (c)

問題 9-14 メソ形 C の C^2 について、以下の通り S 配置。メソ形 C には C^2-C^3 軸に垂直に対称面がある。つまり、ここに鏡を置けば上と下の形は右手と左手の関係となり、C^3 は C^2 の S 配置の鏡像、すなわち R 配置になる。メソ形 D は C の鏡像に対応するから、C^2, C^3 の立体配置はそれぞれ逆転して、R と S になる。すなわち、メソ形は SR あるいは RS となるが、この両者は一致した構造である。

メソ形 C の C^2 について

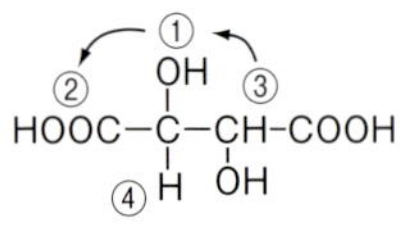

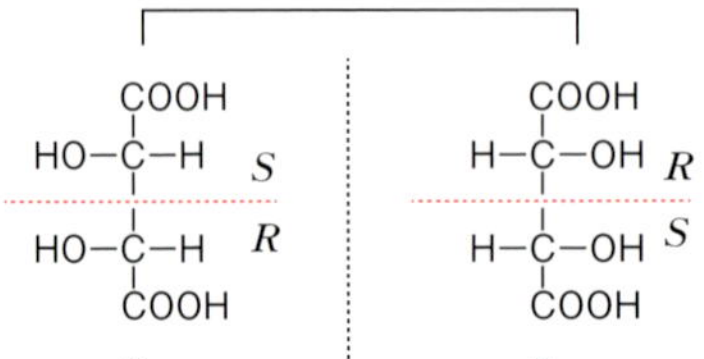

HOOC–C–CH-COOH, H ④, OH

C:
COOH
HO–C–H S
HO–C–H R
COOH

D:
COOH
H–C–OH R
H–C–OH S
COOH

問題 9-15　(a), (f)

問題 9-16　図の、色で記した 4 個。

問題 9-17　本文中の例の逆、すなわちアミンのラセミ体に対して光学活性なカルボン酸を作用してアミンの塩のジアステレオマーをつくる。これを再結晶により分離したのち、アルカリで処理してアミンを遊離させる。

＊問題 9-18　ラセミ体のカルボン酸を光学活性なアルコールと反応させ、エステルに変換する。このエステルはジアステレオマーの混合物であるから、これを分離してから加水分解によりカルボン酸に戻す。

問題 9-19　(a) はエステル化であり、不斉炭素原子は生じない。(b) は 3-メチル-2-ヘプテンへの水素の付加で、生じる 3-メチルヘプタンの 3 位に新たに不斉炭素原子が生じるから、不斉合成の対象となる。(c) はディールス-アルダー反応によりシクロヘキセン環が形成される。カルボキシル基の置換した炭素は不斉炭素原子となるので不斉合成の対象となる。

問題 9-20

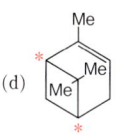

第 10 章　ハロゲン化合物

問題 10-1　(a) 2,5-ジクロロ-2-ペンテン、(b) 1-ブロモ-3-クロロプロパン、(c) 1-クロロ-3-メチル-1-シクロヘキセン

問題 10-2

問題 10-3

問題 10-4　R-OH + SOCl$_2$ → R-Cl + SO$_2$ + HCl

問題 10-5　(a) CH$_3$CH$_2$CH$_2$CH$_2$-O-C$_6$H$_5$、(b) CH$_3$CH$_2$CH$_2$CH$_2$-CN、(c) CH$_3$CH$_2$CH$_2$CH$_2$-C≡CH、(d) CH$_3$CH$_2$CH$_2$CH$_2$-NH-CH$_2$CH$_2$CH$_3$

188　問題解答

問題 10-6

(a) CH₃CH₂CH₂CH=CH₂ →(HBr)→ CH₃CH₂CH₂-CH(Br)-CH₃ →(NaCN)→ CH₃CH₂CH₂-CH(CN)-CH₃

(b) Br-CH₂CH₂CH₂-Br →(CH₃ONa)→ CH₃O-CH₂CH₂CH₂-OCH₃

(c) Ph-CH=CH₂ →(H₂O, H⁺)→ Ph-CH(OH)-CH₃ →(SOCl₂)→ Ph-CH(Cl)-CH₃

(d) シクロヘキシリデン=CH₂ →(HCl)→ 1-Cl-1-CH₃-シクロヘキサン →(KOt-Bu)→ 1-CH₃-シクロヘキセン

問題 10-7　RMgBr + H₂O → R-H + Mg(OH)Br

問題 10-8

(a) MeO-C(CH₂CH₃)(H)(CH₃) （立体表示）

(b) t-Bu シクロヘキサン環 trans-OEt（エクアトリアル）, H（アキシアル）

(b) のシクロヘキサン環では t-ブチル基の立体障害が大きいので t-ブチル基がアキシアル配座をとることができない。つまり、環の反転は起こらない。したがって、原料化合物の塩素がアキシアル配座に固定された形から置換反応を受けて立体配置が反転する。

***問題 10-9**

(a) CH₃CH₂CH₂Br と CH₃CH₂O⁻ の両方の濃度の積に依存しているから S_N2 反応。

(b) 反応速度は (CH₃)₃C-Cl の濃度に依存せず、半減期が一定であったことから S_N1 反応。

(c) 置換する sp³ 炭素にアルキル基が多いほど（第一級から第三級になるほど）反応が遅いということは、立体障害による求核試薬の近づきにくさを意味している。反応速度（遷移状態のエネルギーの高さ）に 2 分子が関与しているので S_N2 反応。

(d) 立体配置がラセミ化しているので S_N1 反応。

問題 10-10

(a) CH₂=CH-C⁺H-CH=CH-CH₃ ↔ C⁺H₂-CH=CH-CH=CH-CH₃ ↔ CH₂=CH-CH=CH-C⁺H-CH₃

(b) Ph-C⁺H-CH=CH₂ ↔ Ph-CH=CH-C⁺H₂ ↔ （オルト位カチオン）-CH-CH=CH₂ ↔ （パラ位カチオン）-CH-CH=CH₂ ↔ （オルト位カチオン別）-CH-CH=CH₂

問題 10-11

(1) (c) ＞ (b) ＞ (a) の順に S_N1 反応が起こりやすい。

(b) と (c) は第三級炭素原子への置換反応。しかも (c) は、ビニル基が共役した位置での、すなわちアリル位での置換反応で、中間体カルボカチオンの安定化が大きい。

(2) (c) は第三級炭素で、しかも中間体カルボカチオンの共鳴安定化に寄与するフェニル基が 2 個置換している。(a) と (b) は第二級炭素であるが、(b) にはフェニル基が置換している。したがって、(c) ＞ (b) ＞ (a)。

問題 10-12

(a) シクロペンチルカチオン (環上に C⁺、CH₃置換)

(b) CH₃-CH₂-C⁺H-Ph

＊問題 10-13 メタノールによるソルボリシス反応であり、S_N1 の機構で進む。中間体カルボカチオンは下のAとBの共鳴構造式で表される。第一級炭素と第三級炭素のどちらにも正電荷が発現しているので、それぞれに置換される。

$$CH_3-C(CH_3)=CH-\overset{+}{C}H-H \longleftrightarrow CH_3-\overset{+}{C}(CH_3)-CH=CH_2$$
　　　　　A　　　　　　　　　　　　B

問題 10-14 カルボカチオンを中間体とする二段階での付加反応。カルボカチオンに臭化物イオンが攻撃すれば付加物 A が生成する。分子内で空間的に接近したカルボキシル基が求核的に攻撃すると B が生成する。

[反応機構図]

問題 10-15 どちらも、エタノール中でのソルボリシス（エタノリシス）であり、S_N1 の機構で進行する。ハロゲンとの結合をイオン開裂させてカルボカチオン中間体が生成する段階が律速段階である。塩素よりも臭素の方が脱離基として優れているのでイオン解離しやすい。しかし、カルボカチオンが、その後、置換反応（S_N1）を受けて A を与えるか、あるいは脱離（E1）に進んで B を与えるかは、カルボカチオン自身の性質による。この場合、どちらからも同じカルボカチオンが生成しているので、S_N1 と E1 の反応生成物の比は変わらない。

第 11 章　アルコールとエーテル

問題 11-1　(a) 第一級、(b) 第二級、(c) 第一級 二価アルコール

問題 11-2　(a) 3-ペンテン-2-オール、(b) 1,3-ブタンジオール、(c) 4-メチル-1-シクロヘキサノール、(d) 2-シクロヘキセン-1-オール

問題 11-3　(a) $CH_3CH_2CH_2-I$：ヨウ素の方が原子半径が大きく分極されやすいので、ファンデルワールス力による分子間相互作用が大きい。(b) $CH_3-CH(OH)-CH_3$：OH 基による水素結合が可能なため。(c) $CH_3CH_2CH_2CH_2-OH$：どちらにも OH 基が存在するが、第三級アルコールの方は立体障害により OH 基同士が分子間で近づきにくい。(d) $HO-CH_2CH_2-OH$：OH 基が 2 個含まれ、水素結合が多い。

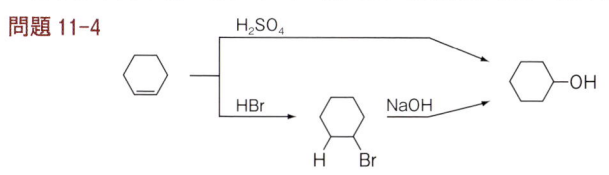

問題 11-4

[反応図]

問題 11-5

(a) $CH_3-CH=CH-CH_2-OH$　(b) シクロヘキサノール　(c) $CH_3-CH(OH)-CH_2-CH_2-CH_2-OH$　(d) PhCH(OH)CH$_3$

190　問 題 解 答

問題 11-6

(a) CH₃-C(OH)(CH₃)-CH₂-CH₃
(b) Ph-C(CH₃)(OH)-CH₃
(c) CH₃CH₂CH₂CH₂-CH(OH)-CH-CH₃ ※ OH CH₃
(d) Ph-CH₂-OH
(e) CH₃-CH₂-C(OH)(CH=CH₂)(CH=CH₂)
(f) CH₃CH₂-CH(OH)-CH₂CH₃

問題 11-7

(a) CH₃-CH₂-CH=O ＋ CH₃-MgBr　または　CH₃-CH₂-MgBr ＋ CH₃-CH=O

(b) シクロヘキサノン =O ＋ CH₃-MgBr

(c) Ph-CH=O ＋ CH₃-CH₂-CH₂-CH₂-MgBr　または　Ph-MgBr ＋ CH₃-CH₂-CH₂-CH=O

(d) Ph-MgBr ＋ CH₃-C(=O)-CH₂-CH₂-CH₃　または　Ph-C(=O)-CH₃ ＋ CH₃-CH₂-CH₂-MgBr　または　Ph-C(=O)-CH₂-CH₂-CH₃ ＋ CH₃-MgBr

(e) CH₃-CH₂-CH₂-MgBr ＋ H₂C=O　または　CH₃-CH₂-MgBr ＋ H₂C-CH₂ (エポキシド)

(f) CH₃-CH₂-MgBr ＋ H-C(=O)-CH₂-CH₂-C(=O)-H

問題 11-8

CH₂=CH-CH₂-CH₂-CH₃
 → (BH₃, 次いで H₂O₂, NaOH) → CH₂(OH)-CH₂-CH₂-CH₂-CH₃
 → (H₂SO₄, H₂O) → CH₃-CH(OH)-CH₂-CH₂-CH₃

問題 11-9

(a) Ph-CH₂-Cl　(b) Ph-CH₂-CH₂-OH　(c) シクロヘキシル-C(OH)(CH₂-CH₃)　(d) CH₃-C(CH₃)=CH-CH₂-CH₃

(e) CH₃-CH(OH)-CH(CH₃)-CH₃　(f) CH₃-CH₂-CH₂-CH₂-OH　(g) テトラヒドロピラン-CH₂-OH 型 (環に OH と CH₂OH)　(h) CH₃-CH₂-CH₂-O-CH₂-CH₂-CH₃

問題 11-10

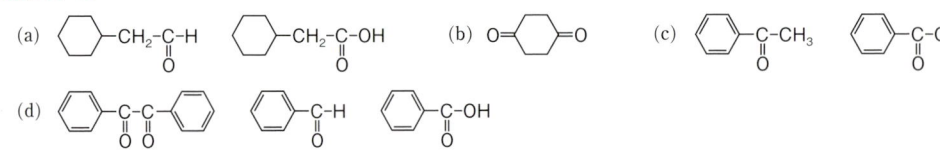

(a) シクロヘキシル-CH₂-C(=O)H　　シクロヘキシル-CH₂-C(=O)-OH　(b) O=シクロヘキサン=O (1,4-ジオン)　(c) Ph-C(=O)-CH₃　　Ph-C(=O)-OH

(d) Ph-C(=O)-C(=O)-Ph　　Ph-C(=O)-H　　Ph-C(=O)-OH

＊この問題では酸化反応の条件が指定されていないので、(c) と (d) については上記のように、いくつかの化合物が生成する可能性がある。

問題 11-11　(a) t-ブチルイソプロピルエーテル、(b) シクロヘキシルフェニルエーテル、フェノキシシクロヘキサン、(c) ブチルビニルエーテル、(d) 1,3-ジメトキシプロパン

問題 11-12　(1) テトラヒドロフラン(b)の方が溶解度は大きい。環状エーテルの酸素原子は、鎖状のものより立体障害が小さく、水との水素結合に有利。炭素骨格は後ろ手に縛られていて、酸素は剥き出しに近い状態にあるため。(2) エーテル結合が多い(a)の方が溶解度は大きい。

問題 11-13

(a) CH₃CH₂OH →[Na] CH₃CH₂O⁻Na⁺ →[PhCH₂-Cl] Ph-CH₂-O-CH₂CH₃

あるいは Ph-CH₂-OH →[Na] →[CH₃CH₂-Br]

(b) Ph-O-H →[CH₃CH₂-O⁻Na⁺] Ph-O⁻Na⁺ →[CH₃CH₂-Br] Ph-O-CH₂-CH₃

(c) (CH₃)₃C-Cl →[CH₃CH₂-O⁻Na⁺] (CH₃)₃C-O-CH₂-CH₃

(d) HO-CH₂-CH₂-CH₂-CH₂-OH →[H⁺ / −H₂O] (テトラヒドロフラン)

問題 11-14

(a) シクロヘキサン-1,2-ジオール (b) HO-CH₂-CH₂-NH₂ (c) HO-CH₂-CH₂-CH₂-CH₂-I

(d) Ph-O-H + CH₃-I   (e) シクロヘキシル-OH + CH₃-Br

第12章 芳香環に置換した官能基

問題 12-1 ベンゼン環の芳香族性を保つことにより安定性を保持しようとするから、sp² 混成はそのまま。本来、H と結合しているはずの sp² 軌道の結合が空である。炭素原子の価電子は合計 3 個（両隣りの C との σ 結合に 2 個、芳香環での環状共役に 1 個）となっているので、正電荷をもつ。

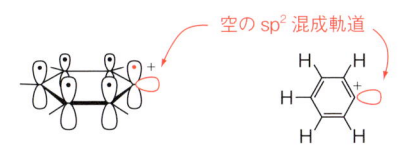

（空の sp² 混成軌道）

問題 12-2 本来の 7 個の価電子は 6 個となり、X との二重結合に 2 個の電子を使い、非共有電子対が 2 組ある。合計 6 個の価電子をもってオクテット則を満たしているので、正電荷をもつ。

X::Cl̈⁺

問題 12-3

(a) は脂肪族求核置換反応で、しかも第三級炭素への置換であるから非常に起こりやすい。

(b) は OH⁻ がベンゼン環を攻撃する芳香族の求核置換反応であり、非常に起こりにくい。

問題 12-4 安息香酸 (c) はフェノール類よりも強い酸であるから、炭酸水素ナトリウムのような弱塩基の水溶液にも溶ける。そこで、炭酸水素ナトリウム水溶液で抽出して水層に移したのち、酸性に戻して遊離させる。p-クレゾール (b) は弱酸性であるから、炭酸水素ナトリウム水溶液には移らないが、水酸化ナトリウム水溶液には溶けて水層に移るので、安息香酸を分けたあとのエーテル溶液を水酸化ナトリウム水溶液で抽出して水層に移したのち、酸性に戻して遊離させる。残ったエーテル溶液にベンジルアルコール (a) のみが含まれる。

問題 12-5 酸素分子はジラジカルの性質をもつ（問題 6-24 参照）から、クメンの最も引き抜かれやすい水素原子を引き抜いて炭素ラジカルを生成する。これに酸素分子が再結合してクメンヒドロペルオキシドとなる。

Ph-CH(CH₃)₂ →[•O-O•] Ph-C(CH₃)₂• + •O-OH →[再結合] Ph-C(CH₃)₂-OOH

問題 12-6

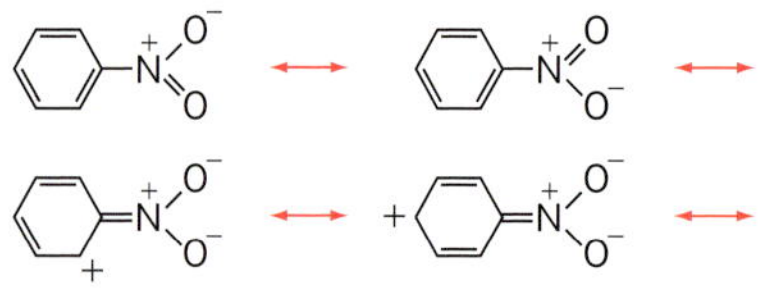

上段の二つについては、ベンゼン環内での共鳴構造式がそれぞれ二つあるが省略。

問題 12-7 それぞれ以下のとおり、共役した二重結合の末端炭素に正電荷を発現させるから電子求引性共鳴効果を発揮する。

(a),  (b)  省略の構造式図

問題 12-8 それぞれ下の共鳴構造式に現れる正負の極性が発現する。

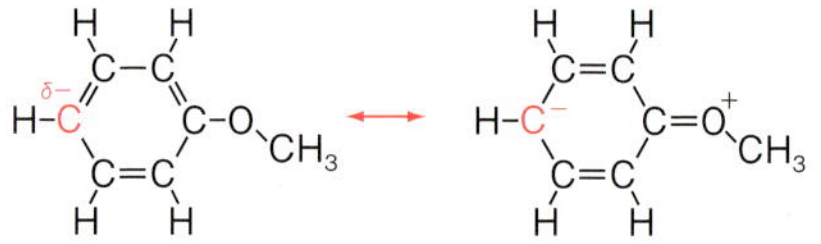

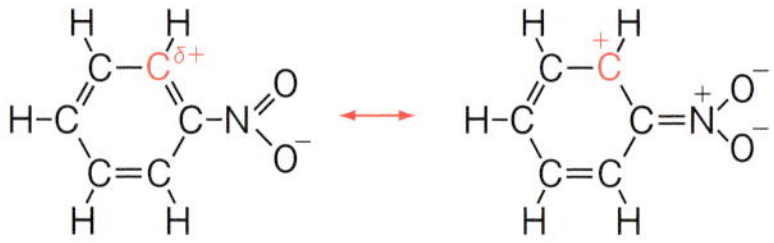

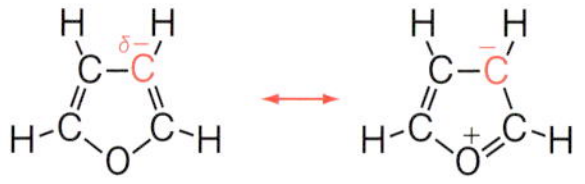

(a)〜(f) 共鳴構造式図

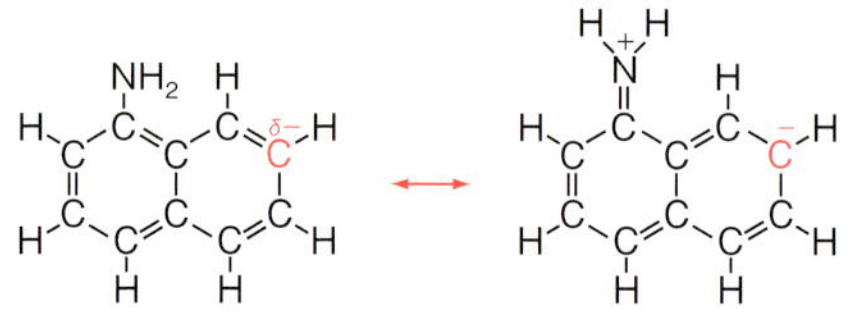

問題 12-9 母体フェノキシドイオンでは、負電荷はベンゼン環の中だけで非局在化しているが、o-ニトロフェノールの解離後の陰イオンでは、(C) に相当する共鳴構造式においてニトロ基の酸素原子上にまで非局在化している。共鳴に寄与する共鳴構造式の数が o-ニトロフェノキシドイオンの方が多いことになる。解離後のイオンは、その分 o-ニトロフェノキシドイオンの方が安定化するので酸性度も高くなる。

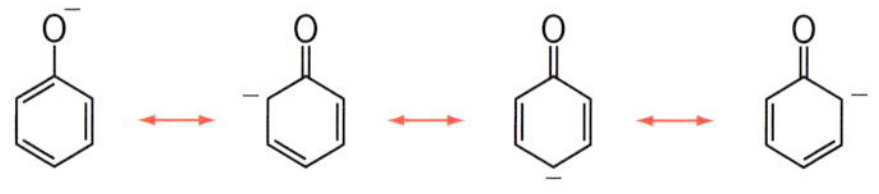

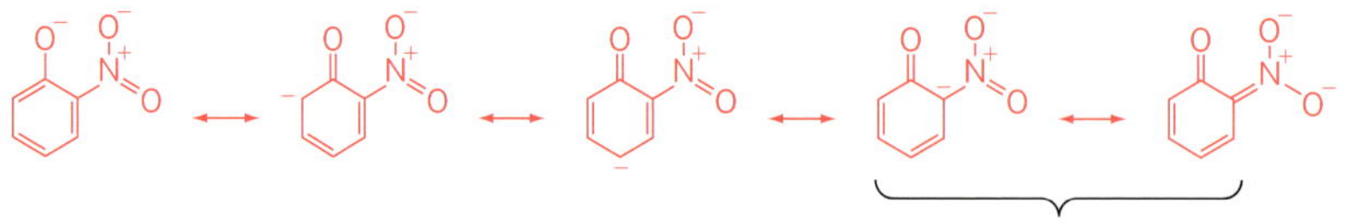

問題 12-10 m-ニトロフェノキシドイオンでは、負電荷はベンゼン環の中だけで非局在化しているが、p-ニトロフェノールの解離後の陰イオンでは、色で示すようなニトロ基の酸素原子上にまで非局在化している。p-ニトロフェノキシドイオンの方が共鳴に寄与する共鳴構造式の数が多いことになる。その分 p-ニトロフェノキシドイオンの方が安定化するので酸性度も高くなる。

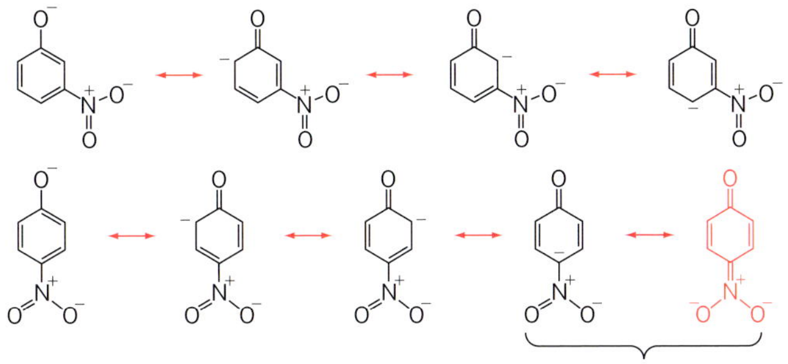

問題 12-11 (a) アセチル基は電子求引性共鳴効果をもつので、パラ位に置換する場合、解離後の陰イオンの負電荷をベンゼン環からカルボニル酸素へと非局在化させ安定化させる下のような共鳴寄与がある。フェノールでは、負電荷はベンゼン環内だけでの共鳴であるから、p-アセチルフェノールの方が酸性度は高い。

(b) アミノ基は電子供与性共鳴効果をもつので、パラ位に置換する場合、解離後の陰イオンの負電荷のベンゼン環への非局在化を不利にする。(A), (B), (C) の共鳴構造式で見られるように、ベンゼン環は負電荷で満たされているので、酸素原子上の負電荷をさらに受け入れる余裕がないことになる。特に (A) では、負電荷同士が対峙しており、不安定化が著しい。このため、p-アミノフェノールの方が酸性度は低い。

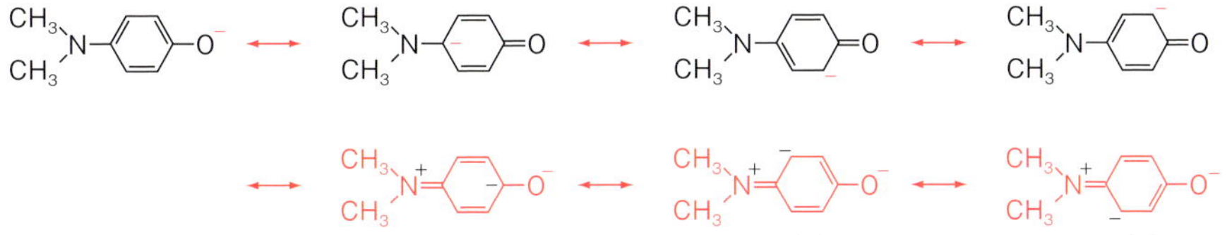

問題 12-12

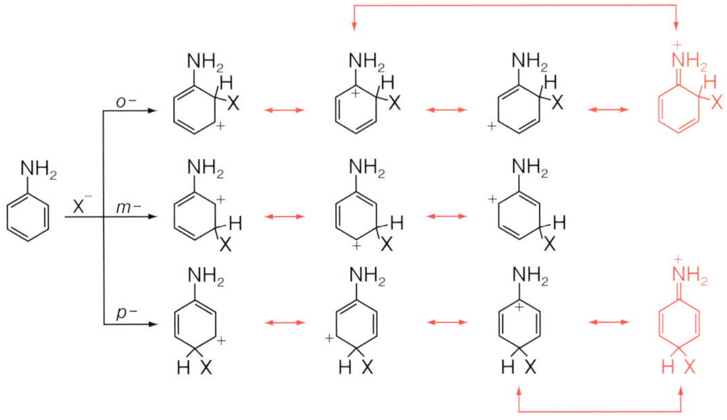

オルトとパラ置換の場合は、アミノ基の電子供与性共鳴効果によりベンゼン環に発現した正電荷を打ち消す共鳴構造式 (色で示した) の寄与が付け加わる。

問題 12-13 t-ブチル基は立体的に大きいため、試薬の接近が妨げられる。すなわち、立体障害が大きい置換基であるため、隣のオルト位は配向性の点で有利であっても、試薬が近づきにくく反応が抑えられ、パラ体のみが生成した。

問題 12-14 トルエンのメチル基は電子供与性であるから、ベンゼン環への求電子反応はベンゼンよりも起こりやすい。つまり求電子反応の活性化効果をもつ。また、メチル基はオルト・パラ配向性であり、一般には、パラ置換生成物が最も多く生成する。オルト位は立体障害を受けるため、パラ置換生成物よりも収率が

低いのが普通である。p-ブロモトルエンの生成が最も多い。

問題 12-15 ニトロ基は電子求引性であるから、ニトロベンゼンのベンゼン環への求電子反応はベンゼンよりも起こりにくい。つまり求電子反応の不活性化効果をもつ。また、ニトロ基はメタ配向性であり、オルトとパラ置換の生成物が少ない。さらに立体障害も考慮すると、o-ブロモニトロベンゼンの生成が最も少ないと考えられる。

問題 12-16

(a) ベンゼン $\xrightarrow{Br_2/Fe}$ ブロモベンゼン $\xrightarrow{HNO_3/H_2SO_4}$ p-ブロモニトロベンゼン

(b) ベンゼン $\xrightarrow{HNO_3/H_2SO_4}$ ニトロベンゼン $\xrightarrow{Br_2/Fe}$ m-ブロモニトロベンゼン

(c) ニトロベンゼン $\xrightarrow{Cl_2/Fe}$ m-クロロニトロベンゼン $\xrightarrow{Sn, HCl}$ m-クロロアニリン

(d) ニトロベンゼン $\xrightarrow{CH_3\text{-}CO\text{-}Cl/AlCl_3}$ m-ニトロアセトフェノン

(e) ベンゼン $\xrightarrow{CH_3CH_2\text{-}Cl/AlCl_3}$ エチルベンゼン $\xrightarrow{CH_3\text{-}CO\text{-}Cl/AlCl_3}$ p-エチルアセトフェノン $\xrightarrow{I_2, NaOH}$ p-エチル安息香酸

あるいは

エチルベンゼン $\xrightarrow{Br_2/Fe}$ p-エチルブロモベンゼン $\xrightarrow{Mg}$ p-エチルフェニルマグネシウムブロミド $\xrightarrow{CO_2}$ p-エチル安息香酸

問題 12-17

(a) ベンゼン $\xrightarrow{CH_3CH_2\text{-}Br/AlCl_3}$ エチルベンゼン $\xrightarrow{CH_3\text{-}CO\text{-}Cl/AlCl_3}$ p-エチルアセトフェノン $\xrightarrow{LiAlH_4}$ p-エチル-α-メチルベンジルアルコール

あるいは

エチルベンゼン $\xrightarrow{Br_2/Fe}$ p-エチルブロモベンゼン $\xrightarrow{Mg}$ グリニャール試薬 $\xrightarrow{CH_3\text{-}CHO}$ 同上アルコール

(b) ベンゼン $\xrightarrow{CH_3\text{-}CO\text{-}Cl/AlCl_3}$ アセトフェノン $\xrightarrow{CH_3CH_2\text{-}Br/AlCl_3}$ m-エチルアセトフェノン $\xrightarrow{LiAlH_4}$ m-エチル-α-メチルベンジルアルコール

(c) ベンゼン $\xrightarrow{CH_3Br/AlCl_3}$ トルエン $\xrightarrow{Br_2/Fe}$ p-ブロモトルエン $\xrightarrow{KMnO_4}$ p-ブロモ安息香酸 $\xrightarrow{HNO_3, H_2SO_4}$ 4-ブロモ-3-ニトロ安息香酸

問題 12-18 アミノ基の求電子置換反応に対する活性化効果は、臭素置換による不活性化効果を打ち消すくらい顕著である。ブロモアニリンが生成しても、さらにブロモ化される。アミノ基はオルト・パラ配向性であるから、2,4,6-トリブロモアニリンが生成する。

アニリン → p-ブロモアニリン → 2,4-ジブロモアニリン → 2,4,6-トリブロモアニリン

***問題 12-19** (a) p-ニトロトルエン（メチル基のオルト位） (b) o-メトキシアセトアニリド (c) p-メチルアセトアニリド（NHCOCH$_3$基のオルト位）

第13章 カルボニル化合物

問題 13-1

(a), (b), (c), (d) [構造式]

問題 13-2 (a) 2-エチルペンタナール、(b) 2-ブテナール、(c) シクロヘキサンカルバルデヒド、(d) 2-ペンテンジアール

問題 13-3 (a) 2-メチル-3-ペンタノン、(b) 1-メトキシ-2-ブタノン、(c) 3-ペンテン-2-オン、(d)（4-ヒドロキシフェニル）フェニルケトン、(e) シクロペンタノン、(f) 3-メチルシクロペンタデカノン

(a) や (b) などは、第1章側注18に記した方式では、(a) は 2-メチルブタン-3-オン、(b) は 1-メトキシブタン-2-オン となる。

問題 13-4 沸点の高い順に $CH_3CH(OH)CH_3$ CH_3CH_2-CHO $CH_3CH(CH_3)CH_3$

問題 13-5 [共鳴構造式]

問題 13-6

(a) C_6H_5-CH=CH-CH$_3$ $\xrightarrow{O_3}$ C_6H_5-CHO

(b) H-C≡C-CH$_2$CH$_2$CH$_3$ $\xrightarrow[HgSO_4]{H_2O}$ CH$_3$-CO-CH$_2$CH$_2$CH$_3$

(c) CH$_3$CH$_2$CH$_2$-OH $\xrightarrow{CrO_3}$ CH$_3$CH$_2$CH$_2$-COOH $\xrightarrow{SOCl_2}$ CH$_3$CH$_2$CH$_2$-CO-Cl $\xrightarrow[AlCl_3]{C_6H_6}$ CH$_3$CH$_2$CH$_2$-CO-C$_6$H$_5$

(d) C_6H_6 $\xrightarrow[AlCl_3]{CH_3\text{-}COCl}$ C_6H_5-CO-CH$_3$ $\xrightarrow{CH_3\text{-}MgBr}$ C_6H_5-C(CH$_3$)$_2$-OH

問題 13-7

酸化：(b), (c), (d), (g), (i), (l)

還元：(j), (k)

酸化でも還元でもない：(a) 水の付加、(e) 置換、(f) 置換、(h) HCl の付加

問題 13-8 (a) CH$_3$-CH$_2$-CH$_2$-C(=O)-OH　CHI$_3$　(b) C_6H_5-CH=CH-CH$_2$-OH　(c) シクロヘキサノン　(d) シクロヘキサン

問題 13-9

[共鳴構造式 O=S(O$^-$)-O-H ↔ $^-$O-S(=O)-O-H]

上の二つの共鳴構造式の混成体である。負電荷は2個のO原子上に均等に分布している。

硫黄原子の価標については、第15章の側注6を参照。

問題 13-10

(a) CH$_3$CH$_2$-CH(OCH$_3$)-OCH$_3$　(b) CH$_3$CH$_2$-CH(OH)-CN　(c) CH$_3$CH$_2$-CH(OH)-S(=O)$_2$-O$^-$Na$^+$　(d) CH$_3$CH$_2$-CH$_2$-OH

問題 13-11

(a) CH$_3$CH$_2$CH$_2$CH$_2$-CH(CH$_3$)-OH　(b) CH$_3$CH$_2$-C(CH$_3$)(O-CH$_2$)(O-CH$_2$) [環状アセタール]

(c) $\xrightarrow{HCN}$ C_6H_5-CH$_2$-CH(OH)-CN $\xrightarrow[-H_2O]{H^+}$ C_6H_5-CH=CH-CN　(d) HO-(CH$_2$)$_4$-CHO

問題 13-12

(a) 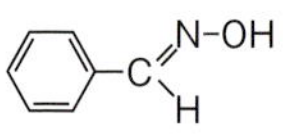 フェニル-CH=N-OH 構造 (b) 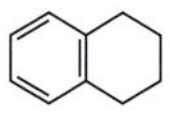 テトラヒドロナフタレン (c) 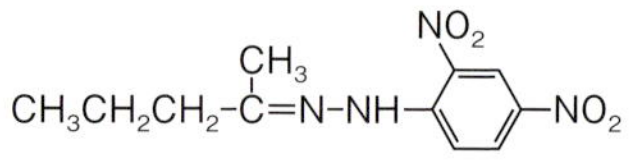 CH₃CH₂-C(CH₃)=N-NH-(2,4-ジニトロフェニル) (d) 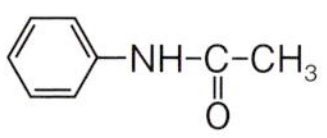 C₆H₅-NH-CO-CH₃

問題 13-13
このケトンは、カルボニル基の隣りに不斉炭素原子があり、この炭素には水素原子がつく。したがって、塩基が触媒となってエノール形との平衡にある。エノール化によって不斉炭素原子はsp^3混成からsp^2混成に変化して平面構造をとる。平衡によって元のケト形に戻るとき、水素は面のどちら側からも同じ確率で結合をつくるので、最終的にはすべての分子がラセミ体に変化する。

問題 13-14
それぞれ、エノール形の多い方について、エノール形の構造式を示す。

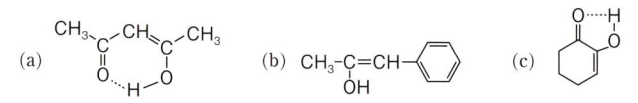

(a) CH₃-C(OH)=CH-C(=O)-CH₃（分子内水素結合あり） (b) CH₃-C(OH)=CH-C₆H₅ (c) 2-ヒドロキシシクロヘキセノン（分子内水素結合あり）

(a) 二つのカルボニル基に挟まれている炭素からの水素のイオン脱離は起こりやすい。エノール形での共鳴と分子内水素結合もエノール形を有利にする。

(b) エノール形において生じた二重結合はベンゼン環との共役ができて、安定化する。

(c) ケト形では、二つのカルボニル基による結合モーメントが同じ方向に並ぶので不利。これを避けるためエノール化する方が安定である。さらに、分子内水素結合による安定化も加わる。

問題 13-15
(a) 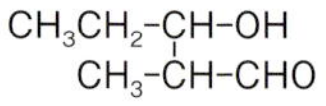 CH₃CH₂-CH(OH)-CH(CH₃)-CHO あるいは CH₃CH₂-CH=C(CH₃)-CHO (b) CH₃-CO-CH(CH₂CH₃)-CO-CH₃

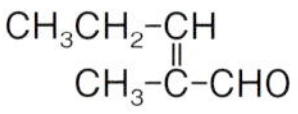

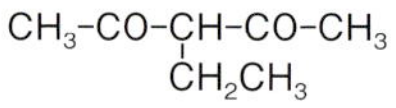

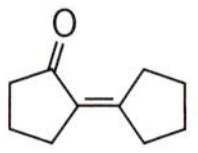

(c) シクロペンタノン=シクロペンチリデン縮合物 (d) 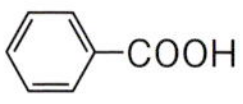 C₆H₅-COOH CHI₃

第 14 章 カルボン酸とその誘導体

問題 14-1 (a) 2-メチルペンタン酸、(b) 4-メチル-2-ペンテン酸、(c) 2-シクロヘキセンカルボン酸、(d) 1,2-シクロブタンジカルボン酸、(e) ペンテン二酸 または プロペンジカルボン酸

問題 14-2 (a) Cl-CH₂-CH₂-CH₂-CH₂-CH₂-CH₂-COOH (b) CH₃-CH₂-C≡C-COOH

(c) 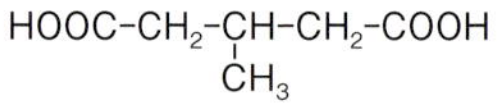 HOOC-CH₂-CH(CH₃)-CH₂-COOH (d) 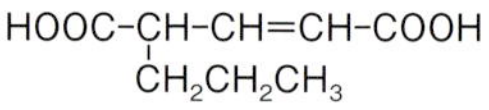 HOOC-CH(CH₂CH₃)-CH=CH-COOH (e) 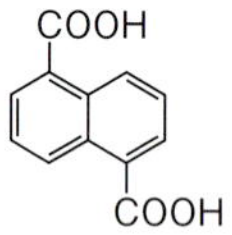 1,5-ナフタレンジカルボン酸

問題 14-3 H-COOH > CH₃CH₂-OH > CH₃-CO-H > CH₃-O-CH₃

問題 14-4 水溶液中で酢酸のカルボキシル基はイオン解離を介して次のような平衡状態にあるが、解離後のカルボキシラート陰イオンにおける共鳴により C=O と C−O とは区別がつかない。^{18}O を色で示す。

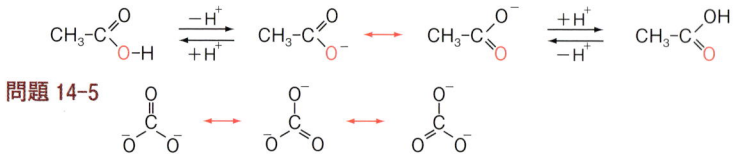

CH₃-C(=O)-O-H ⇌ CH₃-C(=O)-O⁻ ↔ CH₃-C(-O⁻)=O ⇌ CH₃-C(=O)-OH

問題 14-5 炭酸イオンの共鳴構造三つ（O=C(O⁻)(O⁻) ↔ ⁻O-C(=O)-O⁻ ↔ ⁻O-C(O⁻)=O）

問題 14-6

(1) CF₃-COOH   CCl₃-COOH   CH₃-COOH

電気陰性度が大きい原子が置換するほど、電子求引性誘起効果が効いてイオン解離を促す。

(2) CCl$_3$-COOH　　CHCl$_2$-COOH　　CH$_2$Cl-COOH　　CH$_3$-COOH

Clの置換数の多い順。塩素の電子求引性誘起効果が加成される。

(3) CH$_3$-CH$_2$-CHCl-COOH　CH$_3$CHCl-CH$_2$-COOH　CH$_2$Cl-CH$_2$-CH$_2$-COOH

Clの置換する位置がカルボキシル基に近いほどClの電子求引性誘起効果が伝わりやすい。

問題 14-7　H-, CH$_3$-, C$_2$H$_5$- の順に電子供与性が高い。したがって、酸の強さは H-COOH > CH$_3$-COOH > C$_2$H$_5$-COOH となる。

＊問題 14-8　窒素原子の電子求引性誘起効果が効くので、アミノ基に近いカルボキシル基が陰イオンとなって、HOOC-CH$_2$CH$_2$-CH(NH$_2$)-COO$^-$Na$^+$ の形で存在する。

問題 14-9　安息香酸

（安息香酸の共鳴構造式）

p-ニトロ安息香酸

（p-ニトロ安息香酸の共鳴構造式）

安息香酸は、正電荷をベンゼン環に発現させる三つの共鳴構造式の共鳴混成体として安定化している。パラ位にニトロ基が置換すると、三つにそれぞれ対応する共鳴構造式のうち色で書いたものは、特に正電荷が直接に向かい合うため、不安定化に寄与する。つまり、解離前後のエネルギー差 ΔG を相対的に小さくしている（14-2節）。このため、ニトロ基が置換する方がイオン解離しやすく、酸性度は高くなる。

本文中では、解離後の安定性で説明したが、このように、解離前の不安定性により説明することもできる。

＊問題 14-10　オルト位のヒドロキシ基はカルボニル基の酸素と分子内で水素結合をしている。解離前にも水素結合はあるが、解離後のカルボキシラートイオンにおける水素結合の方が強いので、より安定化して解離前後の ΔG を減少させる。これにより、イオン解離の方向に平衡を移動させる。

（サリチル酸の構造式）

問題 14-11

(a) C$_6$H$_5$-Br $\xrightarrow{Mg}$ C$_6$H$_5$-MgBr $\xrightarrow{CO_2}$ C$_6$H$_5$-COOH

(b) C$_6$H$_5$-CH$_3$ $\xrightarrow{KMnO_4}$ C$_6$H$_5$-COOH

(c) C$_6$H$_5$-CO-CH$_3$ $\xrightarrow{I_2, NaOH}$ C$_6$H$_5$-COOH

問題 14-12

(a) CH$_3$CH$_2$-Br $\xrightarrow{NaOH}$ CH$_3$CH$_2$-OH $\xrightarrow{CrO_3}$ CH$_3$-COOH

(b) CH$_3$CH$_2$-Br $\xrightarrow{Mg}$ CH$_3$CH$_2$-MgBr $\xrightarrow{CO_2}$ CH$_3$CH$_2$-COOH

あるいは

CH$_3$CH$_2$-Br $\xrightarrow{NaCN}$ CH$_3$CH$_2$-CN $\xrightarrow[H^+]{H_2O}$ CH$_3$CH$_2$-COOH

(c) CH$_3$CH$_2$-Br $\xrightarrow[NaOC_2H_5]{CH_2(COOC_2H_5)_2}$ CH$_3$CH$_2$CH(COOC$_2$H$_5$)$_2$ $\xrightarrow[H^+]{H_2O}$ $\xrightarrow[-CO_2]{\Delta}$ CH$_3$CH$_2$CH$_2$-COOH

問題 14-13

CH$_3$-CO-CH$_2$-COOEt $\xrightarrow{NaOEt, R-Br}$ CH$_3$-CO-CH(R)-COOEt $\xrightarrow[H^+]{H_2O}$ CH$_3$-CO-CH(R)-COOH $\xrightarrow[脱炭酸]{\Delta}$ CH$_3$-CO-CH$_2$-R

問題 14-14

(a) シクロヘキサン-COOH (b) 無水フタル酸 (b) N-フェニルフタルイミド

(d) PhCH₂CH₂CH₂-COOH →[SOCl₂] PhCH₂CH₂CH₂-CO-Cl →[AlCl₃] (α-テトラロン型の環状ケトン)

問題 14-15　本文中のエステル化の機構を参照。アルコール R′–O–H の R′–O 結合は開裂することなくエステル結合に組み込まれているので、R–CO–OR′ のエーテル酸素がラベルされる。

問題 14-16

CH₃-C(=O)-CH₂-C(=O)-OC₂H₅　　　Ph₂C=CH-C(=O)-OC₂H₅

問題 14-17

(a) o-メチルベンジル酢酸エステル (ラクトン) (b) 2-インダノン-1-カルボン酸エチル (c) CH₃CH₂-C(=O)-CH(CH₃)-COOC₂H₅

問題 14-18

(a) CH₃CH₂CH₂-COOH →[SOCl₂] CH₃CH₂CH₂-CO-Cl →[ベンゼン/AlCl₃] Ph-C(=O)-CH₂CH₂CH₃

(b) Ph-CO-Cl →[CH₃CH₂-OH / ピリジン] Ph-C(=O)-O-CH₂CH₃

(c) シクロヘキシル-Br →[NaCN] シクロヘキシル-CN →[H₂O/H⁺] シクロヘキシル-COOH →[シクロペンチル-CO-Cl / ピリジン] シクロヘキシル-C(=O)-O-C(=O)-シクロペンチル

問題 14-19

(a) アミド結合は以下の共鳴構造式の寄与が大きく、極性が高い化合物であるため結晶化しやすい。

　　＞N–C(=O)–　↔　＞N⁺=C(–O⁻)–　（水素結合を伴う図）

(b) アミド結合の極性が大きい。それと同時に、正電荷をもつ N に結合した H は水素結合をしやすく、また、負電荷をもつカルボニル基の O が水素結合を受け入れやすいため。

(c) 上の説明と同じく、分子間の水素結合の能力が高いため。

(d) 上の (b) と同じ。

問題 14-20

(a) CH₃-CO-NH-CH₂CH₃ (b) Ph-CH₂-NH-CH₃ (c) Ph-NH-C(=O)-CH₃ (d) CH₃CH₂-C(=O)-CH₃

第 15 章　アミンと窒素化合物

問題 15-1　(a) N-エチルブチルアミン（第二級）、(b) 2-メチルブタン-1,4-ジアミン（第一級）、(c) N-メチル-4-クロロアニリン（第二級）、(d) シクロヘキシルアミンまたはシクロヘキサンアミン（第一級）、(e) N,N-ジメチルシクロヘキシルアミン（第三級）

問題 15-2

(a) Ph-CH₂CH₂CH₂CH(CH₃)-CH₂-NH₂ (b) シクロヘキサン-1,2-ジアミン (c) シクロペンテニル-NH₂

*問題 15-3　沸点の高い順に、

$CH_3CH_2CH_2-NH_2 > CH_3CH_2-NH-CH_3 > (CH_3)_3N > CH_3CH_2CH_2CH_3$

アルキル基により取り囲まれた N 原子は立体障害があるので分子間水素結合に不利である。

*問題 15-4　トリエチルアミン $(C_2H_5)_3N$ では、3個のアルキル基による立体障害によりプロトンの窒素原子への接近が妨げられる。つまりプロトン付加が起こりにくい。この立体効果は、エチル基の電子供与性効果による塩基性度の増大よりも大きい。

*問題 15-5

(a) アミノ基の非共有電子対は sp^3 混成軌道にあるのに対して、イミノ基の非共有電子対は sp^2 混成軌道にある。p 軌道の性質が大きいほど電子雲は核（正電荷）から遠ざかってプロトンを受け入れやすくなる。

(b), (c) =NH へプロトンが付加した構造は、下に記すような等価な三つの共鳴構造式の共鳴混成体として表されるので、正電荷が非局在化して安定となる。$-NH_2$ にプロトン付加する場合よりも、多くの共鳴構造式が書けるということでもある。それだけ電子の非局在化が大きく、プロトン付加後のイオンが安定であることを意味する。

問題 15-6　イミノ窒素にプロトン付加する場合には共鳴安定化が得られる。

問題 15-7　アニリンの非共有電子対は、ベンゼン環との π 共役に加わってアニリンを共鳴安定化させている。シクロヘキシルアミンにはこのような安定化の効果は働いていない。プロトンが付加したあとは、アニリンの非共有電子対は、ベンゼン環との共役はなくなり、シクロヘキシルアミンへのプロトン付加体と状況は変わらない。アニリンの方が解離前に安定な分だけ、プロトン付加前後のエネルギー差 ΔG が大きくなる。このため、アニリンへのプロトン付加は起こりにくく、塩基としては弱くなる。

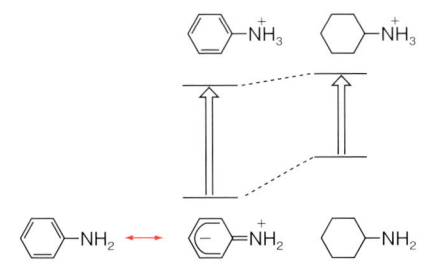

問題 15-8　これも問題 15-7 と同様に説明できる。ジフェニルアミンの窒素原子にプロトンが付加する前は、その非共有電子対は二つのベンゼン環にわたって非局在化して安定化へ大きく貢献している。この効果は、ベンゼン環一つのアニリンにおける共鳴効果よりも大きい。プロトン付加により、この安定化効果が失われたあとは、アニリンのプロトン付加体と同じ第四級アンモニウムイオンとなり、安定性に差はない。

200　問題解答

＊問題 15-9

[共鳴構造式：尿素のプロトン化前の共鳴構造]

プロトン付加は N 原子上ではなく、正電荷の発現した O 原子上に起こることになる。

[共鳴構造式：プロトン付加後の共鳴構造]

プロトン付加後は、上のような共鳴が安定化に大きく寄与する。

問題 15-10 第二級アミンがハロゲン化アルキルと反応して $RR'R''NH^+X^-$ が生成する。この第四級アンモニウムイオンから未反応のアミンが塩基として作用し、HX を脱離させれば第三級アミン $RR'R''N$ となる。

問題 15-11

(a) $CH_3CH_2\text{-}Br \xrightarrow{NaCN} CH_3CH_2\text{-}CN \xrightarrow[\text{あるいは }H_2/Ni]{LiAlH_4} CH_3CH_2CH_2\text{-}NH_2$

(b) $CH_3CH_2\text{-}COOH \xrightarrow{NH_3} CH_3CH_2\text{-}CO\text{-}NH_2 \xrightarrow{LiAlH_4} CH_3CH_2CH_2\text{-}NH_2$

(c) $CH_3\text{-}COOH \xrightarrow{SOCl_2} CH_3\text{-}CO\text{-}Cl \xrightarrow{(CH_3)_2NH} CH_3\text{-}CO\text{-}N(CH_3)_2 \xrightarrow{LiAlH_4} CH_3\text{-}CH_2\text{-}N(CH_3)_2$

(d) $Ph\text{-}CH_2\text{-}OH \xrightarrow{SOCl_2} Ph\text{-}CH_2\text{-}Cl \xrightarrow{NH_3} Ph\text{-}CH_2\text{-}NH_2$

(e) $Ph\text{-}H \xrightarrow{HNO_3/H_2SO_4} Ph\text{-}NO_2 \xrightarrow{Sn\ HCl} Ph\text{-}NH_2 \xrightarrow{CH_3\text{-}Br} Ph\text{-}NH\text{-}CH_3$

＊問題 15-12 第一級アミンから生じたベンゼンスルホンアミドには、スルホニル基 $-SO_2-$ に隣接するメチレン基 $-CH_2-$ がある。スルホニル基 $-SO_2-$ は非常に強い電子求引基であるため、これに隣接したメチレン水素はプロトンとして引き抜かれやすい。つまり、活性メチレンとなる。ベンゼン環が隣接していることも活性メチレンとしては有利である。そこで、アルカリと塩をつくって溶解する。一方、第二級アミンから生じるベンゼンスルホンアミドでは、スルホニル基 $-SO_2-$ に隣接する水素原子はアルキル基にかわっており、活性な水素は存在しないので、アルカリと酸・塩基反応を起こさない。

問題 15-13

[ベンゼンジアゾニウムカチオンの共鳴構造式]

＊問題 15-14

(a) $Ph\text{-}NO_2 \xrightarrow{Br_2/Fe} \text{3-Br-}Ph\text{-}NO_2 \xrightarrow{HCl\ Sn} \text{3-Br-}Ph\text{-}NH_2 \xrightarrow{NaNO_2\ HCl} \text{3-Br-}Ph\text{-}N_2^+Cl^- \xrightarrow{Cu_2Cl_2} \text{3-Br-}Ph\text{-}Cl$

(b) $CH_3\text{-}Ph \xrightarrow{HNO_3\ H_2SO_4} \text{4-}CH_3\text{-}Ph\text{-}NO_2 \xrightarrow{HCl\ Sn} \text{4-}CH_3\text{-}Ph\text{-}NH_2 \xrightarrow{NaNO_2\ HCl} \text{4-}CH_3\text{-}Ph\text{-}N_2^+Cl^-$

$\xrightarrow{Cu_2(CN)_2} \text{4-}CH_3\text{-}Ph\text{-}CN \xrightarrow{H_2O/H^+} \text{4-}CH_3\text{-}Ph\text{-}COOH \xrightarrow{KMnO_4} HOOC\text{-}Ph\text{-}COOH$

問題 15-15

[ニトロソアミンの共鳴構造：$R_2N\text{-}N=O \leftrightarrow R_2N^+=N\text{-}O^-$]

ニトロソ基の $-N=$ 原子は sp^2 混成。N-N 結合には二重結合性がある。

問題 15-16 (a) アニリンは酸化されやすく、さらし粉や過マンガン酸カリウムなどの酸化剤により着色物質を生じる。(b) 問題 15-12 を参照。それぞれ塩化ベンゼンスルホニルと反応させて得られるスルホンアミドのアルカリ水溶液への溶解度を調べる。第一級アミンの $(CH_3)_2CH\text{-}NH_2$ はアルカリ水溶液に溶ける。

問題 15-17

(a) 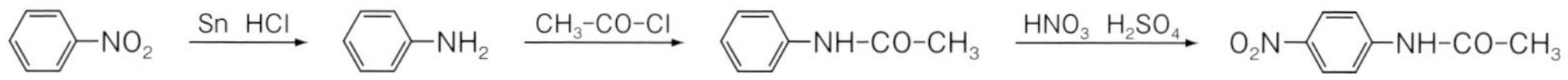 C₆H₅-NO₂ →(Sn, HCl)→ C₆H₅-NH₂ →(CH₃-CO-Cl)→ C₆H₅-NH-CO-CH₃ →(HNO₃, H₂SO₄)→ O₂N-C₆H₄-NH-CO-CH₃

(b) 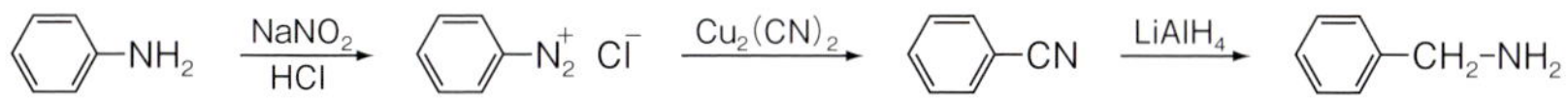 C₆H₅-NH₂ →(NaNO₂/HCl)→ C₆H₅-N₂⁺ Cl⁻ →(Cu₂(CN)₂)→ C₆H₅-CN →(LiAlH₄)→ C₆H₅-CH₂-NH₂

(c) CH₃CH₂CH₂CH₂-OH →(H₂Cr₂O₇)→ CH₃CH₂CH₂-COOH →(SOCl₂)→ CH₃CH₂CH₂-CO-Cl →(NH₃)→ CH₃CH₂CH₂-CO-NH₂

(d) 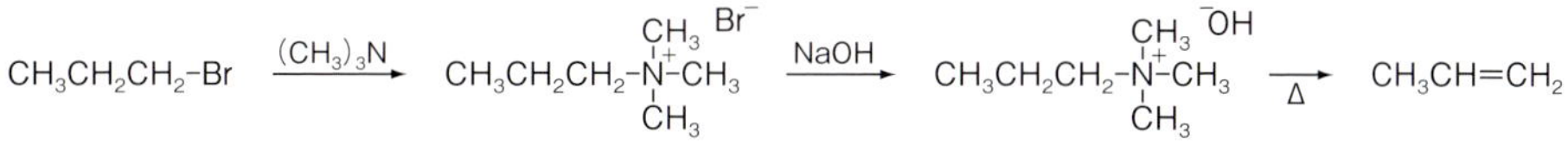 CH₃CH₂CH₂-Br →((CH₃)₃N)→ CH₃CH₂CH₂-N⁺(CH₃)₃ Br⁻ →(NaOH)→ CH₃CH₂CH₂-N⁺(CH₃)₃ ⁻OH →(Δ)→ CH₃CH=CH₂

問題 15-18 二つの窒素原子はともに sp² 混成からなる。水素の置換した窒素原子は、混成に加わらない p 軌道に非共有電子対をもち、これを環状共役に参加させて 6π 電子からなる芳香族性を発現させている。水素が置換していない窒素原子は、p 軌道に 1 個だけ電子をもち、これが環状共役に参加する。非共有電子対は分子面内にある sp² 混成軌道の一つに収容され、この電子が塩基として作用する。

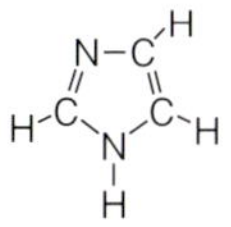

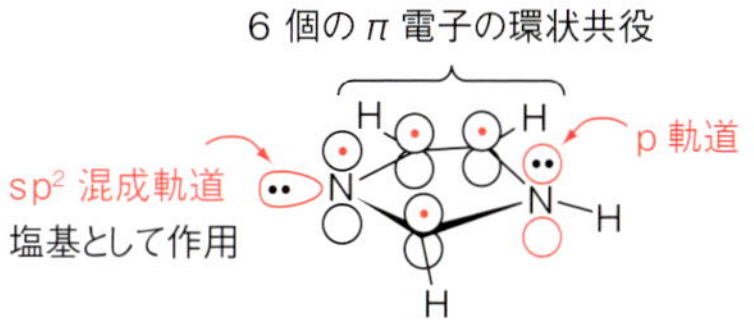

[イミダゾール環の図: 6 個の π 電子の環状共役、sp² 混成軌道（塩基として作用）、p 軌道]

問題 15-19

(a) 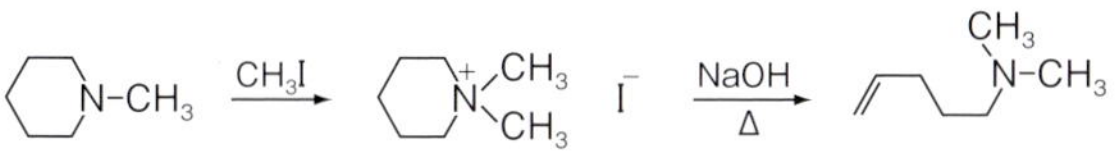 N-メチルピペリジン →(CH₃I)→ N,N-ジメチルピペリジニウム I⁻ →(NaOH, Δ)→ CH₂=CH-CH₂-CH₂-N(CH₃)₂

(b) 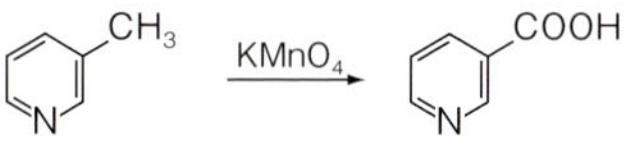 3-メチルピリジン →(KMnO₄)→ ニコチン酸（3-ピリジンカルボン酸）

問題 15-20 2 位に置換する場合の中間体の方が、正電荷を分散させる共鳴構造式を多く書くことができる。非局在化が大きく、3 位に置換する場合よりも安定である。窒素原子が 4 本の価標で正電荷をもつことは、第 2 章を見返してみよ。

2 位の場合: [3 つの共鳴構造式]

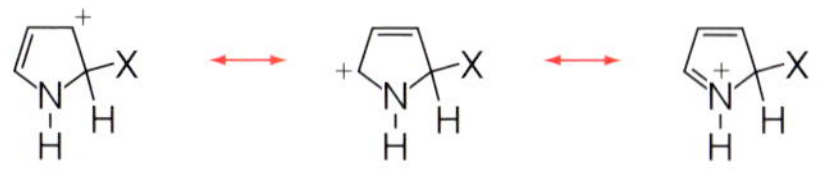

3 位の場合: [2 つの共鳴構造式]

索　引

ア
RS表示　91
IUPAC　8
IUPAC命名法　8
アキシアル結合　52
亜硝酸　164
アシル化　82,154
アシル基　130
アズレン　80
アセタール　136
アセチリド　28,75
アセチル基　130,140
アセチルアセトン　139
アセチレン　26
アセトアミド　162
アセトアルデヒド　129,142
アセトキシ　151
アセト酢酸エステル合成　149
アセト酢酸エチル　149
アセトフェノン　84
アセトリシス　105,106
アセトン　130
アゾ基　165
アニリン　161
アヌレン　80
アミド　150,155
アミノ基　6
アミン　158
　　——の反転　159
アリール基　81
亜硫酸水素ナトリウム　136
アリル基　61
アルカロイド　98,167
アルカン　3,47
アルキル化　141
アルキル基　47
アルキン　4,73,74
アルケン　3,61
アルコール　109
アルコキシド　110
アルデヒド　129,135
アルデヒド水和物　136
アルドール縮合　141
安息香酸　85,143,147
アンチ形　31
アントラセン　10

アンモニウムイオン　16,17,158

イ
E1反応　108
イオン解離　145
イオン開裂　59,106,131
いす形　51
イソブタン　49
イソブチル　49
イソプロピル　49
イソペンタン　49
位置異性体　7
一分子求核置換反応　104
一分子脱離反応　108
イミダゾール　167
イミニウム基　123
イミノ基　123,161
イミン　138
インドール　167

ウ
ウィリアムソンのエーテル合成　117
ウォルフ-キシュナー還元　133
右旋性　90

エ
永久双極子－永久双極子相互作用　37
永久双極子モーメント　36
エーテル　116
エーテル合成　117
エクアトリアル結合　52
S_N1反応　104,105
S_N2反応　103
エステル　150,151
エステル化　152
sp混成軌道　26
sp^2混成軌道　24
sp^3混成軌道　22
エタノリシス　105,106
エタン　29
エチレン　23,61
エチレングリコール　136
エテン　61
エトキシ　116
エトキシカルボニル　151
エネルギー準位　19
エネルギー障壁　31,159
エノール　74

エノール形　139
エノラートイオン　139,141
エポキシド　70,118
エリトロース　95
塩化アシル　150,154
塩化アルミニウム　84
塩化チオニル　101
塩化ベンゼンジアゾニウム　164
塩化ベンゼンスルホニル　163
塩基解離指数　160
塩基解離定数　160
塩素化　55,82

オ
オキシム　138
オキシラン　70
オキソニウムイオン　17,63,115,118
オゾニド　69
オゾン　17,69
オゾン分解　69,132
オルト　81
オルト・パラ配向性　125

カ
回転異性体　31
界面活性剤　117
過酢酸　70
重なり形配座　29
加水分解　105,106,152,156
活性化エネルギー　58
活性化置換基　127
活性メチレン基　139
価電子　12,15,16
価標　2
カリウムt-ブトキシド　64,102
カルバモイル基　6
カルベニウムイオン　59
カルボアニオン　60,141,149,153
カルボカチオン　59,65,104,105,108
カルボキシラートイオン　145
カルボキシル基　6
カルボニウムイオン　59

カルボニル基　6,122
カルボン酸　41,143
　　——のイオン解離　41
カルボン酸アミド　155
カルボン酸塩化物　150,154
カルボン酸無水物　150,154
カルボン酸誘導体　150
環状アセタール　136
環状エーテル　116
環状共役　78,80,167,168
官能基　5,6
官能基異性体　7
環の反転　52
慣用名　8

キ
幾何異性　33
基官能命名法　11,100
ギ酸　149
o-キシレン　76
キニーネ　98
キノン　132
求核試薬　103,105,138,141,163
求核反応　103
求核付加　135,152
求電子試薬　65,82
求電子置換反応　83,125
求電子付加　65
求電子付加反応　83
鏡像異性体　32,87
協奏反応　72
共鳴　42
共鳴安定化　42,106,121
共鳴エネルギー　45,78
共鳴効果　121,148
共鳴構造式　42,77
共鳴混成体　42
共役ジエン　70
共有結合　13
共有電子対　13
極限構造式　42
極性　35
極性分子　36
キラル　87
銀鏡反応　133

ク
グアニジン　161

索　引

ク
クメン　85,121
クメンヒドロペルオキシド　85,121
クライゼン縮合　153
クラウンエーテル　116
グリコール　69
グリセリン酸　95
グリセルアルデヒド　94
グリニャール試薬　102,137,148,157
グリニャール反応　112
クレメンゼン還元　133
クロロ化　82

ケ
形式電荷　15
ケイ皮酸　143
ケクレ構造式　76
結合解離エネルギー　27,58
結合次数　27
結合モーメント　36
ケト形　139
ケトン　130,135
けん化　152
原子価　13
原子価殻電子対反発理論　22
原子軌道　19

コ
光学異性体　87
光学活性　90,98
光学分割　97
構造異性体　7
構造式　2
ゴーシュ形　31
コーリー試薬　115
骨格異性体　7
互変異性体　139
混合アルドール縮合　141
混成軌道　21

サ
ザイツェフ則　63
酢酸エチル　151
鎖式化合物　4
左旋性　90
サリチル酸　148
酸解離指数　145
酸解離定数　144
三酸化クロム(VI)　115
三臭化リン　101
三重結合　14,18,26
ザンドマイアー反応　164
酸無水物　154

シ
ジアザビシクロウンデセン　161
ジアステレオマー　95,97
ジアゾカップリング　165
ジアゾニウムイオン　165
ジアゾニウム塩　164
シアノ基　6,27,122
シアノヒドリン　135
次亜リン酸　165
シアン化水素　135
ジエステル　153
ジエノファイル　71
ジエン　70
ジオキサン　117
ジカルボン酸　143
脂環式化合物　4
脂環式炭化水素　4
磁気量子数　20
σ結合　22,25,146
σ錯体　126,127
シクロアルカン　50
　──の歪　50
シクロアルケン　10
シクロオクタテトラエン　80
シクロプロパン　51
シクロヘキサン　51,78,86
　──環の反転　52
シス-トランス異性(体)　33,54,62
シス形　33,54
シス付加　68
示性式　5
脂肪酸　143
脂肪族化合物　4
脂肪族求核置換反応　103,117,141
ジメチルホルムアミド　45
シュウ酸　143,149
臭素化　82
主共鳴構造式　44
主極限構造式　44
縮合多環芳香族炭化水素　78
主鎖　48
主量子数　19
順位則　91
ジョーンズ試薬　115
親ジエン試薬　71
シンナムアルデヒド　142

ス
水素化アルミニウムリチウム　98,111,150
水素化ホウ素ナトリウム　111
水素結合　38,131,160
　──のH供与部位　39,144
　──のH受容部位　39,144
スピロ環　73
スルホ基　6,163
スルホン化　82

セ
正四面体構造　159
石油　47
遷移状態　58,103,104
旋光性　90

ソ
双極子モーメント　36
側鎖　48
組織名　8
疎水基　40
ソルボリシス　105

タ
第一級アミン　158
第二級アミン　158
第三級アミン　158
第一級アルコール　109
第二級アルコール　109
第三級アルコール　109
第四級アンモニウムイオン　158
第一級炭素　49
第二級炭素　49
第三級炭素　49
第四級炭素　49
多価フェノール　120
脱水　142
脱水縮合　152
脱水反応　63,114,154
脱炭酸　149,150
脱ハロゲン化水素　102
脱離基　103
脱離反応　63
炭化水素　3
単結合　14,17
炭酸イオン　43
炭素ラジカル　60

チ
置換基　5
置換基効果　121,125
置換反応　55,82,101
置換命名法　11

テ
dl体　91
DL表示　94
ディークマン縮合　153
ディールス-アルダー反応　71
テトラヒドロフラン　117
電気陰性度　15,35
電子雲　20
電子殻　12
電子求引性共鳴効果　122
電子求引性誘起効果　146
電子供与性共鳴効果　122
電子供与性誘起効果　146
電子式　12
電子対　12

ト
同族体　3
同族列　3
特性基　5
トランス形　33,54
トランス付加　68
トリアルキルホウ素化合物　113
トリエチルアミン　158
トリエン　70
トリチル　81
トリル　81
トルエン　85,125
トレオース　95

ナ
ナフタレン　10,79
ナフチル　81

ニ
二次反応速度式　103
二重結合　14,18,24
ニトリル　148,156
ニトロイルイオン　84
ニトロ化　82
ニトロ基　6,122,147
ニトロソアミン　166
ニトロフェノール　124
二分子求核置換反応　103
二面角　29
乳酸　90,95
ニューマン投影式　29
尿素　1,162
二量体　144

ネ
ネオペンタン　49
ねじれ角　29
ねじれ形配座　29
ねじれ舟形　51

ハ

π結合 25
π電子 25
配位結合 16
配座異性体 31,52
発煙硫酸 84
パラ 81
ハロゲン化 55,140
ハロゲン化アリール
　マグネシウム 112
ハロゲン化アルキル 63,
　102,149,162
ハロゲン化アルキル
　マグネシウム 102,112
ハロゲン化合物 100
反転
　アミンの—— 159
　シクロヘキサン環の——
　52
　立体配置の—— 103
反応機構 55,102
反応中間体 58,66,104,
　106

ヒ

非イオン性界面活性剤
　117
非共有電子対 13,118,
　159,167,168
非局在化 42
非局在化エネルギー 45,78
ピクリン酸 125
ビシクロアルカン 50
ビシクロ環 73
歪 50
ヒドラジン 133,138
ヒドラゾン 133,138
ヒドリドイオン 111
ヒドロキシ基 6
ヒドロキシルアミン 138
ヒドロキノン 132
ヒドロホウ素化 113
ビニル基 61
ピペリジン 167
ヒュッケル則 80
ピリジン 10,167
ピロール 167
ピロリジン 167

フ

ファンデルワールス力 38
ファンミンロン還元 133

VSEPR理論 22
フィッシャー投影式 88
フェーリング液 133
フェニル基 81
フェノール 120,121,124
フェノキシ 116
フェノキシド 120
付加環化 71
不活性化置換基 127
付加反応 65,74
1,4-付加反応 71
複素環式化合物 4,166
不斉合成 98
不斉炭素原子 32,87
ブタジエン 45
1,3-ブタジエン 71
ブタン 30
不対電子 12
2-ブテン 68
舟形 51
不飽和炭化水素 3,61
不飽和度 73
フマル酸 154
フラン 10
フリーデル-クラフツ
　反応 84,132
ブレンステッドの
　酸・塩基 160
プロトン 15
プロトン付加 16,63,160
プロピオン酸 143,146
ブロモ化 82
ブロモニウムイオン 67
分極 37
分子軌道 77
分子式 2
分子内水素結合 39
フント則 20

ヘ

閉殻 12
ヘテロ原子 4,44,166
ヘテロリシス 60
ペプチド結合 155
ヘミアセタール 136
ペルオキシカルボン酸 70
ベンジル 81
ベンズアルデヒド 129,
　142
ベンズヒドリル 81
ベンゼン 76

ベンゼン環 4
ベンゼンスルホンアミド
　163
ベンゾイル 130
ベンゾイルオキシ 151
p-ベンゾキノン 132
ベンゾ[a]ピレン 79

ホ

方位量子数 20
芳香族化合物 4
芳香族求電子置換反応 82
芳香族性 80,167
芳香族炭化水素 4,78
芳香族ハロゲン化合物
　119
飽和炭化水素 3
保護基 118
ホスフィン酸 165
ホフマン分解 164
ホモリシス 60
ボラン 113
ポリオキシエチレン
　アルキルエーテル 117
ホルミル基 6,130
ホルムアルデヒド 129,
　137

マ

マルコウニコフ則 65,74
マレイン酸 154
マレイン酸ジメチル 71
マロン酸 143
マロン酸エステル合成
　149
マロン酸ジエチル 149
マンデル酸 95

ム

無極性分子 36
無水マレイン酸 154

メ, モ

メソ形 96
メソメリー効果 122
メタ 81
メタ配向性 125
メタン 22,56
メチル基 47
メチレン基 133,138
メトキシ基 116,148
メトキシド 103
モノカルボン酸 143

ユ

有機金属化合物 102
誘起効果 146
誘起双極子モーメント 37

ヨ

ヨウ化水素酸 118
ヨードホルム 140
ヨードホルム反応 133,
　141

ラ

酪酸 143
ラクトン 152
ラジカル 56,57
ラジカル開裂 56
ラセミ結晶 91
ラセミ混合物 91
ラセミ体 90

リ, ル, レ, ロ

立体異性体 8,32
立体障害 62,106
立体配座 29
立体配置 32,88
　——の反転 103
累積二重結合 26
励起状態 62
連鎖反応 55
ローゼムント還元 132

アルファベットなど

dl体 91
DL表示 94
E1反応 108
IUPAC 8
IUPAC命名法 8
$metha$ 81
$ortho$ 81
$para$ 81
RS表示 91
S_N1反応 104,105
S_N2反応 103
sp混成軌道 26
sp^2混成軌道 24
sp^3混成軌道 22
VSEPR理論 22
π電子 25
σ結合 22,25,146
σ錯体 126,127
1,4-付加反応 71

著者略歴

小林 啓二
（こばやし けいじ）

1941 年	兵庫県に生まれる
1965 年	東京大学理学部化学科卒業
1970 年	教養学部助手
1979 年	教養学部助教授
1987 年	教養学部教授
1996 年	大学院総合文化研究科教授
2003 年	東京大学名誉教授
2004 年	城西大学教授
2012 年	城西大学客員教授
専門	構造有機化学　理学博士

演習でクリア フレッシュマン有機化学

2012 年 10 月 25 日　第 1 版 1 刷発行
2020 年 3 月 15 日　第 3 版 1 刷発行
2021 年 7 月 30 日　第 3 版 2 刷発行

検印省略

定価はカバーに表示してあります．

著作者	小 林 啓 二
発行者	吉 野 和 浩
発行所	東京都千代田区四番町 8-1 電　話　03-3262-9166（代） 郵便番号　102-0081 株式会社　裳　華　房
印刷所	三報社印刷株式会社
製本所	株式会社　松 岳 社

一般社団法人
自然科学書協会会員

JCOPY 〈出版者著作権管理機構 委託出版物〉
本書の無断複製は著作権法上での例外を除き禁じられています．複製される場合は，そのつど事前に，出版者著作権管理機構（電話03-5244-5088，FAX03-5244-5089, e-mail:info@jcopy.or.jp）の許諾を得てください．

ISBN 978-4-7853-3090-3

© 小林啓二，2012　　Printed in Japan

有機化学スタンダード　各B5判，全5巻

裾野の広い有機化学の内容をテーマ（分野）別に学習することは，有機化学を学ぶ一つの有効な方法であり，専門基礎の教育にあっても，このようなアプローチは可能と思われる．本シリーズは，有機化学の専門基礎に相当する必須のテーマ（分野）を選び，それぞれについて，いわばスタンダードとすべき内容を盛って，学生の学びやすさと教科書としての使いやすさを最重点に考えて企画した．

基礎有機化学
小林啓二 著　184頁／定価 2860円（税込）

立体化学
木原伸浩 著　154頁／定価 2640円（税込）

有機反応・合成
小林　進 著　192頁／定価 3080円（税込）

生物有機化学
北原　武・石神　健・矢島　新 共著　192頁／定価 3080円（税込）

有機スペクトル解析入門
小林啓二・木原伸浩 共著　240頁／定価 3740円（税込）

テキストブック　有機スペクトル解析
― 1D, 2D NMR・IR・UV・MS ―

楠見武徳 著　B5判／228頁／定価 3520円（税込）

理学・工学・農学・薬学・医学および生命科学の分野で，「有機機器分析」「有機構造解析」等に対応する科目の教科書・参考書．ていねいな解説と豊富な演習問題で，最新の有機スペクトル解析を学ぶうえで最適である．有機化学分野の学部生，大学院生だけでなく，他分野，とくに薬剤師国家試験や理科系公務員試験を受ける学生には，最重要項目を随時まとめた【要点】が試験直前勉強に役立つであろう．

【主要目次】1. ^{1}H核磁気共鳴（NMR）スペクトル　2. ^{13}C核磁気共鳴（NMR）スペクトル　3. 赤外線（IR）スペクトル　4. 紫外・可視（UV-VIS）吸収スペクトル　5. マススペクトル（Mass Spectrum：MS）　6. 総合問題

少しはやる気がある人のための
自学自修用　有機化学問題集

粟野一志・瀬川　透 共編　B5判／248頁／定価 3300円（税込）

全国の大学3年編入学試験問題を中心とした多数の問題を，一般的な有機化学の教科書の章立てにあわせて編集した．ごく基本的なものから応用力を試されるものまで多彩な問題が集められ，また各問題にはヒントおよび丁寧な解説がついている．大学1, 2年生および高専生の自学自修用に最適な問題集である．

最新の有機化学演習
― 有機化学の復習と大学院合格に向けて ―

東郷秀雄 著　A5判／274頁／定価 3300円（税込）

有機化学の基本から応用まで幅広く学習できるように演習問題を系統的に網羅し，有機化学全般から出題した総合演習書．特に反応機構や，重要な有機人名反応，および合成論を幅広く取り上げているので，有機合成の現場でも参考になる．最近の論文からも多くの反応例を引用しており，大学院入試の受験勉強にも最適な演習書である．

【主要目次】1. 基本有機化学　2. 基本有機反応化学　3. 重要な有機人名反応：反応生成物と反応機構　4. 有機合成反応と反応機構　5. 天然物合成反応 ―最近報告された学術論文から―

裳華房ホームページ　https://www.shokabo.co.jp/

基 の 接 頭 語

CH_3-	メチル(Me)	methyl
CH_3CH_2-	エチル(Et)	ethyl
$(CH_3)_2CH-$	イソプロピル(i-Pr)	isopropyl
$CH_3CH_2CH(CH_3)-$	*sec*-ブチル(*s*-Bu)	*sec*-butyl
$(CH_3)_2CHCH_2-$	イソブチル(i-Bu)	isobutyl
$(CH_3)_3C-$	*tert*-ブチル(*t*-Bu)	*tert*-butyl
$(CH_3)_3CCH_2-$	ネオペンチル	neopentyl
$-CH_2CH_2-$	エチレン	ethylene
$CH_2=CH-$	ビニル	vinyl
$CH_2=CH-CH_2-$	アリル	allyl
C_6H_5-	フェニル(Ph)	phenyl
$C_6H_5-CH_2-$	ベンジル(Bn)	benzyl
$-OH$	ヒドロキシ	hydroxy
$-OCH_3$	メトキシ(MeO)	methoxy
$-OC_6H_5$	フェノキシ(PhO)	phenoxy
$-O-COCH_3$	アセトキシ	acetoxy
$-CHO$	ホルミル	formyl
$-COCH_3$	アセチル(Ac)	acetyl
$-COC_6H_5$	ベンゾイル(Bz)	benzoyl
$-COOH$	カルボキシ	carboxy
$-COOCH_3$	メトキシカルボニル	methoxycarbonyl

置換基として命名する場合の接頭語のうち、よく用いられる例を示す。いずれも IUPAC 名として認められている。カッコ内は略号。代表的な略記号としてはこのほかに、R－（アルキル基など炭化水素基）、Ar－（アリール基）などがある。